局域网组建与管理项目教程

主 编　卢晓丽　张学勇　丛佩丽
副主编　闫坤豪　闫永霞　冯宪光
参 编　李　赫　李　莹　于　鑫

U0234431

北京理工大学出版社
BEIJING INSTITUTE OF TECHNOLOGY PRESS

内 容 简 介

本书从网络工程师职业岗位能力需求出发，通过7个项目案例详细解析专业技能要点与思维要求，注重强化学生职业素养的培养及专业技术的积累，并将专业精神和职业精神融入教材内容中。针对中小型网络系统建设方面的知识，同时选取网络设备选型、网络规划与设计、网络设备配置与调试、网络系统组建与安全维护、网络故障诊断与排除等作为必需的教学内容，并进行优化、整合，案例由浅入深，由易到难，符合学生认知规律，剖析网络工程师所需具备的关键技能，再辅之以拓展案例，使学生举一反三，融会贯通，适合项目式、案例式教学的要求。

注重局域网基本知识与基本技能的紧密结合，力求通过网络实践反映局域网知识的全貌，适合学生循序渐进地学习。全书实用性和可操作性较强，可作为高职高专计算机类学生的教材，也可作为有关计算机网络知识培训的教材，还可以作为网络管理人员、网络工程技术人员和信息管理人员的参考教材。

版权专有 侵权必究

图书在版编目（CIP）数据

局域网组建与管理项目教程／卢晓丽，张学勇，丛佩丽主编. -- 北京：北京理工大学出版社，2023.8
ISBN 978 - 7 - 5763 - 2265 - 1

Ⅰ. ①局… Ⅱ. ①卢… ②张… ③丛… Ⅲ. ①局部网 – 教材 Ⅳ. ①TP393.1

中国国家版本馆 CIP 数据核字（2023）第 061458 号

出版发行／北京理工大学出版社有限责任公司
社　　址／北京市海淀区中关村南大街 5 号
邮　　编／100081
电　　话／（010）68914775（总编室）
　　　　　（010）82562903（教材售后服务热线）
　　　　　（010）68944723（其他图书服务热线）
网　　址／http://www.bitpress.com.cn
经　　销／全国各地新华书店
印　　刷／三河市天利华印刷装订有限公司
开　　本／787 毫米 × 1092 毫米　1/16
印　　张／16.25　　　　　　　　　　　　责任编辑／王玲玲
字　　数／358 千字　　　　　　　　　　　文案编辑／王玲玲
版　　次／2023 年 8 月第 1 版　2023 年 8 月第 1 次印刷　责任校对／刘亚男
定　　价／75.00 元　　　　　　　　　　　责任印制／施胜娟

图书出现印装质量问题，请拨打售后服务热线，本社负责调换

前言

随着信息技术的飞速发展，局域网组建与维护已经渗透到社会生活的各个领域，而网络应用水平的高低也成为衡量一个国家或地区现代化水平高低的重要标志。构建中小型局域网，并对局域网进行管理，已经充分被人们所认识，被社会所承认。在众多类型的计算机网络中，局域网技术的发展非常迅速，应用最为普遍，而高职计算机网络技术专业培养的目标之一就是培养网络组建与应用人才。

本书根据目前各高职高专院校计算机网络技术专业的课程设置情况，邀请企业工程师共同编写，采取"分岗设计教材、融入企业案例、企业参加编写"的做法，突出计算机行业特色。与企业深度合作，基于网络工程师岗位的需求进行教学项目设计，使教学环节和教学内容最大限度地与工程实践相结合。

本书打破传统的课程结构，重新序化课程内容，尽量做到理论与实践一体化。以培养学生"懂网、组网、管网、用网"的能力为主线，按照由浅入深、循序渐进的教学规律，制订不同等级的工作任务。按学习领域，将工作过程中的能力分解成若干个模块，以成果为导向，以学习性工作任务为载体，以学生为主体，采取行动导向教学，把课堂搬到网络实训室及校外实训基地，教、学、做一体化的情境教学方法。本书配套了丰富的信息化资源（包括微课、实操视频、二维动画、三维动画等）、辽宁省精品在线开放课程、相关案例等，可供师生混合式教学、翻转课堂灵活使用，本书满足了信息化教学的需求。同时，通过慕课平台、教材教师共建群、出版社网站等实现信息化资源常态更新，适应行业发展需求。

本书由辽宁机电职业技术学院卢晓丽、广州市增城区广播电视大学张学勇、辽宁机电职业技术学院丛佩丽担任主编，宁夏职业技术学院闫坤豪及辽宁机电职业技术学院闫永霞、冯宪光担任副主编，辽宁机电职业技术学院李赫、辽宁省孤儿学校李莹、锐捷网络股份有限公司于鑫担任参编。其中，项目1由丛佩丽编写，项目2、项目3、项目4由卢晓丽编写，项目5由闫坤豪编写，项目6、项目7由张学勇编写，其他作者参与课程资源的建设工作，同时，也给本书提出了宝贵意见。全书由卢晓丽老师统阅定稿。

由于编写时间仓促、作者学术水平有限，本书中难免存在不足和疏漏之处，恳请广大读者批评指正，以便下次修订时完善。

编　者

目 录

项目 1 构建小型局域网 1

模块 1.1 Windows Server 网络操作系统 2

1.1.1 工作任务 2

1.1.2 工作载体 2

1.1.3 教学内容 2

1.1.4 任务实施 2

1.1.5 教学方法与任务结果 8

模块 1.2 资源共享 8

1.2.1 工作任务 8

1.2.2 工作载体 8

1.2.3 任务实施 8

1.2.4 教学方法与任务结果 18

模块 1.3 磁盘配额 18

1.3.1 工作任务 18

1.3.2 工作载体 19

1.3.3 任务实施 19

1.3.4 教学方法与任务结果 21

模块 1.4 项目拓展 21

1.4.1 理论拓展 21

1.4.2 实践拓展 22

项目 2 网络地址的规划与分配 23

模块 2.1 IPv4 地址与子网划分 24

2.1.1 工作任务 24

2.1.2 工作载体 24

2.1.3 教学内容 25

2.1.4 任务实施 ·· 31

2.1.5 教学方法与任务结果 ·· 33

模块 2.2 IPv6 地址 ··· 33

2.2.1 工作任务 ·· 33

2.2.2 工作载体 ·· 33

2.2.3 教学内容 ·· 34

2.2.4 任务实施 ·· 35

2.2.5 教学方法与任务结果 ·· 37

模块 2.3 动态获取 IP 地址 ·· 37

2.3.1 工作任务 ·· 37

2.3.2 工作载体 ·· 37

2.3.3 教学内容 ·· 38

2.3.4 任务实施 ·· 43

2.3.5 教学方法与任务结果 ·· 47

模块 2.4 地址转换（NAT）··· 47

2.4.1 工作任务 ·· 47

2.4.2 工作载体 ·· 47

2.4.3 教学内容 ·· 47

2.4.4 任务实施 ·· 49

2.4.5 教学方法与任务结果 ·· 52

模块 2.5 项目拓展 ··· 52

2.5.1 理论拓展 ·· 52

2.5.2 实践拓展 ·· 53

项目 3 交换型以太网的组建 ·· 54

模块 3.1 认识交换机 ··· 55

3.1.1 工作任务 ·· 55

3.1.2 工作载体 ·· 55

3.1.3 教学内容 ·· 56

3.1.4 任务实施 ·· 58

3.1.5 教学方法与任务结果 ·· 60

模块 3.2 单交换机上 VLAN 的划分 ··· 60

3.2.1 工作任务 ·· 60

3.2.2 工作载体 ·· 61

3.2.3 教学内容 ·· 61

3.2.4 任务实施 ·· 66

3.2.5 教学方法与任务结果 ·· 68

模块 3.3 多交换机上 VLAN 的划分 ··· 68

3.3.1 工作任务 ·· 68

3.3.2 工作载体 ·· 69

3.3.3 教学内容 ·· 69

3.3.4 任务实施 ·· 72

3.3.5 教学方法与任务结果 ·· 74

模块 3.4 交换机端口与 MAC 地址绑定 ···························· 74

3.4.1 工作任务 ·· 74

3.4.2 工作载体 ·· 75

3.4.3 教学内容 ·· 75

3.4.4 任务实施 ·· 77

3.4.5 教学方法与任务结果 ·· 78

模块 3.5 防止网络冗余形成环路（STP） ························· 78

3.5.1 工作任务 ·· 78

3.5.2 教学内容 ·· 79

3.5.3 任务实施 ·· 83

3.5.4 教学方法与任务结果 ·· 87

模块 3.6 交换型以太网的组建 ······································ 87

3.6.1 工作任务 ·· 87

3.6.2 工作载体 ·· 87

3.6.3 任务实施 ·· 88

3.6.4 教学方法与任务结果 ·· 93

模块 3.7 项目拓展 ·· 93

3.7.1 理论拓展 ·· 93

3.7.2 实践拓展 ·· 94

项目 4 中小型企业网的组建 ··· 96

模块 4.1 认识路由器 ·· 97

4.1.1 工作任务 ·· 97

4.1.2 工作载体 ·· 97

4.1.3 教学内容 ·· 97

4.1.4 任务实施 ··· 101

4.1.5 教学方法与任务结果 ··· 105

模块 4.2 静态路由 ·· 106

4.2.1 工作任务 ··· 106

4.2.2 工作载体 ··· 106

4.2.3 教学内容 ··· 107

4.2.4 任务实施 ··· 109

4.2.5 教学方法与任务结果 ··· 114

模块 4.3　距离矢量路由协议 ····························· 114

4.3.1　工作任务 ································· 114

4.3.2　工作载体 ································· 114

4.3.3　教学内容 ································· 116

4.3.4　任务实施 ································· 123

4.3.5　教学方法与任务结果 ························ 128

模块 4.4　链路状态路由协议 ····························· 128

4.4.1　工作任务 ································· 128

4.4.2　工作载体 ································· 129

4.4.3　教学内容 ································· 129

4.4.4　任务实施 ································· 135

4.4.5　教学方法与任务结果 ························ 136

模块 4.5　VLAN 间路由的配置与应用 ······················ 137

4.5.1　工作任务 ································· 137

4.5.2　工作载体 ································· 137

4.5.3　教学内容 ································· 138

4.5.4　任务实施 ································· 141

4.5.5　教学方法与任务结果 ························ 144

模块 4.6　中小型企业网的组建 ··························· 144

4.6.1　工作任务 ································· 144

4.6.2　工作载体 ································· 145

4.6.3　任务实施 ································· 145

4.6.4　教学方法与任务结果 ························ 152

模块 4.7　项目拓展 ································· 152

4.7.1　理论拓展 ································· 152

4.7.2　实践拓展 ································· 153

项目 5　无线局域网的组建 ····························· 155

模块 5.1　无线个人局域网的组建 ·························· 156

5.1.1　工作任务 ································· 156

5.1.2　工作载体 ································· 156

5.1.3　教学内容 ································· 157

5.1.4　任务实施 ································· 162

5.1.5　教学方法与任务结果 ························ 171

模块 5.2　小型家庭无线局域网的组建 ······················ 171

5.2.1　工作任务 ································· 171

5.2.2　工作载体 ································· 171

5.2.3　教学内容 ································· 172

5.2.4 任务实施 ·· 177

5.2.5 教学方法与任务结果 ································· 179

模块 5.3 企业无线局域网的组建 ································ 179

5.3.1 工作任务 ·· 179

5.3.2 工作载体 ·· 180

5.3.3 教学内容 ·· 180

5.3.4 任务实施 ·· 190

5.3.5 教学方法与任务结果 ································· 192

模块 5.4 项目拓展 ·· 193

5.4.1 理论拓展 ·· 193

5.4.2 实践拓展 ·· 194

项目 6 维护网络安全 ·· 195

模块 6.1 无线网络的安全配置 ································ 196

6.1.1 工作任务 ·· 196

6.1.2 工作载体 ·· 196

6.1.3 教学内容 ·· 197

6.1.4 任务实施 ·· 202

6.1.5 教学方法与任务结果 ································· 207

模块 6.2 使用访问控制列表维护网络安全 ·············· 208

6.2.1 工作任务 ·· 208

6.2.2 工作载体 ·· 208

6.2.3 教学内容 ·· 209

6.2.4 任务实施 ·· 218

6.2.5 教学方法与任务结果 ································· 221

模块 6.3 项目拓展 ·· 221

6.3.1 理论拓展 ·· 221

6.3.2 实践拓展 ·· 221

项目 7 网络协议分析 ·· 223

模块 7.1 Sniffer 网管软件的使用 ··························· 224

7.1.1 工作任务 ·· 224

7.1.2 教学内容 ·· 224

7.1.3 任务实施 ·· 227

7.1.4 教学方法与任务结果 ································· 235

模块 7.2 Wireshark 抓包与分析 ···························· 235

7.2.1 工作任务 ·· 235

7.2.2 教学内容 ·· 236

7.2.3 任务实施 ·· 236

7.2.4 教学方法与任务结果 ·· 240

模块 7.3 网络故障诊断与排除 ··· 240

7.3.1 工作任务 ·· 240

7.3.2 工作载体 ·· 240

7.3.3 教学内容 ·· 241

7.3.4 任务实施 ·· 243

7.3.5 教学方法与任务结果 ·· 245

模块 7.4 项目拓展 ·· 245

7.4.1 理论拓展 ·· 245

7.4.2 实践拓展 ·· 246

参考文献 ··· 247

项目 **1**
构建小型局域网

学习目标

◆ 掌握 Windows Server 网络操作系统的安装过程。

◆ 能够根据用户需求设置资源共享。

◆ 能够根据用户需求设置磁盘配额。

思政目标

◆ 传承中华民族优秀文化，培养民族自豪感和自尊心。

◆ 树立正确的人生观、价值观，具备良好的职业道德和社会责任感。

◆ 具备独立分析问题、解决问题的能力，培养学生创新精神、创业意识。

 思政视窗

华为鸿蒙操作系统真的来了

华为的鸿蒙操作系统宣告问世，在全球引起反响。人们普遍相信，这款中国电信巨头打造的操作系统在技术上是先进的，并且具有逐渐建立起自己生态的成长力。它的诞生将拉开永久性改变操作系统全球格局的序幕。

鸿蒙 OS 是华为公司开发的一款基于微内核、耗时 10 年、4 000 多名研发人员投入开发、面向 5G 物联网、面向全场景的分布式操作系统。鸿蒙的英文名是 HarmonyOS，意为和谐。不是安卓系统的分支或由其修改而来的，与安卓、iOS 是不一样的操作系统。性能上不弱于安卓系统，而且华为还为基于安卓生态开发的应用能够平稳迁移到鸿蒙 OS 上做好衔接，将相关系统及应用迁移到鸿蒙 OS 上，差不多两天就可以完成迁移及部署。这个新的操作系统将手机、电脑、平板、电视、工业自动化控制、无人驾驶、车机设备、智能穿戴统一成一个操作系统，并且该系统是面向下一代技术而设计的，能兼容全部安卓应用的所有 Web 应用。若安卓应用重新编译，在鸿蒙 OS 上，运行性能提升超过 60%。鸿蒙 OS 架构中的内核，会把之前的 Linux 内核、鸿蒙 OS 微内核与 LiteOS 合并为一个鸿蒙 OS 微内核。创造一个超级虚拟终端互联的世界，将人、设备、场景有机联系在一起。同时，由于鸿蒙系统微内核的代码量只有 Linux 宏内核的千分之一，其受攻击的概率也大幅降低。

分布式架构首次用于终端 OS，实现跨终端无缝协同体验；确定时延引擎和高性能 IPC 技术实现系统天生流畅；基于微内核架构重塑终端设备可信安全；对于消费者而言，HarmonyOS 通过分布式技术，让 8＋N 设备具备智慧交互的能力。在不同场景下，8＋N 配合华为手机提供满足人们不同需求的解决方案。对于智能硬件开发者，HarmonyOS 可以实现硬件创新，并融入华为全场景的大生态。对于应用开发者，HarmonyOS 让他们不用面对硬件复杂性，通过使用封装好的分布式技术，以较小投入专注开发出各种全场景新体验。

模块 1.1 Windows Server 网络操作系统

1.1.1 工作任务

假如你是某公司的一名网络管理人员，公司购置了一批服务器，现在需要为其安装网络操作系统。

1.1.2 工作载体

所需硬件：服务器；所需软件：Windows Server 2012 网络操作系统。

1.1.3 教学内容

1. Windows Server 2012 的含义

Windows Server 2012 是 Windows Server 2008 改良的下一代服务器操作系统，它继承了 Windows Server 2008 的优势。Windows Server 2012 是一套和 Windows 8 相对应的服务器操作系统，两者拥有很多相同功能。Windows Server 2012 是延续 Windows Azure（微软基于云计算的操作系统）成功的经验而设计的云端最佳化平台。配备最新的虚拟化技术和简单控制管理等特性、相容于任何云端架构的设计与整合行动装置管理等崭新功能，令企业可创建私有云端或是混合云端，并有效降低成本。

2. Windows Server 2012 的特征

（1）虚拟化方面。

Hyper－V 增加了很多新的功能和更新的功能，在实现扩展的多用户云存储系统、集群、容错和灾难恢复数据中心之间的虚拟机更容易复制。

Windows Server 2012 Hyper－V 支持动态 IT 环境，并能够快速适应不断变化的业务需求和场景。Hyper－V 提供工具，从而提高自动化功能，并降低组织基础设施的整体成本。

（2）性能方面。

专为服务器进行了优化，配置要求较高；最多支持 32 个处理器；可以充当网络服务器，可无限制连入客户机，完成繁重的网络任务；最多可支持多达 256 个远程客户存取。支持 Macintosh 文件及打印，具备磁盘容错功能。

1.1.4 任务实施

（1）把光盘放入光驱里，服务器通过光驱启动，正式进行 Windows Server 2012 安装，如图 1-1 所示。

图 1-1　Windows Server 2012 安装启动界面

（2）提示默认选择语言"中文（简体，中国）"，单击"下一步"按钮，如图 1-2 所示。

图 1-2　属性选择对话框

（3）在弹出的界面上单击"现在安装"按钮，如图 1-3 所示。

图 1-3　安装界面

（4）选择安装操作系统的版本，如图 1-4 所示，单击"下一步"按钮。

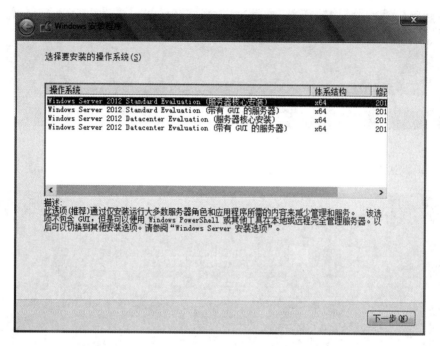

图 1-4　安装版本选择界面

（5）勾选"我接受许可条款"，如图 1-5 所示，单击"下一步"按钮。

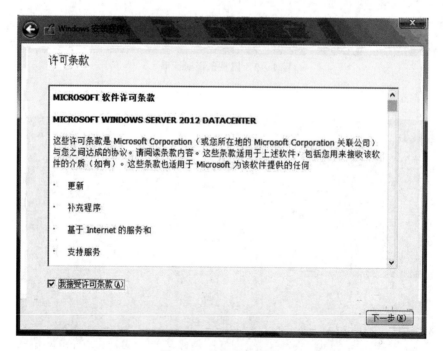

图 1-5　许可条款界面

（6）选择"自定义：仅安装 Windows（高级）"，如图 1 – 6 所示。

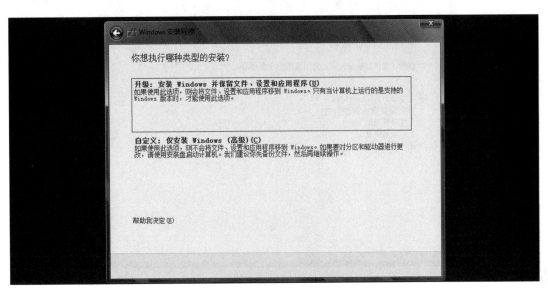

图 1 – 6　高级选项界面

（7）对硬盘进行分区，并选择系统分区进行 Windows Server 2012 安装，如图 1 – 7 所示。

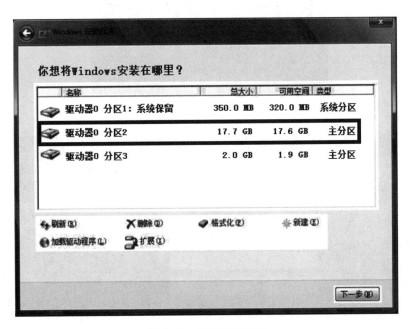

图 1 – 7　选择磁盘分区

（8）安装开始，如图 1 – 8 所示。

（9）重启后，安装设备驱动，如图 1 – 9 所示。

（10）安装成功，首次要设置 Administrator 管理员密码，如图 1 – 10 所示。

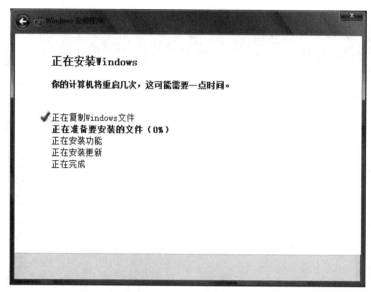

图1-8　安装进度界面

图1-9　系统启动界面

图1-10　设置管理员密码界面

（11）完成设置，如图1-11所示。

（12）进入登录界面，如图1-12所示。

（13）输入本地管理员密码登录，如图1-13所示。

图 1 - 11 保存设置界面

图 1 - 12 登录界面

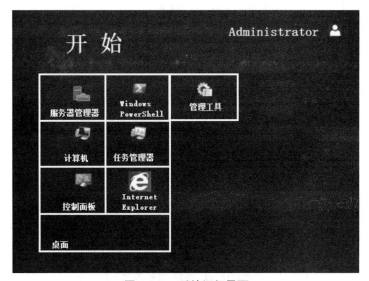

图 1 - 13 管理员登录界面

（14）成功登录，进入系统，如图 1 - 14 所示。

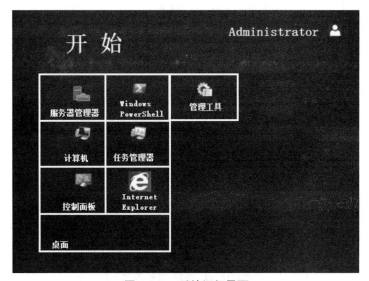

图 1 - 14 系统运行界面

1.1.5 教学方法与任务结果

学生分组进行任务实施，可以 3~4 人一组，首先由各小组讨论实施步骤，再具体实践操作。学生操作过程中互相讨论，并由教师给予指导，最后由教师和全体学生参与结果评价。任务实施完成后，检验操作系统是否安装成功。

模块 1.2 资源共享

1.2.1 工作任务

假如你是某公司的一名网络管理人员，现要求通过网络实现资源共享。资源共享是建立在数据和应用程序共享原理的基础上的，在 Windows Server 2012 操作系统中，通过服务器管理器来对需要共享的资源进行设置。

1.2.2 工作载体

已安装 Windows Server 2012 网络操作系统的服务器。

1.2.3 任务实施

1. 设置资源共享

首先在服务器管理器中添加文件服务器角色，如图 1-15 所示。

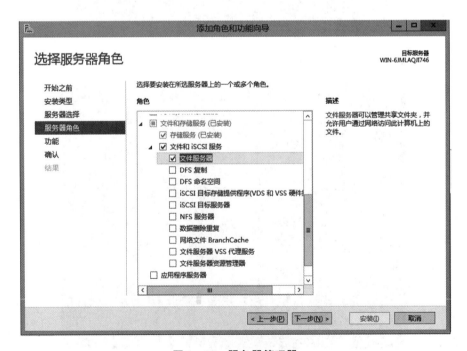

图 1-15 服务器管理器

然后在服务器管理器中选择"文件"和"存储服务 – 共享"，然后新建共享，如图 1 – 16 所示。

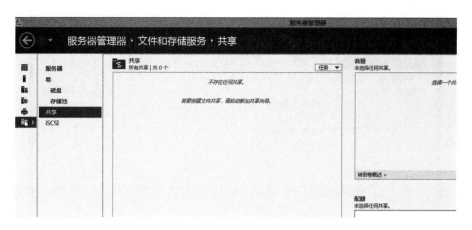

图 1 – 16　建立共享

可以选择共享某个服务器的整个磁盘，也可以单击"浏览"按钮选择共享单个文件夹，如图 1 – 17 所示。

图 1 – 17　共享属性设置

进行其他信息填写和权限设置，如图 1 – 18 所示。

在设置里有"启用基于存取的枚举"这样一个选项，勾选后，对这个文件夹或者子文件夹没有访问权限的话就看不到这个文件夹了。如果域里面有 Win10 或者更低版本的系统，不要选择最后一项"加密数据访问"，否则即使使用域管理员登录，也会被提示没有权限打开此文件夹，如图 1 – 19 所示。

图 1-18　共享权限设置

图 1-19　share 设置

2. 访问网络共享资源

文件共享以后，可以通过网络来访问工作组中其他计算机共享的资源。首先，打开网络查看工作组中的计算机，如图 1-20 所示。

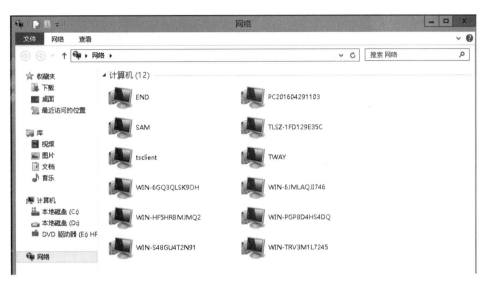

图1-20 网络窗口

选择要访问的计算机,如图1-21所示。

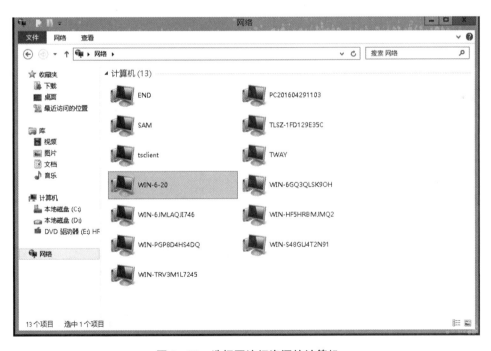

图1-21 选择要访问资源的计算机

如果对方计算机资源设置了访问权限,需要通过对方的用户名及密码才能登录进入,如图1-22所示。

输入正确的用户名和密码后,可以进入计算机访问共享资源。如果对方共享资源不需要用户名和密码,则可以直接访问对方计算机中的共享资源,如图1-23所示。

图 1 – 22　登录界面

图 1 – 23　资源访问

3. 共享和使用网络打印机

在局域网内建立一台打印服务器，可以为局域网中所有用户提供打印服务。具体配置如下：

（1）配置打印服务器：一般进入系统服务器之后，都会打开服务器管理器（默认的，可以调整），如图 1 – 24 所示。

然后需要添加角色和功能，可以通过仪表板添加角色和功能，也可以通过服务器管理器右上角的"管理"选项来添加。单击右上角的"管理"选项，单击"添加角色和功能"，如图 1 – 25 所示。

图 1 - 24　服务器管理器

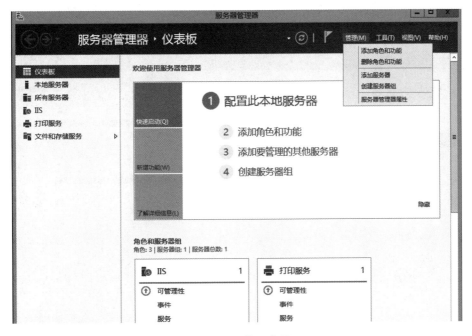

图 1 - 25　管理选项

在出现的"添加角色和功能向导"窗口中，步骤"开始之前"是该向导的说明解释，单击"下一步"按钮，如图 1 - 26 所示。

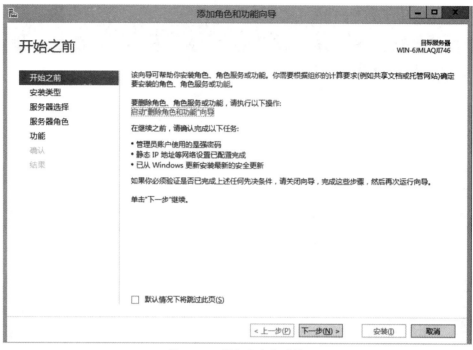

图 1 - 26　添加角色和功能

安装类型选择"基于角色或基于功能的安装",单击"下一步"按钮,如图 1 - 27 所示。

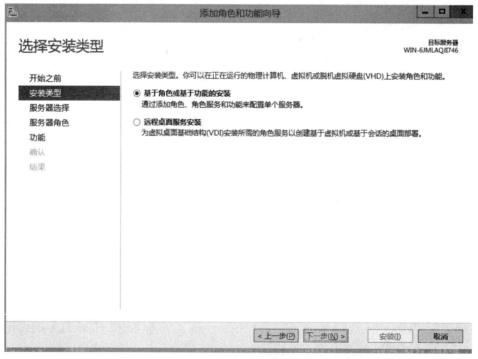

图 1 - 27　安装类型

选择本地服务器，然后单击"下一步"按钮，如图 1 – 28 所示。

图 1 – 28　服务器选择

如图 1 – 29 所示，选择"打印和文件服务"，会出现如图 1 – 30 所示的对话框，需要安装其他组件，单击"添加功能"按钮，单击"下一步"按钮。

图 1 – 29　服务器角色选项

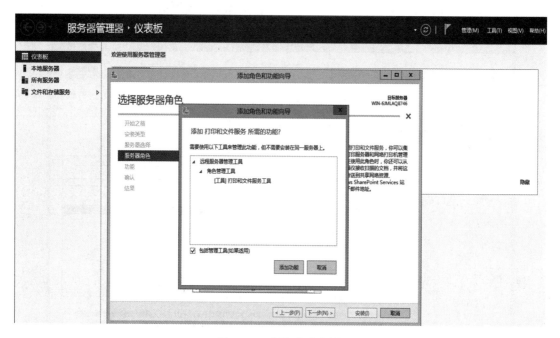

图 1 – 30　添加角色向导

如果功能不做更改，则直接单击"下一步"按钮，在角色服务中，选择"Internet 打印"，如图 1 – 31 所示，在出现的对话框中，单击"下一步"按钮。

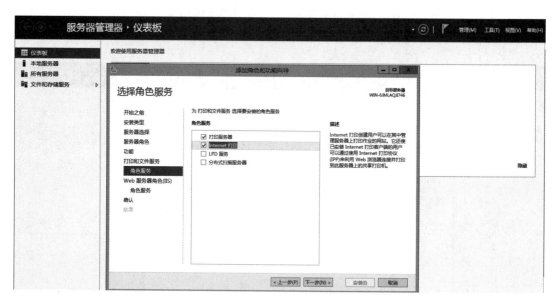

图 1 – 31　添加角色向导

然后根据默认选择，单击"下一步"按钮，到最后确认时，单击"安装"按钮，如图 1 – 32 所示。

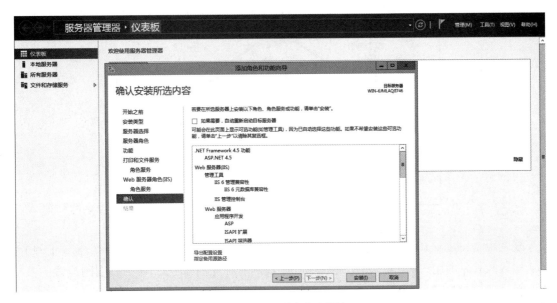

图 1 - 32　安装角色和服务

确认后，系统将进行角色和服务的安装。安装完成后，在服务器管理器中可以看到已经出现打印服务了，如图 1 - 33 所示。

图 1 - 33　打印服务安装完成

（2）服务搭建好了，只是意味着这台服务器可以对外提供打印功能，还需要添加打印机。在服务器管理器中依次单击"工具"→"打印管理"，单击"添加打印机"，根据实际选择接口，为打印机添加驱动程序、命名，打印机安装完成。

（3）在局域网中测试打印服务器，如图 1 - 34 所示。

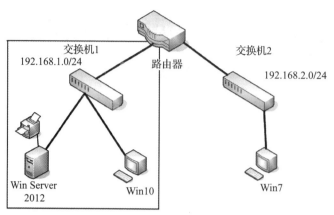

图 1 - 34　测试打印机拓扑图

现在用 Windows 10 来添加 Server 的打印机，在 Windows 10 中运行，输入 Server 的 IP；然后输入 Server 的用户名和密码。完成后可以看到有一个打印机，名字是刚刚设置的共享名。单击"连接"按钮后，在"设备和打印机"选项中出现打印机。

（4）以上只适用于在同一局域网中的情景，若用户和打印服务器不在一个局域网中，需要使用 Internet 打印。使用另外一个网络的 Windows 10 来模拟两个网络的情景。在已经安装打印服务的 Internet 打印功能，可以使用 http 协议访问；在 Windows 10 的浏览器中输入 Server 的 IP 地址/printers，输入 Server 的用户名和密码，单击服务器上的打印机，在属性页面会有打印机的访问网址，复制到设备和打印机中添加打印机，选择"添加网络打印机"（这里不同版本的 Windows 略有差异），完成不同网络之间打印机的使用。

1.2.4　教学方法与任务结果

学生分组进行任务实施，可以 3~4 人一组，首先由各小组讨论实施步骤，再具体实践操作。学生操作过程中互相讨论，并由教师给予指导，最后由教师和全体学生参与结果评价。任务实施完成后，检验是否实现了资源共享。

模块 1.3　磁盘配额

1.3.1　工作任务

假如你是某公司的一位网络管理员，公司有技术部、销售部、财务部等部门，所有部门都可以将本部门的文件存储到工资服务器上，为防止各部门不加限制地使用服务器磁盘存储空间，公司领导要求你对服务器磁盘空间进行管理，为每个部门划分 800 MB 磁盘存储空间、500 MB 警戒空间，如果超出警戒空间，将对用户提出警告并记录事件。

针对用户的需求，可以通过磁盘配额管理来解决此问题。NTFS 磁盘格式为防止用户无限制使用磁盘空间提供了磁盘配额（DISK Quota）功能，只要是使用 NTFS 文件系统的磁盘驱动器，就能够利用磁盘配额功能来限制某个账户在该磁盘驱动器的存储空间。

1.3.2 工作载体

已安装 Windows Server 2012 网络操作系统的服务器。

1.3.3 任务实施

1. 设置磁盘配额

在为各部门进行磁盘配额划分前，应为服务器的磁盘空间开启磁盘配额功能。在设置配额的盘符上单击鼠标右键，选择"属性"进入磁盘属性设置界面，如图 1-35 所示。

切换到"配额"选项卡，勾选"启用配额管理"选项，启用磁盘配额功能，如图 1-36 所示。

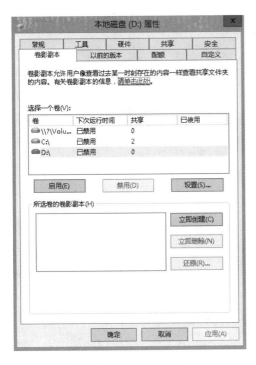

图 1-35 磁盘属性

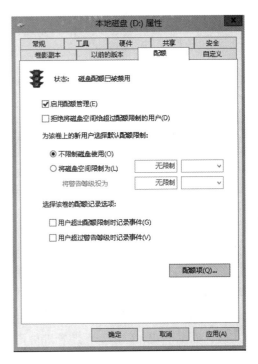

图 1-36 启用配额管理

设置配额限制与警告等级，如图 1-37 所示。配额限制与警告等级可以说是磁盘存储的两道防线。默认启动磁盘配额后选择不限制磁盘使用量，这样虽然启用磁盘配额，却没有实际效果，所以要对磁盘配额进行限额设置。当用户的磁盘使用量要超过第一道管制线——警告等级时，系统可以记录此事件或忽略不管；当用户的磁盘使用量要超过第二道警戒线——配额限制时，系统可以拒绝此写入动作、记录此事件或忽略不管。通常配额限制应大于警告等级，例如将各部门的警告等级设置为 500 MB，配额限制 800 MB。管理员在用户用量达到警告等级时，先通知用户，以免用户在毫无预警的情况下受到配额限制，造成工作上的不便。

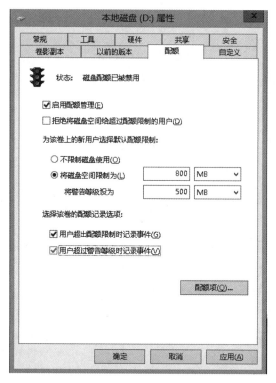

图 1 - 37 空间限制与警告等级设置

2. 查看与修改配额项目清单

设置磁盘配额后，会在新用户上应用默认的配额限制和警告等级。当系统管理员第一次启动磁盘驱动器的磁盘配额功能时，Windows Server 2012 会为该磁盘驱动器建立一份配额项目表，新用户是指不在配额项目列表中的用户。假设在启动磁盘配额功能前，系统管理员与NT 用户已经在该磁盘上存储了文件，Windows Server 2012 会扫描磁盘驱动器上每个文件的拥有者，并建立一份配额项目列表，将以后的用户加入此列表中，并应用默认的配额限制与警告等级，如图 1 - 38 所示。系统管理员可以通过打开磁盘属性对话框的配额选项卡后，单击右下方的"配额项"，随时查看配额项目列表，监看各账户使用磁盘的情形。

图 1 - 38 查看配额项目清单

3. 调整配额限制与警告等级

如果在使用过程中需要对某个用户的磁盘配额进行调整，可以在"配额项"对话框中找到需要调整配额的用户，在该配额项目上右击，执行"属性"命令可以对该用户的磁盘配额进行调整，如图 1 – 39 所示。

图 1 – 39　调整配额限制与警告等级

教学方法与任务结果

　　学生分组进行任务实施，可以 3 ~ 4 人一组，首先由各小组讨论实施步骤，再具体实践操作。学生操作过程中互相讨论，并由教师给予指导，最后由教师和全体学生参与结果评价。任务实施完成后，检验是否完成磁盘配额管理。

模块 1.4　项目拓展

理论拓展

1 – 1　选择题

　　1. Windows 2012 的 NTFS 文件系统具有对文件和文件夹加密的特性。域用户 user1 加密了自己的一个文本文件 myfile. txt。他没有给域用户 user2 授权访问该文件，下列叙述正确的是（　　）。

　　A. user1 需要解密文件 myfile. txt 才能读取

　　B. user2 如果对文件 myfile. txt 具有 NTFS 完全控制权限，就可以读取该文件

C. 如果 user1 将文件 myfile. txt 拷贝到 FAT32 分区上，加密特性不会丢失

D. 对文件加密后，可以防止非授权用户访问，所以 user2 不能读取该文件

2. 下面不属于 NTFS 权限的是（　　　）。

A. 创建　　　　　　　　B. 读取　　　　　　　　C. 修改　　　　　　　　D. 写入

3. Windows 2012 计算机的管理员有禁用账户的权限。当一个用户有一段时间不用账户（可能是休假等原因），管理员可以禁用该账户。下列关于禁用账户的叙述，正确的是（　　　）。

A. Administrator 账户可以禁用自己，所以，在禁用自己之前，应该先创建至少一个管理员组的账户

B. Administrator 账户不可以被禁用

C. 普通用户可以被禁用

D. 禁用的账户过一段时间会自动启用

4. 当一个账户通过网络访问一个共享文件夹，而这个文件夹又在一个 NTFS 分区上时，该用户最终得到的权限是（　　　）。

A. 他对该文件夹的共享权限和 NTFS 权限中最严格的权限

B. 他对该文件夹的共享权限和 NTFS 权限的累加权限

C. 他对该文件夹的共享权限

D. 他对该文件夹的 NTFS 权限

5. Windows Server 2012 操作系统家族包括（　　　）版本。

A. 7 个　　　　　　　　B. 4 个　　　　　　　　C. 6 个　　　　　　　　D. 5 个

6. 在一个采用 Windows 系统构建的小型企业网络中，有 8 台客户机和 1 台服务器，建议选择（　　　）授权模式安装服务器。

A. 每域模式　　　　　　　　　　　　　　B. 每工作组模式

C. 每设备或每用户　　　　　　　　　　　D. 每服务器

1－2　简述题

1. 简述账户锁定策略中三个选项的作用。

2. 简述复制和移动对 NTFS 分区文件权限的影响。

1.4.2　实践拓展

假如你是某公司的一位网络管理员，现公司有技术部、销售部、财务部等部门，但只有财务部有一台打印机，公司领导要求你在公司局域网中配置打印服务器用于公司各部门打印需求。针对用户的需求可以为各部门进行 IP 地址划分，通过服务器管理器中的打印服务器配置来实现。

项目2
网络地址的规划与分配

学习目标

◆ 掌握 IPv4 地址的定义、表示方法、结构与分类、子网掩码。

◆ 掌握几种特殊的 IPv4 地址。

◆ 能够根据需求为用户合理分配 IP 地址。

◆ 能够使用最节省的方式为用户的网络划分子网，并合理分配 IP 地址。

◆ 掌握 IPv6 地址的结构、部署进程和过渡技术，能够合理地为用户分配相应的地址。

◆ 能够根据用户需求配置 DHCP 服务器，为用户动态分配 IP 地址。

◆ 能够根据需求设置静态 NAT、动态 NAT、超载 NAT。

思政目标

◆ 通过介绍近年来我国互联网行业发展现状，鼓励学生开拓创新，为国家计算机技术发展作出贡献。

◆ 使学生了解网络技术对人们的生产生活所产生的影响，认同并维护我国科教兴国战略。

◆ 紧跟科技发展的脚步，自觉培养拼搏进取的精神，开拓创新创业新方向。

 思政视窗

中国互联网行业发展现状

在网络强国战略的指引下，互联网行业牢牢把握信息化发展的历史机遇，稳步推进网络基础设施建设，通过社交网络构建服务新生态，电子商务、网络游戏、在线教育等行业均实现显著增长，创下了一项项新的历史成绩。面对新冠肺炎疫情的重大冲击，互联网行业充分运用云计算、大数据、人工智能等新一代信息技术与平台服务优势，开发非接触式经济模式助力我国经济社会线上化进程提速，培育经济发展新动能，推动高质量发展。

一、基础设施建设持续推进，互联网顶层互联互通架构进一步完善

我国基础设施建设持续推进，全国互联网顶层互联互通架构进一步完善，向"全方位、立体化"网间架构布局持续迈进。骨干网直联点大幅扩容，疏导能力持续增强，网间带宽

达到 14.3 Tb/s，年增幅超过 30%。

截至 2021 年 11 月，我国国际互联网出入口带宽为 6.5 Tb/s，新增海南、连云港、舟山、上海、张家口 5 条国际互联网数据专用通道，共建 141 个海外 POP。截至 2020 年第三季度，我国光缆线路长度达到 4 983.47 万千米，其中长途光缆线路长度达 110.61 万千米。移动电话基站数达到 916 万个，互联网宽带接入端口 93 682 万个，其中 xDSL 端口 689 万个，光纤接入（FTTH/0）端口 86 652 万个。

二、社交网络服务用户覆盖率稳居网络应用首位，微信构建网络服务新生态

受新冠肺炎疫情影响，社会大众的沟通交流活动越来越多地从线下转移至线上，社交网络服务用户规模保持平稳增长，用户活跃度进一步提升。截至 2021 年 6 月，我国社交网络服务用户规模达 9.31 亿人，较 2020 年同期增加 1.06 亿人，同比增长达 12.9%。社交网络服务用户在总体网民中占比达 99%，用户使用率位居各类网络应用首位。

在丰富的信息流和社交流基础上，微信通过小程序架起用户与零售、电商、生活服务、政务民生等线上线下服务的连接渠道，以微信支付和企业微信为手段深化企业链接，构建网络服务新生态。

三、电子商务单季度交易额创历史新高，网络零售发展形势持续向好

在新冠肺炎疫情的影响下，电子商务行业在第一、二季度的发展增速明显下滑，于第三季度呈现显著反弹趋势，在我国经济社会持续复苏的推动下，电子商务交易额逐渐恢复至历史同期水平。截至 2021 年第三季度，我国电子商务交易额达 25.91 万亿元。其中，第三季度电子商务交易额达到 9.72 万亿元，同比增长 16.3%。

四、在线教育用户规模创历史新高，迎来高速发展期

受新冠肺炎疫情影响，以及"停课不停学"的政策推动，全国 2.82 亿在校生阶段性转为线上学习，教育信息化进程明显提速，在线教育用户规模创历史新高，在线教育行业迎来高速发展期。截至 2021 年 6 月，我国在线教育用户规模达 3.81 亿人，较 2019 年大幅增长，同比增长 63.7%，用户规模增速位居互联网细分领域翘楚。

模块 2.1 IPv4 地址与子网划分

2.1.1 工作任务

某学校有 4 个网络：学生 LAN、教师 LAN、管理员 LAN 和 WAN，如图 2-1 所示。从网络管理员分配的地址和前缀（子网掩码）172.16.0.0 255.255.0.0 开始，采用可变长子网划分的方法为网络中的计算机和网络设备分配合理的 IP 地址。

2.1.2 工作载体

网络拓扑如图 2-1 所示。

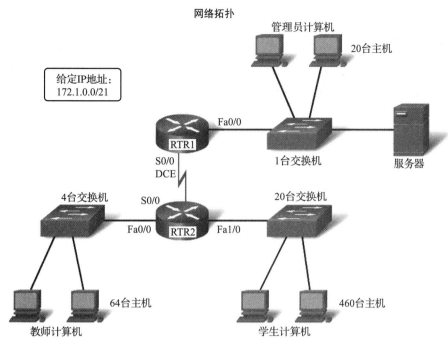

图 2 – 1 网络拓扑

教学内容

1. IPv4 地址的定义

Internet 上基于 TCP/IP 的网络中的每台设备既有逻辑地址（即 IP 地址），也有物理地址（即 MAC 地址）。物理地址和逻辑地址都是唯一标识一个结点的，MAC 地址是设备生产厂商固化在硬件内部或网卡上的。MAC 地址工作在 OSI 模型的数据链路层以下，逻辑地址工作在网络层以上。逻辑地址与物理地址的关系如图 2 – 2 所示。

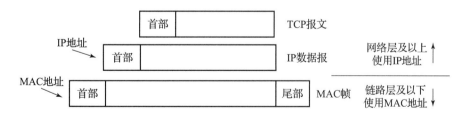

图 2 – 2 IP 地址与硬件地址关系

为什么网络设备已经有了一个物理地址，还需要一个逻辑地址呢？

首先，每个设备支持不同的物理地址，如果相互连接进行通信，就会出现问题，比如我们在交谈时，需要使用同一种语言，否则就会出现问题，IP 地址就是互连设备的语言，它屏蔽了具体的硬件差别，独立于数据链路层。

其次，硬件地址是按照厂商设备而不是拥有它的组织来编号的。将高效的路由方案建立在设备制造商基础上，而不是网络所处的位置上，是不可行的。IP 地址的分配是基于网络拓扑结构，而不是谁制造了设备。

最后，当存在一个附加层的地址寻址时，设备更易于移动和维修。如果一个网卡坏了，可以更换，不需要取得一个新的 IP 地址；如果一个结点从一个网络移动到另一个网络，可以给它分配一个新的 IP 地址，而无须换一个新的网卡。IP 地址和 MAC 地址的关系如图 2 - 3 所示。

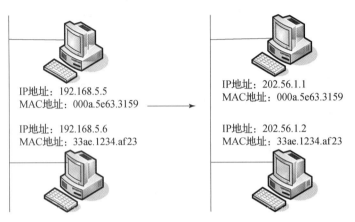

图 2 - 3 IP 地址和 MAC 地址区别

2. IPv4 地址的结构与表示方法

IP 地址是 32 位的二进制数。每个 IP 地址被分为两部分：网络号部分，称为网络 ID（net - id）；主机号部分，称为主机 ID（host - id），如图 2 -4 所示。

图 2 - 4 IP 地址

二进制与十进制之间的转换

如同我们日常使用的电话号码，86 - 0415 - 2522513 这个号码中，86 是国家代码，0415 是城市区号，2522513 则是那个城市中具体的电话号码。IP 地址的原理与此类似。使用这种层次结构易于实现路由选择，易于管理和维护。

在计算机内部，IP 地址是用二进制数表示的，共 32 bit。

例如：11000000 10101000 00000001 00000101

这种表示方法对于用户来说是很不方便记忆的，通常把 32 位的 IP 地址分成 4 段，每 8 位为一组，分别转换成十进制数，使用点隔开，称为点分十进制记法。

上例的 IP 地址使用点分十进制记法为 192. 168. 1. 5，如图 2 -5 所示。

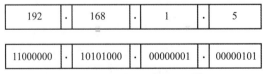

图 2 -5 点分十进制表示方法

3. IPv4 地址的分类

IP 地址是由 32 位的二进制组成的，分为网络号字段与主机号字段，那么，在这 3 位中，哪些代表网络号？哪些代表主机号？这个问题很重要，因为网络号字段将决定整个互联网中能包含多少个网络，主机号长度决定网络能容纳多少台主机。

为了适应各种网络规模的不同，IP 协议将 IP 地址分成 A、B、C、D、E 五类，如图 2-6 所示。

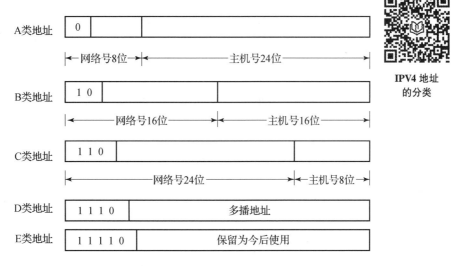

**IPV4 地址
的分类**

图 2-6   5 类 IP 地址

A 类地址的网络号占一个字节，第一个比特已经固定为 0，所以只有 7 位可供使用。网络地址的范围是 00000001 ~ 01111110，即十进制的 1 ~ 126，全 0 的 IP 地址是一个保留地址，表示"本网络"，全 1 即 127 保留作为本地软件回环测试本主机之用，A 类地址可用的网络数为 126 个。主机号字段占 3 字节，24 位，每一个 A 类网络中的最大主机数是 $2^{23} - 2$，即 16 777 214，减 2 的原因是：全 0 的主机号字段表示该 IP 地址是"本主机"所连接到的单个网络地址，全 1 的主机号字段表示该网络上的所有主机。A 类地址适合大型网络。

B 类地址的网络号占 2 字节，即 16 位，前 2 位已经固定为 10。网络地址的范围是 128.0 ~ 191.255，B 类地址可用的网络数为 2^{14} 个，即 16 384。因为前 2 位已经固定为 10，所以不存在全 0 和全 1。主机号字段占 2 字节，16 位，每一个 B 类网络中的最大主机数是 $2^{15} - 2$，即 65 534，减 2 的原因是：全 0 的主机号字段表示该 IP 地址是"本主机"所连接到的单个网络地址，全 1 的主机号字段表示该网络上的所有主机。B 类地址适合中型网络。

C 类地址的网络号占 3 字节，前 3 位已经固定为 110。网络地址的范围是 192.0.0 ~ 223.255.255，C 类地址可用的网络数为 2^{21} 个，即 2 097 152。因为前 3 位已经固定为 110，所以也不存在全 0 和全 1。主机号字段占 1 字节，8 位，每一个 C 类网络中的最大主机数是 $2^7 - 2$，即 254，减 2 的原因是：全 0 的主机号字段表示该 IP 地址是"本主机"所连接到的单个网络地址，全 1 的主机号字段表示该网络上的所有主机。C 类地址适合小型网络。

D 类地址前 4 位固定为 1110，是一个多播地址。可以通过多播地址将数据发给多个主机。

E 类地址前 5 位固定为 11110，保留为今后使用。E 类地址并不分配给用户使用。

A、B、C 类地址常用，D 类与 E 类地址很少使用。A、B、C 三类地址可以容纳的网络数与主机数见表 2 - 1。

表 2 - 1　A、B、C 3 类 IP 地址可以容纳的网络数与主机数

类别	第一个可用的网络号	最后一个可用的网络号	最大网络数	最大主机数	使用的网络规模
A	1	126	126 （$2^6 - 2$）	16 777 214 （$2^{23} - 2$）	大型网络
B	128.0	191.255	16 384 （2^{14}）	65 534 （$2^{15} - 2$）	中型网络
C	192.0.0	223.255.255	2 097 152 （2^{21}）	254 （$2^7 - 2$）	小型网络

4. 特殊的 IPv4 地址

（1）网络地址：在互联网中，网络地址是指代网络的标准方式。IP 地址方案规定，网络地址包含了一个有效的网络号和一个全 "0" 的主机号。例如，在 A 类网络中，地址为 10.0.0.0 就表示该网络的网络地址。而一个 IP 地址为 192.168.1.5 的主机所处的网络 192.168.1.0，主机号为 5。

网络地址

这种地址不能分配给计算机或网络设备使用，因此不能用于网络通信中的地址，它仅指代一个网络。在网络的 IPv4 地址范围内，最小地址保留为网络地址，此地址的主机部分的每个主机位均为 0。

（2）广播地址：广播地址是用于向网络中的所有主机发送数据的特殊地址，广播地址包含了一个有效的网络号和一个全 "1" 的主机号。网络中的 IPv4 广播地址是指定向广播地址，不同于网络地址，此地址用于网络中所有主机的通信。这一特殊的地址允许一个数据包发给网络中的所有主机。

广播地址

广播地址使用该网络范围内的最大地址，即主机部分的各位全部为 1 的地址。在有 24 个网络位的 192.168.1.0 网络中，其广播地址为 192.168.1.255。

（3）回环地址：A 类网络地址 127.0.0.0 是一个保留地址，用于网络软件测试以及本地机器进程间通信，这个 IP 地址叫作回环地址（Loopback address）。IP 协议规定，当任何程序用回环地址作为目标地址时，计算机上的协议软件不会把该数据包向网络上发送，而是把数据包直接返回给主机。因此网络号为 127 的数据包不能出现在任何网络上，主机和路由器不能为该地址广播任何寻径信息。使用回环地址可以实现对本机网络协议的测试或实现本地进程间的通信。

几种特殊用途的 IP 地址见表 2 - 2。

表 2-2 特殊 IP 地址用途

网络号字段	主机号字段	源地址使用	目的地使用	地址类型	用途
net – id	全 "0"	不可以	可以	网络地址	代表一个网段
127	任何数	可以	不可以	回环地址	回环测试
net – id	全 "1"	不可以	可以	广播地址	特定网段的所有地址
全 "0"		可以	不可以	网络地址	在本网络上的本主机
全 "1"		不可以	可以	广播地址	本网段所有主机

5. 子网掩码

随着子网的出现，不再是按照标准地址类（A 类、B 类、C 类等）来决定 IP 地址中的网络 ID，这时就需要一个新的值来定义 IP 地址中哪部分是网络 ID，哪部分是主机 ID。子网掩码应运而生。简单地说，子网掩码的作用就是确定 IP 地址中哪一部分是网络 ID，哪一部分是主机 ID。

子网掩码的格式同 IP 地址一样，是 32 位的二进制数。由连续的 "1" 和连续的 "0" 组成。为了理解的方便，也采用点分十进制数表示。A 类、B 类、C 类都有自己默认的子网掩码，图 2-7 列出了标准类的默认子网掩码。

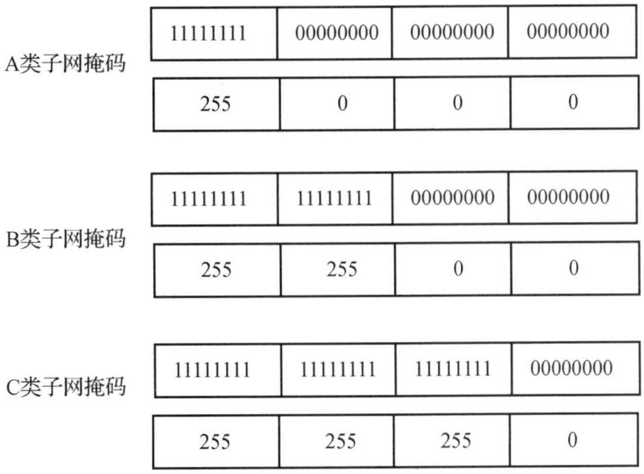

A类子网掩码	11111111	00000000	00000000	00000000
	255	0	0	0

B类子网掩码	11111111	11111111	00000000	00000000
	255	255	0	0

C类子网掩码	11111111	11111111	11111111	00000000
	255	255	255	0

图 2-7 默认子网掩码

子网掩码的定义如下：

（1）其对应网络地址的所有位都置为 "1"。"1" 必须是连续的，也就是说，在连续的 "1" 之间不允许有 "0" 出现。

（2）对应于主机 ID 的所有位都设为 "0"。

在这里，我们特别应该注意的是，一定要把 IP 地址的类别与子网掩码的关系分清楚。例如有这样一个问题：IP 地址为 2.1.1.1，子网掩码为 255.255.255.0，那么这是一个什么类的 IP 地址？很多有工程经验的技术人员会误认为它是一个 C 类的地址，正确答案是 A 类地址。为什么呢？我们前面在解释分类的时候，用的标准只有一个，那就是看第一个 8 位数组（这里是2）是在哪一个范围，而根本不是看子网掩码。在这一个例子中，子网掩码为255.255.255.0，表示为这个 A 类地址借用了主机 ID 中的16位来作为子网 ID，如图2-8所示。

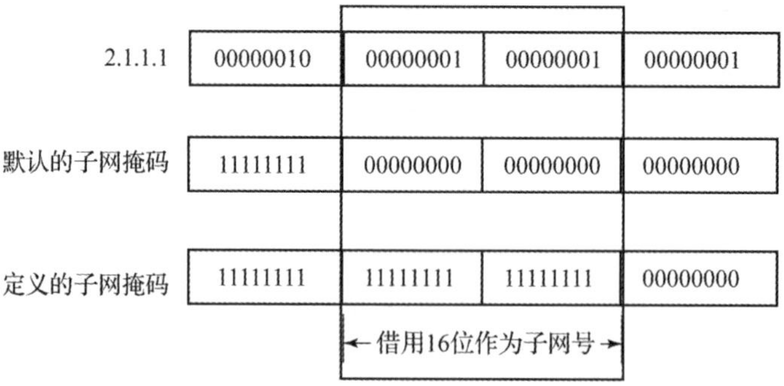

2.1.1.1	00000010	00000001	00000001	00000001

默认的子网掩码	11111111	00000000	00000000	00000000

定义的子网掩码	11111111	11111111	11111111	00000000

←——借用16位作为子网号——→

图 2-8　借用主机 ID 中的 16 位作子网 ID

习惯上有两种方式来表示一个子网掩码：一种是用点分十进制表示，如255.255.255.0；另一种是用子网掩码中"1"的位数来标记。因为在进行网络 ID 和主机 ID 划分时，网络 ID 总是从高位字节以连续方式选取的，所以可以用一种简便方式表示子网掩码，即用子网掩码的长度表示：/＜位数＞表示子网掩码中二进制"1"占的位数。

例如，A 类默认子网掩码表示为255.0.0.0，也可以表示为/8；B 类默认子网掩码可以表示为/16；C 类默认子网掩码可以表示为/24。172.168.0.0/16，就表示它的子网掩码为255.255.0.0。

前面提到 IP 地址和子网掩码进行"与（AND）"运算，从而判断该地址所指示的网络 ID。这个"与（AND）"运算是一种布尔代数运算。具体做法是：将 IP 地址子网掩码进行布尔"与（AND）"运算，所得出的结果即为网络 ID，如图2-9所示。

IP地址 and 子网掩码 = 网络ID

运算	结果
1 AND 1	1
1 AND 0	0
0 AND 1	0
0 AND 0	0

图 2-9　划分子网后的网络 ID 与布尔"与（AND）"运算规则

在逻辑"与"操作中，只有在相"与"的两位都为"真"时，结果才为"真"，其他情况时，结果都是"假"。把这个规则应用于 IP 地址与子网掩码相对应的位，相"与"的两位都是"1"时，结果才是"1"，其他情况时，结果就是"0"。

事实上，子网掩码就像一条由一截透明一截不透明的两截组成的纸条，将纸条放在同样长度的 IP 地址上，很显然，你可以透过透明的部分看到网络 ID。我们通过子网掩码来划分一个网络中包含多少个子网，当设置好子网掩码后，它就可以帮助计算机理解网络规划的意图了。

例如，网络 A 中的主机 1 的 IP 地址为 192. 168. 1. 147，子网掩码为 255. 255. 255. 240。其中网络 A 的网络 ID 是多少？要获得结果，把两个数字都转换成二进制等价形式后并列在一起。然后对每一位进行"与"操作即可得到结果。32 位 IP 地址和子网掩码按位逻辑"与"的结果为 192. 168. 1. 144，如图 2 - 10 所示。

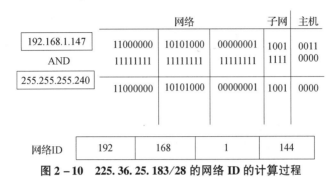

图 2 - 10 225. 36. 25. 183/28 的网络 ID 的计算过程

2.1.4 任务实施

在进行 IP 地址规划时，常常会遇到这样的问题：一个企业或公司由于网络规模增加、网络冲突增加或吞吐性能下降等多种因素，需要对内部网络进行分段。而根据 IP 网络的特点，需要为不同的网段分配不同的网络号，于是，当分段数量不断增加时，对 IP 地址资源的需求也随之增加。即使不考虑能否申请到所需的 IP 资源，要对大量具有不同网络号的网络进行管理，也是一件非常复杂的事情，至少要将所有这些网络号对外网公布。更何况随着 Internet 规模的增大，32 位的 IP 地址空间已出现了严重的资源紧缺。

为了解决 IP 地址资源短缺的问题，同时，也为了提高 IP 地址资源的利用率，引入了子网划分技术。

子网划分（Sub Networking）是指由网络管理员将一个给定的网络分为若干个更小的部分，这些更小的部分被称为子网（Subnet）。当网络中的主机总数未超出所给定的某类网络可容纳的最大主机数，但内部又要划分成若干个分段（Segment）进行管理时，就可以采用子网划分的方法。为了创建子网，网络管理员需要从原有 IP 地址的主机位中借出连续的若干高位作为子网络标识，如图 2 - 11 所示。

图 2 - 11 主机 ID 划分为子网 ID 和主机 ID

也就是说，经过划分后的子网由于其主机数量减少，已经不需要原来那么多位作为主机标识了，从而可以将这些多余的主机位用作子网标识。

可变长子网掩码是为了解决在一个网络系统中使用多种层次的子网化 IP 地址的问题而发展起来的。这种策略只能在所用的路由协议都支持的情况才能使用，例如开放式最短路径优先路由选择协议（OSPF）和增强内部网关路由选择协议（EIGRP）。RIP 版本 1 由于早于 VLSM 出现而无法支持，RIP 版本 2 则可以支持 VLSM。

VLSM 允许一个组织在同一个网络地址空间中使用多个子网掩码。利用 VLSM 可以使管理员"把子网继续划分为子网"，使寻址效率达到最高。可变长子网掩码实际上是相对于标准的类的子网掩码来说的。

VLSM 其实就是相对于类的 IP 地址来说的。A 类的第一段是网络号（前 8 位），B 类地址的前两段是网络号（前 16 位），C 类的前三段是网络号（前 24 位）。而 VLSM 的作用就是在类的 IP 地址的基础上，从它们的主机号部分借出相应的位数来做网络号，也就是增加网络号的位数。各类网络可以用来再划分的位数为：A 类有 24 位可以借，B 类有 16 位可以借，C 类有 8 位可以借（可以再划分的位数就是主机号的位数。实际上不可以都借出来，因为 IP 地址中必须要有主机号的部分，而且主机号部分剩下一位是没有意义的，剩下 1 位的时候不是代表主机号就是代表广播号，所以在实际中可以借的位数是在我写的那些数字中再减去 2）。

这是一种产生不同大小子网的网络分配机制，指一个网络可以配置不同的掩码。开发可变长度子网掩码的想法就是在每个子网上保留足够的主机数的同时，把一个网分成多个子网时，有更大的灵活性。如果没有 VLSM，一个子网掩码只能提供给一个网络，这样就限制了要求的子网数上的主机数。

企业或组织网际网络中的每个网络都用于支持限定数量的主机，有些网络，如点对点 WAN 链路，最多只需要两台主机。而其他网络，如大型建筑或部门内的用户 LAN 却可能需要支持数百台主机。网络管理员需要设计网间编址方案，以满足每个网络的最大主机数量需求。每个部分的主机数量还应该支持主机数量的增长。下面利用如图 2 - 12 所示的拓扑来练习分配地址。

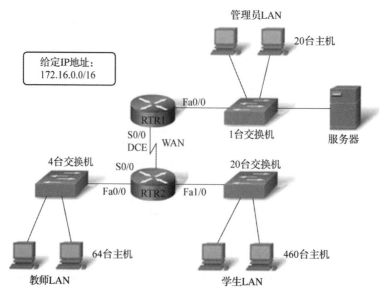

图 2 - 12　VLSM 网络拓扑

　　所有主机被分成 4 个网络：学生 LAN、教师 LAN、管理员 LAN 和 WAN。从网络管理员分配的地址和前缀（子网掩码）172.16.0.0 255.255.0.0 开始，建立网络文档。地址块 172.16.0.0/16（子网掩码 255.255.0.0）已经分配给整个网际网络，最大的子网是需要 460 个地址的学生 LAN，使用公式可用的主机数量 = $2^n - 2$，借用 9 位作为主机号部分，得出 $511 - 2 = 510$ 个可用的主机地址。此数量符合当前的要求，并有少量余地可供未来发展所需，我们使用最小的可用地址，得出子网地址 172.16.0.0/23。地址 172.16.0.0 的二进制表示：10101100.00010000.00000000.00000000，掩码 255.255.254.0 以二进制表示时，"1" 共占 23 位：11111111.11111111.11111110.00000000。在学生网络中，IPv4 主机地址的范围是 172.16.0.1 ～ 172.16.1.254，广播地址为 172.16.1.255。由于这些地址已经分配给学生 LAN，因此就不能再分配给其余子网，包括教师 LAN、管理员 LAN 和 WAN。其他网络的 IP 地址分配方法与此类似。表 2-3 显示了 4 个不同网络及它们的地址范围。

表 2-3　使用 VLSM 子网地址范围

网络	IP 数量	子网地址	主机地址的范围	广播地址
学生 LAN	481	172.16.0.0/23	172.16.0.1 ～ 172.16.1.254	172.16.1.255
教师 LAN	69	172.16.2.0/25	172.16.2.1 ～ 172.16.2.126	172.16.2.127
管理员 LAN	23	172.16.2.128/27	172.16.2.129 ～ 172.16.2.158	172.16.2.159
WAN 网络	2	172.16.2.160/30	172.16.2.161 ～ 172.16.2.162	172.16.2.163

2.1.5　教学方法与任务结果

　　学生分组进行任务实施，可以 3～5 人一组，小组讨论，确定方案后进行讲解，教师给予指导，全体学生参与评价。方案实施完成后，按照拓扑结构图搭建网络环境，将计算好的 IPv4 地址分配到相应的设备上，确保网络互通。

模块 2.2　IPv6 地址

2.2.1　工作任务

　　假如你是网络公司的一名技术人员，公司承接的项目中要求网络使用 IPv6 地址，要求合理分配 IPv6 地址，确保全网互通。

2.2.2　工作载体

　　如图 2-13 所示的网络中，PC0 通过二层交换机与路由器的 Fa0/0 接口相连，在该网络中启用 IPv6 地址实现计算机与路由器的连通。

图 2－13　**IPv6 配置案例图**

教学内容

随着 Internet 技术的飞速发展和全球普及，当前使用的 IPv4 协议的局限性愈发明显，其最重要的问题在于网络地址资源的短缺，IPv4 地址空间已逐渐耗尽，严重制约了互联网的应用和发展，尽管目前已经采取了一些措施来保护 IPv4 地址资源的合理利用，如非传统网络区域路由和网络地址翻译，但是都不能从根本上解决问题。为了彻底解决 IPv4 存在的问题，IETF 从 1995 年开始就着手研究开发下一代 IP 协议，即 IPv6。IPv6 正处在不断发展和完善的过程中，它在不久的将来将取代目前被广泛使用的 IPv4。

1. IPv6 地址的结构

IPv6 地址是对接口或接口集合的标识符。IPv6 地址分为两部分：地址前缀 + 接口标识。其中，地址前缀相当于 IPv4 地址中的网络 ID，接口标识相当于 IPv4 中的主机 ID。

IPv6 的地址格式与 IPv4 不同，一个 IPv6 的地址长度为 128 位，有三种通用形式来表示 IPv6 地址。

（1）首选方式。将这 128 位的地址按每 16 位划分为一个段，每个段由 4 位十六进制数字表示，段与段之间用冒号分隔，其书写格式为 ×∶×∶×∶×∶×∶×∶×∶×，其中每一个 × 代表四位十六进制数。

例如：1020∶0000∶0000∶3210∶FD76∶0001∶ABCD∶4768。

在每个单独的字段中，前面的零可以省略，但是每一段都至少要有一个数值。

例如：1020∶0∶0∶3210∶FD76∶1∶ABCD∶4768

（2）压缩格式。由于分配不同类型 IPv6 地址的方法不同，通常地址中都会包含长串连续 0 位的情况。为便于书写这种地址形式，可以用一种简单语法对地址进行压缩。用 "∶∶" 来代替连续的多组 16 位的 0 位，"∶∶" 只可在地址中出现一次。"∶∶" 也可用来压缩地址中打头和末尾的 0。例如：1020∶0000∶0000∶3210∶FD76∶0001∶ABCD∶4768 可以简化为 1020∶∶3210∶FD76∶1∶ABCD。

（3）内嵌 IPv4 地址的格式。在既有 IPv6 结点又有 IPv4 结点的环境中，采用 ×∶×∶×∶×∶×∶×∶d.d.d.d 的地址格式，其中 "×" 是十六进制的数值，表示处于高位的 6 个 16 位，"d" 是十进制的数值，表示处于低位的 4 个 8 位。即，IPv6 地址中内嵌的 IPv4 地址采用 IPv4 的十进制表示方法，而其他高位部分（不包括 IPv4 地址的部分）可以采用首选或压缩格式。

例如：0∶0∶0∶0∶0∶0∶13.1.68.3 或∶∶13.1.68.3

0∶0∶0∶0∶0∶FFFF∶129.144.52.38 或∶∶FFFF∶129.144.52.38

2. IPv6 的部署进程和过渡技术

许多企业和用户的日常工作、生活越来越依赖于 Internet，而且在目前 Internet 网络中，IPv4 用户和设备数量非常庞大，IPv4 到 IPv6 的过渡不可能一次性实现，它必须是一个循序渐进的过程，在体验 IPv6 带来的好处的同时，仍能与网络中其余的 IPv4 用户通信。能否顺利地实现从 IPv4 到 IPv6 的过渡也是 IPv6 能否取得成功的一个重要因素。

对于 IPv4 向 IPv6 技术的演进策略，业界提出了许多解决方案，主要体现在共存技术与互通技术，IPv4/IPv6 过渡技术是用来在 IPv4 向 IPv6 演进的过渡期内，保证业务共存和互操作的技术。这种过渡技术大致可分为三类：IPv4/IPv6 双协议栈技术、隧道技术和协议转换/网络地址转换技术。

（1）双协议栈技术：双栈技术是 IPv4 向 IPv6 过渡技术中应用最广泛的一种过渡技术，该技术可以让 IPv4 和 IPv6 共存于同一设备和网络中。具有双协议栈的结点称为 IPv6/IPv4 结点，同时支持 IPv4 和 IPv6 协议栈，源结点根据目的结点的不同选用不同的协议栈，而网络设备根据报文的协议类型选择不同的协议栈进行处理和转发。双栈可以在一个单一的设备实现，也可以是一个双栈骨干网。

（2）隧道技术：隧道技术是将一种协议报文通过另一种协议的封装进行通信。在 IPv6 发展初期，必然有许多局部的纯 IPv6 网络，这些 IPv6 网络被 IPv4 骨干网络隔离开来，为了使这些孤立的"IPv6 岛"互通，可以采取隧道技术的方式来解决，但是隧道技术不能实现 IPv4 主机和 IPv6 主机的直接通信。

（3）协议转换/网络地址转换技术：协议转换/网络地址转换技术提供了 IPv4 网络和 IPv6 网络之间的互通技术，是一种纯 IPv4 终端和纯 IPv6 终端之间的互通方式。其通过与 SI-IT 协议转换、传统的 IPv4 下的动态地址翻译（NAT）以及适当的应用层网关（ALG）相结合，可以让使用不同 IP 协议版本的主机能够直接通信。

3. 双协议栈

双协议栈技术（Dual Stack）就是指在一台设备上同时启用 IPv4 协议栈和 IPv6 协议栈，这台设备既能和 IPv4 网络通信，又能和 IPv6 网络通信。如果这台设备是一个路由器，那么这台路由器的不同接口上分别配置了 IPv4 地址和 IPv6 地址，并可能分别连接了 IPv4 网络和 IPv6 网络。如果这台设备是一个计算机，那么它将同时拥有 IPv4 地址和 IPv6 地址，并具备同时处理这两个协议地址的功能。

采用双协议栈技术的结点上同时运行 IPv4 和 IPv6 两套协议栈。这是使 IPv6 结点保持与纯 IPv4 结点兼容的最直接的方式，针对的对象是通信端结点（包括主机、路由器）。这种方式对 IPv4 和 IPv6 提供了完全的兼容，但是对于 IP 地址耗尽的问题却没有任何帮助。由于需要双路由基础设施，这种方式反而增加了网络的复杂度。

2.2.4　任务实施

1. 配置全球单播地址

在图 2-14 中启用 IPv6 协议并使用可聚合全球单播地址实现计算机和路由器的连通，基本配置方法如下。

（1）在路由器上配置可聚合全球单播地址。

```
R0(config)#ipv6 unicast-routing                    //启用 IPv6
R0(config)#interface fa0/0
R0(config-if)#ipv6 address 2000:aaaa::1/64
R0(config-if)#no  shutdown
```

（2）配置计算机。

在"本地连接属性"对话框中选择"Internet 协议版本（TCP/IPv6）"，单击"属性"按钮，打开"Internet 协议版本（TCP/IPv6）属性"对话框，选择"使用以下 IPv6 地址"单选项，输入分配给该网络连接的全球单播地址和前缀，单击"确定"按钮即可完成，如图 2－14 所示。

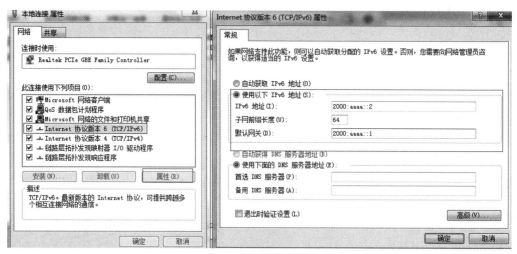

图 2－14　计算机端 IPv6 配置

2. 配置链路本地地址

在上述实例中，启用了 IPv6 协议并使用链路本地地址实现计算机和路由器的连通。链路本地地址可以由系统自动生成，也可以手动配置。

路由器上配置链路本地地址的方法如下：

```
R0(config)#ipv6 unicast-routing                         //启用 IPv6
R0(config)#interface fa0/0
R0(config-if)# ipv6 address FE80::202:4AFF:FE9D:9B01 link-local   /*手动设置接
口的链路本地地址*/
或 R0(config-if)#ipv6 address  autoconfig           //设该接口的 IPv6 地址为自动配置
R0(config-if)#no  shutdown
R0(config-if)#end
R0#show ipv6 interface fa0/0                         //查看 Fa0/0 接口的 IPv6 设置
    FastEthernet0/0 is up, line protocol is up
    IPv6 is enabled, link-local address is FE80::202:4AFF:FE9D:9B01
    No Virtual link-local address(es):
    Global unicast address(es):
    Joined group address(es):
      FF02::1
      FF02::2
      FF02::1:FF9D:9B01
...
```

3. 计算机端查看链路本地地址

打开"命令提示符"窗口，输入命令"ipconfig"，查看配置信息，查看结果如图 2－15 所示。若系统没有安装 IPv6 协议，则应先安装 IPv6 协议，协议安装后，会自动配置链路本地地址。

```
PC>ipconfig

FastEthernet0 Connection:(default port)
Link-local IPv6 Address.........: FE80::201:63FF:FEA2:EEA1
IP Address......................: 192.168.51.100
Subnet Mask.....................: 255.255.255.0
Default Gateway.................: 192.168.51.255
```

图 2 - 15　查看 PC 的链路本地地址

2.2.5　教学方法与任务结果

学生分组进行任务实施，可以 3~5 人一组，小组讨论，确定方案后进行讲解，教师给予指导，全体学生参与评价。方案实施完成后，按照拓扑结构图搭建网络环境，将规划好的 IPv6 地址分配到相应的设备上，确保网络互通。

模块 2.3　动态获取 IP 地址

2.3.1　工作任务

某公司有 4 个部门，每个部门对应 1 个 VLAN，为了减少手工配置地址的工作量。你作为公司的网络管理员，想利用 DHCP 动态分配 IP 地址，为了降低成本，又不想搭建 DHCP 服务器，想利用现有的路由器配置 DHCP 服务器。

2.3.2　工作载体

图 2 - 16 所示拓扑图是对该公司环境的模拟。4 个部门分别通过二层交换机 A、二层交换机 B 与三层交换机 C 相连，三层交换机 C 与路由器 A 相连，路由器 A 担任 DHCP 服务器。

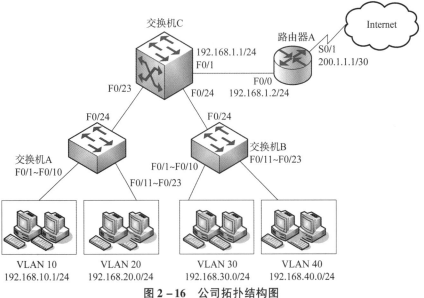

图 2 - 16　公司拓扑结构图

为了提高主机 IP 地址分配的效率，具体要求如下：

（1）开启路由器 A 的 DHCP 功能。

路由器 A 的 DHCP 地址池分别为：

地址池 1—192.168.10.0/24

地址池 2—192.168.20.0/24

地址池 3—192.168.30.0/24

地址池 4—192.168.40.0/24

其中，192.168.10.200 ~ 192.168.10.254 作为服务器群的地址将从地址池 1 中被排除。同时，要求路由器 A 自动分配给客户机域名 dg.com，域名服务器地址为 192.168.10.253，WINS 服务器地址为 192.168.10.252，NETBIOS 结点类型为复合型，地址租期为 7 天，并要求给主机 0001.0001.0001 的 IP 地址为 192.168.10.10。

（2）三层交换机 C 作为 PC 机与路由器 A 之间的网络设备，开启 DHCP 中继功能，实现 DHCP 中继的作用。

（3）成功实现部门 PC 机动态获取主机 IP 地址。

2.3.3 教学内容

在 TCP/IP 协议的网络中，每一台计算机都必须有唯一的 IP 地址，否则将无法与其他计算机进行通信，因此，管理、分配与设置客户端 IP 地址的工作非常重要。在小型网络中，通常是由代理服务器或宽带路由器自动分配 IP 地址。在大中型网络中，如果以手动方式设置 IP 地址，不仅非常费时、费力，而且也非常容易出错。只有借助动态主机配置协议，才能极大地提高工作效率，并减少发生 IP 地址故障的可能性。

当配置客户端时，管理员可以选择 DHCP，并不必输入 IP 地址、子网掩码、网关或 DNS 服务器。客户端从 DHCP 服务器中检索这些信息。DHCP 在管理员想改变大量系统的 IP 地址时也有大的用途，管理员只需编辑服务器上的一个 DHCP 配置文件即可获得新的 IP 地址集合。如果某机构的 DNS 服务器改变了，这种改变只需在 DHCP 服务器上而不必在 DHCP 客户机上进行。一旦客户机的网络被重新启动，改变就生效。

除此之外，如果便携电脑或任何类型的可移动计算机被配置使用 DHCP，只要所在的每个办公室都允许它与 DHCP 服务器连接，它就可以不必重新配置而在办公室间自由移动。

下面来具体学习 DHCP 技术的相关知识点，以解决我们的工作任务。

1. DHCP 的相关概念

DHCP（Dynamic Host Configuration Protocol，动态主机配置协议）服务能为网络内的客户端计算机自动分配 TCP/IP 配置信息（如 IP 地址、子网掩码、默认网关和 DNS 服务器地址等），从而帮助管理员省去手动配置相关选项的工作。

DHCP 使用客户、服务器模型；DHCP 服务器可以是基于 Windows 服务器、基于 UNIX 的服务器或路由器、交换机等网络设备，如图 2 - 17 所示。

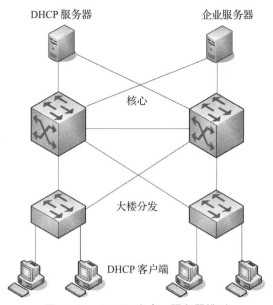

图 2-17　DHCP 客户、服务器模型

2. DHCP 服务器的工作原理

无论 DHCP 服务器基于何种对象，其工作原理都是一样的，如图 2-18 所示。

图 2-18　DHCP 服务器的工作原理

第一步：主机发送 DHCPDISCOVER 广播包在网络上寻找 DHCP 服务器。

第二步：DHCP 服务器向主机发送 DHCPOFFER 单播数据包，包含 IP 地址、MAC 地址、域名信息以及地址租期。

第三步：主机发送 DHCPREQUEST 广播包，正式向服务器请求分配已提供的 IP 地址。

第四步：DHCP 服务器向主机发送 DHCPACK 单播包，确认主机的请求。

DHCP 客户端可以接收到多个 DHCP 服务器的 DHCPOFFER 数据包，然后可能接收任何一个 DHCPOFFER 数据包，但客户端通常只接收收到的第一个 DHCPOFFER 数据包。另外，DHCP 服务器 DHCPOFFER 中指定的地址不一定为最终分配的地址，通常情况下，DHCP 服务器会保留该地址直到客户端发出正式请求。正式请求 DHCP 服务器分配地址 DHCPRE-QUEST 采用广播包，是为了让其他所有发送 DHCPOFFER 数据包的 DHCP 服务器也能够接收到该数据包，然后释放已经 OFFER（预分配）给客户端的 IP 地址。如果发送给 DHCP 客户端的 DHCPOFFER 信息包中包含无效的配置参数，客户端会向服务器发送 DHCPDECLINE 信息包拒绝接收已经分配的配置信息。在协商过程中，如果 DHCP 客户端没有及时响应 DHCPOFFER 信息包，DHCP 服务器会发送 DHCPNAK 消息给 DHCP 客户端，导致客户端重新发起地址请求过程。

3. DHCP 中继代理

上面了解了 DHCP 的工作原理，接下来学习关于 DHCP 中继代理的概念。DHCP 中继代理（DHCP Relay Agent），就是在 DHCP 服务器和客户端之间转发 DHCP 数据包。

当 DHCP 客户端与服务器不在同一个子网上，就必须有 DHCP 中继代理来转发 DHCP 请求和应答消息。其原因就是 DHCP 请求报文的目的 IP 地址为 255.255.255.255，这种类型报文的转发局限于子网内，不会被设备转发。为了实现跨网段的动态 IP 分配，DHCP Relay Agent 就产生了。它把收到的 DHCP 请求报文封装成 IP 单播报文转发给 DHCP Server，同时，把收到的 DHCP 响应报文转发给 DHCP Client。这样 DHCP Relay Agent 就相当于一个转发站，负责沟通位于不同网段的 DHCP Client 和 DHCP Server。这样就实现了只要安装一个 DHCP Server 就可对所有网段的动态 IP 管理，即 Client – Relay Agent – Server 模式的 DHCP 动态 IP 管理。在这种模式下，在 DHCP 客户端看来，DHCP 中继代理就像 DHCP 服务器；在 DHCP 服务器看来，DHCP 中继代理就像 DHCP 客户端。

图 2–19 所示便是 DHCP 中继代理应用的一个例子，其中 DHCP 客户端获取 DHCP 服务器提供的 IP 地址就是要通过路由器作为 DHCP Relay Agent 来完成广播报的转换的。

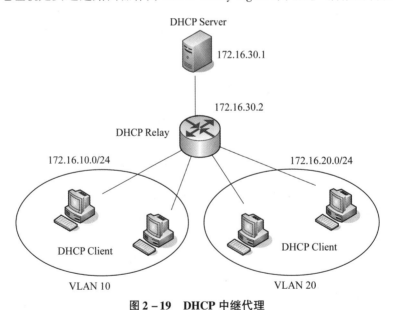

图 2–19　DHCP 中继代理

4. 配置 DHCP 服务器

学习了 DHCP 的概念、DHCP 的工作原理、DHCP 中继代理的概念，接下来具体学习 DHCP 是如何配置的，在配置 DHCP 服务器中需要注意哪些问题。要配置 DHCP 服务器，以下三个配置任务是必须要完成的。

（1）启用 DHCP 服务器和中继代理：若想将网络设备路由器或者三层交换机配置成 DHCP 服务器或者 DHCP 中继代理，必须开启网络设备上的 DHCP 服务器和中继代理功能，配置命令如下：

```
Router(config)#service dhcp
```

（2）DHCP 排除地址配置：如果没有特别配置，DHCP 服务器会试图将在地址池中定义的所有子网地址分配给 DHCP 客户端。因此，如果想保留一些地址不分配，比如已经分配给服务器或者设备了，必须明确定义这些地址是不允许分配给客户端的。配置 DHCP 服务器，一个好的习惯是将所有已明确分配的地址全部不允许 DHCP 分配，这样可以带来两个好处：

①不会发生地址冲突。

②DHCP 分配地址时，减少了检测时间，从而提高了 DHCP 分配效率。

具体的配置命令如下：

```
Router(config)#ip dhcp excluded-address low-ip-address [ high-ip-address ]
```

该命令具体定义了被排除 IP 地址分配的范围，不会被分配给客户端。

（3）DHCP 地址池配置：DHCP 的地址分配以及给客户端传送的 DHCP 各项参数，都需要在 DHCP 地址池中进行定义。如果没有配置 DHCP 地址池，即使启用了 DHCP 服务器，也不能对客户端进行地址分配；但是如果启用了 DHCP 服务器，不管是否配置了 DHCP 地址池，DHCP 中继代理总是起作用的。

可以给 DHCP 地址池起一个有意义、易记忆的名字，地址池的名字由字符和数字组成。一般的网络产品都可以定义多个地址池，根据 DHCP 请求包中的中继代理 IP 地址来决定分配哪个地址池的地址。

好的习惯是将所有已明确分配的地址全部不允许 DHCP 分配，这样可以带来两个好处：

①如果 DHCP 请求包中没有中继代理的 IP 地址，就分配与接收 DHCP 请求包接口的 IP 地址同一子网或网络的地址给客户端。如果没有定义这个网段的地址池，地址分配就失败。

②如果 DHCP 请求包中有中继代理的 IP 地址，就分配与该地址同一子网或网络的地址给客户端。如果有没定义这个网段的地址池，地址分配就失败。

在根据实际情况定义地址池时，有三个选项需要读者必须配置：

● 配置地址池并且进入地址池的配置模式：

具体的命令如下：

```
Router(config)#ip dhcp pool dhcp-pool
```

地址池的配置模式显示为 "Router(dhcp-config)#"。

● 配置地址池的子网及其掩码：

在地址池配置模式下，必须配置新建地址池的子网及其掩码，为 DHCP 服务器提供了一个可分配给客户端的地址空间。除非有地址排斥配置，否则所有地址池中的地址都有可能分配给客户端。DHCP 分配地址池中的地址是按顺序进行的，如果该地址已经在 DHCP 绑定表中或者检测到该地址已经在该网段中存在，就检查下一个地址，直到分配一个有效的地址。

具体配置命令如下：

```
Router(dhcp-config)#networknetwork-number mask
```

- 配置客户端默认网关：

配置客户端默认网关，这个将作为服务器分配给客户端的默认网关参数。默认网关的 IP 地址必须与 DHCP 客户端的 IP 地址在同一网络。要配置客户端的默认网关，在地址池配置模式中执行以下命令：

```
Router(dhcp-config)#default-router address [address2…address8]
```

在 DHCP 服务器配中，地址池的配置十分重要。掌握了地址池配置中的三个必配选项之后，再来了解一下关于工作任务中涉及的几个选项。

①配置地址租期：地址租期指的是客户端能够使用分配的 IP 地址的期限，默认情况下租期为 1 天。当租期快到时，客户端需要请求续租，否则过期后就不能使用该地址。要配置地址租期，在地址池配置模式中执行以下命令：

```
Router(dhcp-config)# lease {days [hours][ minutes]|infinite}
```

②配置客户端的域名：可以指定客户端的域名，这样当客户端通过主机名访问网络资源时，不完整的主机名会自动加上域名后缀形成完整的主机名。要配置客户端的域名，在地址池配置模式中执行以下命令：

```
Router(dhcp-config)#domain-namedomain
```

③ 配置域名服务器：当客户端通过主机名访问网络资源时，需要指定 DNS 服务器进行域名解析。要配置 DHCP 客户端可使用的域名服务器，在地址池配置模式中执行以下命令：

```
Router(dhcp-config)#dns-server address [address2…address8]
```

④ 配置 NetBIOS：WINS 是微软 TCP/IP 网络解析 NetNBIOS 名字到 IP 地址的一种域名解析服务。WINS 服务器是一个运行在 Windows NT 下的服务器。当 WINS 服务器启动后，会接收从 WINS 客户端发送的注册请求，WINS 客户端关闭时，会向 WINS 服务器发送名字释放消息，这样 WINS 数据库中与网络上可用的计算机就可以保持一致了。

要配置 DHCP 客户端可使用的 NetBIOS WINS 服务器，在地址池配置模式中执行以下命令：

```
Router(dhcp-config)#netbios-name-server address [address2…address8]
```

⑤配置客户端 NetBIOS 结点类型：微软 DHCP 客户端 NetBIOS 结点类型有四种：第一种 Broadcast，广播型结点，通过广播方式进行 NetBIOS 名字解析；第二种 Peer-to-peer，对等型结点，通过直接请求 WINS 服务器进行 NetBIOS 名字解析；第三种 Mixed，混合型结点，先通过广播方式请求名字解析，然后通过与 WINS 服务器连接进行名字解析；第四种 Hybrid，复合型结点，首先直接请求 WINS 服务器进行 NetBIOS 名字解析，如果没有得到应答，就通过广播方式进行 NetBIOS 名字解析。

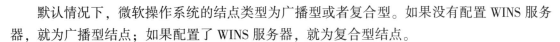

默认情况下，微软操作系统的结点类型为广播型或者复合型。如果没有配置 WINS 服务器，就为广播型结点；如果配置了 WINS 服务器，就为复合型结点。

要配置 DHCP 客户端 NetBIOS 结点类型，在地址池配置模式中执行以下命令：

```
Router(dhcp-config)#netbios-node-type type
```

5. 配置 DHCP 中继代理

在中型或者大型网络建设中，必须部署多个网段的 IP 地址才能满足用户的需求。分配大量的主机 IP 对于管理员来说是非常大的工作量，为了提高工作效率，同时更能方便地分配和管理 IP，采用部署 DHCP 服务器的方式。如果企业为了节省成本，只在网络内部署一台 DHCP 服务器，同时解决多个网段 IP 的分配任务，就要用到 DHCP 中继代理。

在前面的小节中，了解了 DHCP 服务器的工作原理，以及 DHCP 中继代理的原理和作用，现在来了解 DHCP 服务器与 DHCP 中继代理在具体配置上有什么共同点和区别。

（1）共同点：DHCP 服务器与 DHCP 中继代理在做具体应用之前都要先开启设备的 DHCP 功能。

（2）区别：DHCP 服务器是用来为客户端分配主机 IP 以及 TCP/IP 相关的参数的，所以，DHCP 服务器需要重点配置 DHCP 地址池的相关选项。而 DHCP 中继代理作为客户端与 DHCP 服务器之间的中转站，它只需要配置 DHCP Server 的 IP 地址。在配置 DHCP Server 的 IP 地址后，设备所收到的 DHCP 请求报文将转发给它，同时，收到的来自 Server 的 DHCP 响应报文也会转发给 Client。

DHCP Server 地址可以全局配置，也可以在三层接口上配置，每种配置模式都可以配置多个服务器地址，最多可以配置 20 个服务器地址。当某接口收到 DHCP 请求时，则首先使用接口 DHCP 服务器；如果接口上面没有配置服务器地址，则使用全局配置的 DHCP 服务器。

2.3.4　任务实施

1. 二层交换机 SWA、SWB 的配置过程

- SWA 的配置过程：

```
Switch#config terminal　（进入全局配置模式）
Switch(config)#hostname SWA　（配置主机名）
SWA(config)#vlan 10　（划分 VLAN10）
SWA(config)#vlan 20　（划分 VLAN20）
SWA(config)#interface range f0/1-10　（进入连续的接口配置模式）
SWA(config-rang-if)#switchport mode access　（将1~10口设置为接入模式）
SWA(config-rang-if)#switchport access vlan 10　（将1~10口加入 VLAN10 中）
SWA(config)#interface range f0/11-23　（进入连续的接口配置模式）
SWA(config-rang-if)#switchport mode access　（将11~23口设置为接入模式）
SWA(config-rang-if)#switchport access vlan 20　（将11~23口加入 VLAN20 中）
SWA(config)#interface f0/24　（进入接口模式）
SWA(config-if)#switchport mode trunk　（将24口设置为主干模式）
SWA#show run　（查看配置内容）
```

- SWB 的配置过程：

Switch#config terminal　（进入全局配置模式）
Switch(config)#hostname SWB　（配置主机名）
SWB(config)#vlan 30　（划分 VLAN30）
SWB(config)#vlan 40　（划分 VLAN40）
SWB(config)#interface range f0/1-10　（进入连续的接口配置模式）
SWB(config-rang-if)#switchport mode access　（将 1~10 口设置为接入模式）
SWB(config-rang-if)#switchport access vlan 30　（将 1~10 口加入 VLAN30 中）
SWB(config)#interface range f0/11-23　（进入连续的接口配置模式）
SWB(config-rang-if)#switchport mode access　（将 11~23 口设置为接入模式）
SWB(config-rang-if)#switchport access vlan 40　（将 11~23 加入 VLAN40 中）
SWB(config)#interface f0/24　（进入接口模式）
SWB(config-if)#switchport mode trunk　（将 24 口设置为主干模式）
SWB#show run　（查看配置内容）

2. 三层交换机 SWC 的配置过程

Switch#config terminal　（进入全局配置模式）
Switch(config)#hostname SWC　（配置主机名）
SWC(config)#vlan 10　（划分 VLAN10）
SWC(config)#vlan 20　（划分 VLAN20）
SWC(config)#vlan 30　（划分 VLAN30）
SWC(config)#vlan 40　（划分 VLAN40）
SWC(config)#interface f0/23　（进入接口模式）
SWC(config-if)#switchport mode trunk　（将 23 口设置为主干模式）
SWC(config)#interface f0/24　（进入接口模式）
SWC(config-if)#switchport mode trunk　（将 24 口设置为主干模式）
SWC(config)#interface vlan 10　（进入 SVI 接口模式）
SWC(config-if)#ip address 192.168.10.254 255.255.255.0　（配置 SVI 接口 IP 地址）
SWC(config-if)#no shutdown　（将接口开启）
SWC(config)#interface vlan 20　（进入 SVI 接口模式）
SWC(config-if)#ip address 192.168.20.254 255.255.255.0　（配置 SVI 接口 IP 地址）
SWC(config-if)#no shutdown　（将接口开启）
SWC(config)#interface vlan 30　（进入 SVI 接口模式）
SWC(config-if)#ip address 192.168.30.254 255.255.255.0　（配置 SVI 接口 IP 地址）
SWC(config-if)#no shutdown　（将接口开启）
SWC(config)#interface vlan 40　（进入 SVI 接口模式）
SWC(config-if)#ip address 192.168.40.254 255.255.255.0　（配置 SVI 接口 IP 地址）
SWC(config-if)#no shutdown　（将接口开启）
SWC(config)#interface f0/1　（进入 1 口的接口模式）
SWC(config-if)#no switchport　（开启 1 口的路由功能）
SWC(config-if)#ip address 192.168.1.1 255.255.255.0　（配置接口 IP 地址）
SWC(config-if)#no shutdown　（将接口开启）
SWC#show run　（查看配置内容）

3. 路由器 RA 的配置过程

```
Router#config terminal  （进入全局配置模式）
Router(config)#hostname RA  （配置主机名）
RA(config)#interface f0/0  （进入 0 口的接口模式）
RA(config-if)#ip address 192.168.1.2 255.255.255.0  （配置接口 IP 地址）
RA(config-if)#no shutdown  （将接口开启）
RA(config)#interface s0/1  （进入串口的接口模式）
RA(config-if)#ip address 200.1.1.1 255.255.255.252  （配置串口的 IP 地址）
RA(config-if)#no shutdown  （将接口开启）
RA#show run  （查看配置内容）
```

4. 配置路由协议

若想成功获取主机 IP 地址，网络必须畅通，现在来完成路由协议的配置。

（1）三层交换机 SWC 配置路由：

```
SWC(config)#ip route 0.0.0.0 0.0.0.0 192.168.1.2  （配置默认路由）
```

（2）路由器 RA 配置路由：

```
RA(config)#ip route 192.168.10.0 255.255.255.0 192.168.1.1  （配置静态路由）
RA(config)#ip route 192.168.20.0 255.255.255.0 192.168.1.1  （配置静态路由）
RA(config)#ip route 192.168.30.0 255.255.255.0 192.168.1.1  （配置静态路由）
RA(config)#ip route 192.168.40.0 255.255.255.0 192.168.1.1  （配置静态路由）
```

利用 show ip route 查看路由的配置情况，利用 ping 命令验证连通性。

5. 配置 DHCP 服务器

```
RA(config)#service dhcp  （开启 DHCP 服务器）
RA(config)#ip dhcp pool global  （配置全局地址名称为 global）
RA(dhcp-config)#network 192.168.0.0 255.255.255.0  （配置地址池的地址）
RA(dhcp-config)#domain-name gd.com  （配置 DHCP 服务器的域名）
RA(dhcp-config)#dns-server 192.168.10.253  （配置 DNS 服务器的地址）
RA(dhcp-config)#netbios-name-server 192.168.10.252  （配置 WINS 服务器的地址）
RA(dhcp-config)#netbios-node-type h-node （配置 DHCP 服务器的结点类型为复合型）
RA(dhcp-config)#lease 7 0 0  （配置地址租约为 7 天）
RA(dhcp-config)#ip dhcp pool vlan10  （配置子地址池名称 VLAN10）
RA(dhcp-config)#network 192.168.10.0 255.255.255.0  （配置地址池的地址）
RA(dhcp-config)#default-router 192.168.10.254  （配置默认网关地址）
RA(dhcp-config)# ip dhcp pool vlan20  （配置子地址池名称 VLAN20）
RA(dhcp-config)#network 192.168.20.0 255.255.255.0  （配置地址池的地址）
RA(dhcp-config)#default-router 192.168.20.254  （配置默认网关地址）
RA(dhcp-config)# ip dhcp pool vlan30  （配置子地址池名称 VLAN30）
RA(dhcp-config)#network 192.168.30.0 255.255.255.0  （配置地址池的地址）
RA(dhcp-config)#default-router 192.168.30.254  （配置默认网关地址）
RA(dhcp-config)# ip dhcp pool vlan40  （配置子地址池名称 VLAN40）
RA(dhcp-config)#network 192.168.40.0 255.255.255.0  （配置地址池的地址）
RA(dhcp-config)#default-router 192.168.40.254  （配置默认网关地址）
```

```
    RA(dhcp - config)# ip dhcp excluded - address 192.168.10.200 192.168.10.254
(配置 DHCP 排除地址范围)
    RA(config)#ip dhcp pool mac - ip   (建立手工绑定地址池名称)
    RA(dhcp - config)#hardware - address 0001.0001.0001   (配置绑定的 MAC 地址)
    RA(dhcp - config)#host 192.168.10.10 255.255.255.0   (配置绑定的 IP 地址)
    RA(dhcp - config)#domain - name gd.com   (配置 DHCP 服务器的域名)
    RA(dhcp - config)#dns - server 192.168.10.253   (配置 DNS 服务器的地址)
    RA(dhcp - config)#netbios - name - server 192.168.10.252   (配置 WINS 服务器的地址)
    RA(dhcp - config)#netbios - node - type h - node (配置 DHCP 服务器的结点类型为复合型)
    RA(dhcp - config)#default - router 192.168.10.254   (配置默认网关地址)
```

6. 配置中继代理

```
SWC#config terminal
SWC(config)#serice dhcp   (开启 DHCP 服务)
SWC(config)#interface vlan 10
SWC(config - if)#ip helper - address 192.168.1.2
(配置 VLAN10 的 DHCP 中继及 DHCP 服务器地址)
SWC(config)#interface vlan 20
SWC(config - if)#ip helper - address 192.168.1.2
(配置 VLAN20 的 DHCP 中继及 DHCP 服务器地址)
SWC(config)#interface vlan 30
SWC(config - if)#ip helper - address 192.168.1.2
(配置 VLAN30 的 DHCP 中继及 DHCP 服务器地址)
SWC(config)#interface vlan 40
SWC(config - if)#ip helper - address 192.168.1.2
(配置 VLAN40 的 DHCP 中继及 DHCP 服务器地址)
```

在客户端上验证 IP 地址获取情况，如图 2 - 20 所示（已成功获取 IP 地址）。

图 2 - 20　动态获取 IP 地址

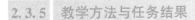

2.3.5　教学方法与任务结果

学生分组进行任务实施，可以 3~5 人一组，小组讨论，确定方案后进行讲解，教师给予指导，全体学生参与评价。方案实施完成后，检测全网用户是否都能获取到 IP 地址。

模块 2.4　地址转换（NAT）

2.4.1　工作任务

某公司由于对因特网的访问需求逐步提升，原本申请的公网 IP 地址数量不够使用，因此重新申请了一段地址作为连接互联网使用。作为网络管理员，需要对路由器上的 NAT 配置进行重新规划设置。

2.4.2　工作载体

使用如图 2-21 所示的拓扑图进行该网络环境的模拟，10.1.1.0 和 172.16.1.0 子网分别作为内部子网，通过地址翻译访问外部网络。

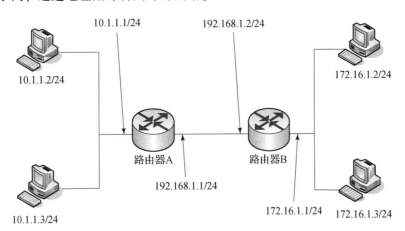

图 2-21　NAT 项目拓扑图

2.4.3　教学内容

随着接入因特网的计算机数量不断猛增，IP 地址资源也就愈加显得捉襟见肘。事实上，一般用户几乎申请不到整段的公网 C 类地址。在 ISP 那里，即使是拥有几百台计算机的大型局域网用户，也不过只有几个或十几个公网 IP 地址。显然，当他们申请公网 IP 地址时，所分配的地址数量远远不能满足网络用户的需求，为了解决这个问题，就产生了网络地址转换（Network Address Translation，NAT）技术。

NAT 技术允许使用私有 IP 地址的企业局域网透明地连接到像因特网这样的公用网络上，无须内部主机拥有注册的并且是越来越缺乏的公网 IP 地址，从而节约公网 IP 地址源，增加了企业局域网内部 IP 地址划分的灵活性。

之前学习的交换和路由技术使我们能够组建企业网络，本节将学习有关 NAT 的概念和配置方法。学习完本节之后，将能够理解 NAT 的工作原理和对 NAT 进行配置，使企业网络能够在申请不到足够的合法公网 IP 地址的情况下，也依然能够连接到固网上，并对一般的 NAT 故障进行检查与排除。

1. NAT 的基本概念

（1）NAT 的应用：NAT 通过将内部网络的私有 IP 地址翻译成全球唯一的公网 IP 地址，使内部网络可以连接到互联网等外部网络上，广泛应用于各种类型因特网接入方式和各种类型的网络中。原因很简单，NAT 不仅解决了 IP 地址不足的问题，而且还能够隐藏内部网络的细节，避免来自网络外部的攻击，起到一定的安全作用。

虽然 NAT 可以借助某些代理服务器来实现，但考虑到运算成本和网络性能，很多时候都是在路由器上实现的。

借助于 NAT，私有保留地址的内部网络通过路由器发送数据包时，私有地址被转换成合法的 IP 地址，一个局域网只需要少量地址（甚至是 1 个），即可实现使用了私有地址的网络内所有计算机与因特网的通信需求。

NAT 将自动修改 IP 包头中的源 IP 地址和目的 IP 地址，IP 地址校验则在 NAT 处理过程中自动完成。有一些应用程序将源 IP 地址嵌入 IP 数据包的数据部分中，所以还需要同时对数据部分进行修改，以匹配 IP 头中已经修改过的源 IP 地址。否则，在包的数据部分嵌入了 IP 地址的应用程序不能正常工作。但是，Cisco 的 NAT 虽然可以处理很多应用，但它还是有一些应用无法支持。

（2）NAT 的实现方式。NAT 的实现方式有 3 种：

①静态转换就是将内部网络的私有 IP 地址转换为公有合法的 IP 地址时，IP 地址的对应关系是一对一的，是不变的，即某个私有 IP 地址只转换为某个固定的公有 IP 地址。借助于静态转换，能实现外部网络对内部网络中某些特定设备（如服务器）的访问。

②动态转换是指将内部网络的私有地址转换为公有地址时，IP 地址对应关系是不确定的、随机的，所有被授权访问因特网的私有地址可随机转换为任何指定的合法地址。也就是说，只要指定哪些内部地址可以进行 NAT 转换，以及哪些可用的合法 IP 地址可以作为外部地址时，就可以进行动态转换了。动态转换也可以使用多个合法地址集。当 ISP 提供的合法地址少于网络内部的计算机数量时，可以采用动态转换的方式。

③超载 NAT（PAT）是改变访问外网数据包的源 IP 地址和源端口并进行端口转换，即端口地址转换采用超载 NAT 方式。内部网络的所有主机均可共享一个合法外部 IP 地址实现因特网的访问，从而可以最大限度地节约 IP 地址资源。同时，又可以隐藏网络内部的所有主机，以有效地避免来自因特网的攻击。因此，目前网络中使用最多的就是超载 NAT 方式。

2. NAT 的优势和缺点

NAT 允许企业内部网使用私有地址，并通过设置合法地址集，使内部网可以与因特网进行通信，从而达到节省合法注册地址的目的。

NAT 可以减少规划地址集时地址重叠情况的发生。如果地址方案最初是在私有网络中建立的，因为它不与外部网络通信，所以有可能使用了保留地址以外的地址，而后来，该网络又想要连接到公用网络。在这种情况下，如果不做地址转换，就会产生地址冲突。

NAT 增加了配置和排错的复杂性。使用和实施 NAT 时，无法实现对 IP 数据包端对端的路径跟踪。在经过了使用 NAT 地址转换的多跳之后，对数据包的路径跟踪将变得十分困难。然而，这样却可以提供更安全的网络链路，因为黑客想要跟踪或获得数据包的初始来源或目的地址也将变得非常困难，甚至无法获得。

NAT 也可能会使某些需要使用内嵌 IP 地址的应用不能正常工作，因为它隐藏了端到端的 IP 地址。某些直接使用 IP 地址而不通过合法域名进行寻址的应用，可能也无法与外部网络资源进行通信，这个问题有时可以通过实施静态 NAT 映射来避免。

3. NAT 的应用

NAT 支持的数据流对于通过 NAT 发送数据包的终端系统来说，应该是半透明的。但很多应用（商业应用，或者作为 TCP/IP 协议集一部分的应用）都使用 IP 地址，数据字段的信息可能与 IP 地址有关，或者数据字段中内嵌 IP 地址。如果 NAT 转换了 IP 包数据部分中的地址，但不知道对数据将要造成的影响，该应用就有可能被破坏。

2.4.4　任务实施

1. 静态 NAT 的配置

（1）按照拓扑图的要求正确连接设备。

（2）创建静态 NAT，要求完成以下任务：

在路由器 A 上配置，将内部主机 10.1.1.2/24 转换成 192.168.1.10/24；内部主机 10.1.1.3/24 转换成 192.168.1.11/24。

在路由器 B 上配置，将内部主机 172.16.1.2/24 转换成 192.168.1.20/24；内部主机 172.16.1.3 转换成 192.168.1.21/24。

①对路由器 A 进行配置：

```
Router(config)#interface f 0/0
Router(config-if)#ip address 10.1.1.1255.255.255.0
Router(config)#interface f 0/1
Router(config-if)#ip address 192.168.1.1255.255.255.0
Router(config)#ip route  0.0.0.0  0.0.0.0  192.168.1.2
Router(config)#ip nat inside source  static  10.1.1.2  192.168.1.10
Router(config)#ip nat inside source  static  10.1.1.3  192.168.1.11
Router(config)#interface f 0/0
Router(config-if)#ip nat inside
Router(config)#interface f 0/1
Router(config-if)#ip nat outside
```

②对路由器 B 进行配置：

```
Router(config)#interface f 0/0
Router(config-if)#ip address 172.16.1.1255.255.255.0
Router(config)#interface f 0/1
Router(config-if)#ip address 192.168.1.2255.255.255.0
Router(config)#ip route  0.0.0.0  0.0.0.0  192.168.1.1
Router(config)#ip nat inside source  static  172.16.1.2  192.168.1.20
Router(config)#ip nat inside source  static  10.1.1.3  192.168.1.21
Router(config)#interface f 0/0
Router(config-if)#ip nat inside
Router(config)#interface f 0/1
Router(config-if)#ip nat outside
```

③对 NAT 配置进行验证：

• 在 10.1.1.0 网段的主机上进行网络连通性验证，即 ping 192.168.1.2，可以 ping 通。

• 在 172.16.1.0 网段的主机上进行网络连通性验证，即 ping 192.168.1.1，可以 ping 通。

• 在路由器 A 上进行地址转换的验证 Router# show ip nat translations，可以看到 NAT 地址转换的条目。

• 在路由器 B 上进行地址转换的验证 Router# show ip nat translations，可以看到 NAT 地址转换的条目。

2. 动态 NAT 的配置

（1）在路由器 A 上配置，将内部主机 10.1.1.0/24 网段的地址转换成 192.168.1.100 ~ 192.168.1.150/24。

（2）在路由器 B 上配置，将内部主机 172.16.1.0/24 网段的地址转换成 192.168.1.151 ~ 192.168.1.200/24。

①对路由器 A 进行配置：

```
Router(config)#interface f 0/0
Router(config-if)#ip address 10.1.1.1255.255.255.0
Router(config)#interface f 0/1
Router(config-if)#ip address 192.168.1.1255.255.255.0
Router(config)#ip route  0.0.0.0  0.0.0.0  192.168.1.2
Router(config)# ip nat pool dyn-nat   192.168.1.100  192.168.1.150
netmask 255.255.255.0
Router(config)#access-list 1 permit  10.1.1.0  0.0.0.255
Router(config)#ip nat inside source list 1 pool dyn-nat
Router(config)#interface f 0/0
Router(config-if)#ip nat inside
Router(config)#interface f 0/1
Router(config-if)#ip nat outside
```

②对路由器 B 进行配置：

```
Router(config)#interface f 0/0
Router(config-if)#ip address 172.16.1.1255.255.255.0
Router(config)#interface f 0/1
Router(config-if)#ip address 192.168.1.2255.255.255.0
Router(config)#ip route  0.0.0.0  0.0.0.0  192.168.1.1
Router(config)#ip nat pool dyn-nat 192.168.1.151 192.168.1.200 netmask 255.255.255.0
Router(config)#access-list 1 permit  172.16.1.0  0.0.0.255
Router(config)#ip nat inside source list 1 pool dyn-nat
Router(config)#interface f 0/0
Router(config-if)#ip nat inside
Router(config)#interface f 0/1
Router(config-if)#ip nat outside
```

③对 NAT 配置进行验证：

● 在 10.1.1.0 网段的主机上进行网络连通性验证，即 ping 192.168.1.2，可以 ping 通。

● 在 172.16.1.0 网段的主机上进行网络连通性验证，即 ping 192.168.1.1，可以 ping 通。

● 在路由器 A 上进行地址转换的验证 Router# show ip nat translations，可以看到 NAT 地址转换的条目。

● 在路由器 B 上进行地址转换的验证 Router# show ip nat translations，可以看到 NAT 地址转换的条目。

3. 超载 NAT 的配置

（1）在路由器 A 上配置，将内部主机 10.1.1.0/24 网段的地址转换成 192.168.1.20。

（2）在路由器 B 上配置，将内部主机 172.16.1.0/24 网段的地址转换成路由器 B 的外部接口地址 192.168.1.2。

①对路由器 A 进行配置：

```
Router(config)#interface f 0/0
Router(config-if)#ip address 10.1.1.1255.255.255.0
Router(config)#interface f 0/1
Router(config-if)#ip address 192.168.1.1255.255.255.0
Router(config)#ip route  0.0.0.0  0.0.0.0  192.168.1.2
Router(config)#ip nat pool overload-nat  192.168.1.20 192.168.1.20 netmask
255.255.255.0
Router(config)#access-list 1 permit  10.1.1.0  0.0.0.255
Router(config)#ip nat inside source list 1 pool overload-nat overload
Router(config)#interface f 0/0
Router(config-if)#ip nat inside
Router(config)#interface f 0/1
Router(config-if)#ip nat outside
```

②对路由器 B 进行配置：

```
Router(config)#interface f 0/0
Router(config-if)#ip address 172.16.1.1255.255.255.0
Router(config)#interface f 0/1
Router(config-if)#ip address 192.168.1.2255.255.255.0
Router(config)#ip route  0.0.0.0  0.0.0.0  192.168.1.1
Router(config)#access-list 1 permit  172.16.1.0  0.0.0.255
Router(config)#ip nat inside source list 1 interface f 0/1 overload
Router(config)#interface f 0/0
Router(config-if)#ip nat inside
Router(config)#interface f 0/1
Router(config-if)#ip nat outside
```

③对 NAT 配置进行验证：

● 在 10.1.1.0 网段的主机上进行网络连通性验证，即 ping 192.168.1.2，可以 ping 通。

● 在 172.16.1.0 网段的主机上进行网络连通性验证，即 ping 192.168.1.1，可以 ping 通。

● 在路由器 A 上进行地址转换的验证 Router#show ip nat translations，可以看到 NAT 地址转换的条目。

● 在路由器 B 上进行地址转换的验证 Router#show ip nat translations，可以看到 NAT 地址转换的条目。

2.4.5 教学方法与任务结果

学生分组进行任务实施，可以 3~5 人一组，小组讨论，确定方案后进行讲解，教师给予指导，全体学生参与评价。方案实施完成后，检测地址是否转换成功，用户能否访问互联网。

模块 2.5 项目拓展

2.5.1 理论拓展

2-1 选择题

1. 在 IP 地址中，网络号规定了（   ）。

A. 计算机的身份   B. 该设备可以与哪些设备通信

C. 主机所属的网络   D. 网络上的哪个结点正在被寻址

2. 在下列 IP 地址中，不是子网掩码的是（   ）。

A. 255.255.255.0   B. 255.255.0.0

C. 255.241.0.0   D. 255.255.254.0

3. 指定网卡的地址在（   ）信息单元的头部可以找到。

A. 帧   B. 数据包

C. 消息　　　　　　　　　　　　　　D. 以上都不是

4. IPv6 将首部长度变为固定的 (　　) 字节。

A. 6　　　　　　　　B. 12　　　　　　　　C. 16　　　　　　　　D. 24

5. FE80∶∶E0∶F726∶4E58 是一个 (　　) 地址。

A. 全局单播　　　　　　　　　　　　B. 链路本地

C. 网点本地　　　　　　　　　　　　D. 广播

2－2　综合题

1. IPv6 分组中没有首部校验和域，这样做有什么优缺点？

2. 地址转换有哪几种方法？有什么区别？

3. 请按照要求进行几种 IP 地址记法之间的转换。

（1）从点分十进制记法转换为十六进制记法∶

①114.34.2.8　　　　②129.14.6.8　　　　③208.34.54.12

④238.34.2.1　　　　⑤241.34.2.8

（2）从十六进制记法转换为二进制记法∶

①0X1347FEAB　　　②0XAB234102　　　③0X0123A2BE　　　④0X00001111

4. 某主机地址为 581E∶1456∶2314∶ABCD∶1211∶

（1）若结点标识为 48 位，请找出这个主机所连接的子网地址。

（2）若结点标识为 48 位，子网标识是 32 位，请找出提供者的前缀。

5. 具有 200 个子网的场所使用 B 类地址 132.45.0.0。这个场所最近将过渡到 IPv6，它的用户前缀为 581E∶1456∶2314∶∶ABCD/80。请设计子网和定义子网地址（建议使用 32 比特子网标识符）。

2.5.2　实践拓展

现有一个公司需要创建内部的网络，该公司包括工程部、技术部、市场部、财务部和办公室等五大部门，每个部门有 20～30 台计算机。

请问∶①若要将几个部门从网络上进行分开。如果分配给该公司使用的地址为一个 C 类地址，网络地址为 192.162.1.0，那么如何划分网络，将几个部门分开？

②确定各部门的网络 IP 地址和子网掩码，并写出分配给每个部门网络中的主机 IP 地址范围。

③推荐一种可行的网络结构，指出所需的网络设备，并说明该设备在网络中的作用。

④画出网络的拓扑结构图。

项目 3

交换型以太网的组建

学习目标

◆ 了解交换机的工作原理与使用场景。

◆ 能够通过 Console 口、Telnet 方式登录交换机。

◆ 掌握静态端口－MAC 地址表的绑定技术，实现交换机的端口安全。

◆ 掌握 STP 的配置与应用，有效防止网络冗余出现的环路问题。

◆ 能够根据需求组建交换型以太网。

思政目标

◆ 使学生了解国内常见的网络设备生产商，激发学生的爱国情怀和学习兴趣，培养学生的家国情怀，树立正确的人生观、价值观。

◆ 促进学生将个人的职业前途和国家的繁荣昌盛、个人的职业奉献与民族的自强不息紧密结合在一起。

 思政视窗

信息基础设施，行业应用领域广泛

一、市场规模平稳提升

网络设备是指构建整个网络所需的各种数据传输、交换及路由设备，主要包括交换机、路由器、无线接入点和光缆等。网络设备是新型基础设施建设的重要组成部分，作为硬件基础设施体系支撑大数据、人工智能、工业互联网等领域的上层应用。网络设备行业是支撑国家经济发展的战略性、基础性和先导性产业，影响着社会信息化进程，行业发展受到政府的大力支持。

在国家大力支持的背景下，近年来我国网络设备市场规模整体呈增长趋势，且增速高于全球市场。根据 IDC 数据统计，自 2017 年以来，我国计算机网络设备市场规模平稳增长，2020 年，全国计算机网络设备市场规模为 84.9 亿美元，结合 2021 年我国计算机网络设备行业发展情况来看，2021 年计算机网络设备市场规模将进一步提升至 87.9 亿美元。

二、交换机和路由器为主要细分市场

从我国计算机网络设备市场结构来看，目前，交换机和路由器仍是我国计算机网络设备市场主要组成部分，据 IDC 统计数据显示，2021 年，我国交换机市场规模为 40.1 亿美元，占计算机网络设备总市场规模的 47.2%；路由器市场规模为 36.4 亿美元，占计算机网络设备总市场规模的 42.9%。

三、华为和新华三领衔市场竞争

目前，在计算机网络设备制造行业里，随着行业集中度的提高，市场结构呈现出了垄断和竞争互相强化的态势，呈现出一种竞争性极强的寡头垄断市场结构。在这种市场结构里，一方面，竞争导致了垄断强化，不断有厂商在竞争中退出，厂商数量减少，行业集中度提高；另一方面，垄断又导致了竞争强化，随着厂商数量减少，生存下来的寡头竞争能力更强，寡头间份额差距更小，在价格战中出手更重，对市场的争夺更为激烈。

从计算机网络设备细分产品市场竞争情况来看，我国主要网络设备市场竞争集中在新华三、华为、思科以及锐捷网络等企业中，其中在交换机市场，已初步形成以新华三和华为两大巨头占据市场主导地位，锐捷网络和思科等企业加紧追赶的市场格局；在路由器市场，华为占据绝对领先地位，市场份额远超其他企业；在 WLAN 无线产品市场，新华三、锐捷网络及华为目前市场份额占比较大。

四、行业前景仍有提升空间

随着电信运营商的战略转型、邮政体制改革、电子政务、智慧城市等一系列重大行业发展项目的实施，将产生新一轮的 IT 设备采购浪潮，为计算机网络设备厂商带来广阔的新增市场空间。

与此同时，随着网民数量增长，互联网设备接入数量快速增加，包括人工智能、云计算在内的各种新技术不断出现，进一步带动全球互联网数据流量不断增长。

模块 3.1　认识交换机

3.1.1　工作任务

你是某公司新聘请的一位网络管理员，公司要求你熟悉现有的网络产品，首先要登录交换机，了解并掌握交换机的命令行操作技巧，能够使用一些基本的命令进行配置。但公司覆盖范围较大，包括很多分公司，交换机也分别放置在不同的工作地点，如果每次配置交换机都到交换机所在地进行现场配置，那么网络管理员的工作量就会很大，所以希望以后不用每次都到机房才能修改交换机的配置，而是在自己的办公室或出差时就可以对机房的交换机进行远程管理，现在要求你对交换机进行适当的配置来满足这一要求。

3.1.2　工作载体

设备与配线：交换机一台、兼容 VT‑100 的终端设备或能运行终端仿真程序的计算机（一台）、RS‑232 电缆（一根）、RJ‑45 接头的网线。

用一台 PC 作为控制终端，通过交换机的串口登录交换机，设置 IP 地址、网关和子网掩码；给交换机配置一个和控制台终端在同一个网段的 IP 地址，开启 HTTP 服务，通过 Web 界面进行管理配置交换机，拓扑结构如图 3 – 1 所示。

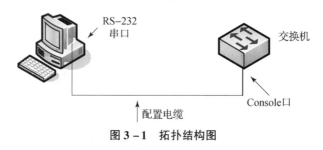

图 3 – 1　拓扑结构图

3.1.3　教学内容

1. 集线器（Hub）

集线器是局域网的基本连接设备，它具有多个端口，可连接多台计算机。在局域网中常以集线器为中心，将所有分散的工作站与服务器连接在一起，形成星型结构的局域网系统。其外观形状如图 3 – 2 所示。

图 3 – 2　集线器

集线器的主要功能是对接收到的信号进行再生整形放大，将数据再传递给其他网络设备，从而可扩大网络的传输距离。另外，集线器是一个多端口的集线设备，一个集线器可以连接多个结点，集线器还可以采用级联以扩大传输距离和连接更多的结点。集线器只是简单地把一个端口接收到的信号以广播方式向其他所有端口发送出去，不具备交换的功能。

（1）集线器的分类：按照不同的分类方法，集线器可以分为不同的类型。按集线器支持的传输速率，可分为 10 Mb/s 集线器、100 Mb/s 集线器和 10/100 Mb/s 自适应集线器三种。在规模较大的网络中，还有 1 000 Mb/s 和 100/1 000 Mb/s 自适应集线器。100 Mb/s 宽带集线器是现在常用的一种集线器，一般用于中型网络低层汇聚。按照集线器能提供的端口数，可分为 4 口、8 口、16 口和 24 口等集线器，端口数的多少决定了集线器能连节电的数量。按照集线器的配置形式分类，可分为独立型集线器、堆叠式集线器和模块式集线器等。

（2）集线器的选购：在选择集线器时，主要从下面几个方面考虑。

①接口类型，根据网络所采用的传输介质的不同，要注意集线器提供的传输介质的接口类型。

②网络所要求的传输速率。

③网络可扩展性，如果网络需要扩展，为了得到更好的扩展性能，应该尽可能选择可堆叠式集线器。

集线器价格低廉、组网灵活，曾经是局域网中应用最广泛的设备之一，但随着交换机价格的不断下降，集线器市场已越来越小，逐渐被市场淘汰。

2. 交换机

交换机是一种用于电信号转发的网络设备。它可以接入交换机的任意两个网络结点提供独享的信号通路，最常见的交换机是以太网交换机，其他常见的还有电话语音交换机和光纤交换机等。

（1）交换机的基本概念：交换机是一种基于 MAC 地址识别，能够完成封装、转发数据包功能的网络设备。交换机工作在 OSI 参考模型的数据链路层，是集线器的升级换代产品，它与集线器外形上非常相似（图 3-3），但它们在传输数据时采用的方式有本质的不同。交换机的出现解决了传统以太网的缺点，以其更优越的性能在目前局域网中得到广泛的应用。

图 3-3　交换机

交换机的工作原理和 MAC 地址表是分不开的，MAC 地址表里存放了网卡的 MAC 地址与交换机相应端口的对应关系，当连接到交换机的一个网卡向另外一个网卡发出数据到达交换机后，交换机会在 MAC 地址表中查找目的 MAC 地址与端口的对应关系，从而将数据从对应的端口转发出去，而不是像集线器一样把所有数据广播到局域网。

（2）交换机基本功能：以太网交换机工作在 OSI 模型的第 2 层，它们将网络分割成多个冲突域，二层交换有 3 个主要功能：地址学习、转发/过滤数据包、消除回路。

①地址学习功能。交换机的目标是分割网上通信量，使前往给定冲突域中主机的数据包不至于传播到另一个网段，这是交换机的"学习"功能完成的。下面简述交换机的学习和转发过程。

● 当交换机首次送电初始化启动时，交换机 MAC 地址表是空的。

● 当交换机的 MAC 地址表为空时，交换机将该帧转发给除接收端口以外的所有端口。转发一个帧到所有连接端口称"泛洪"该帧。

● 数据泛洪时，交换机连接的主机 MAC 地址与之相连的端口号就会被填写到 MAC 地址表中。该记录被保存，如果记录在一定时间内没有新的帧传到交换机来刷新，该记录将被删除。

②转发/过滤决策。当交换机接收到一个数据帧，经查询交换机 MAC 地址表找到其目的地址时，它只被转发到连接该主机而不是所有主机的端口。

广播和组播是一种特殊情况。交换机通常将广播和组播帧泛洪给了发起端口外的所有端口。交换机从来不学习广播或组播地址，因为广播和组播地址不出现在帧的源地址中，接收广播帧的所有主机意味着它们所在交换网络的网段是在同一个广播域。

③消除回路。交换机第三个功能是消除回路。桥接网络，包括交换网络，通常设计有冗余链路和设备。这样设计可以避免由于一点故障而导致整个交换网络功能损失。交换机采用生成树协议来解决这一问题。

3.1.4 任务实施

以太网交换机的登录方式如下：

1. 通过 Console 口登录交换机

第一步：如图 3－4 所示，建立本地配置环境，只需将微机（或终端）的串口通过配置电缆与以太网交换机的 Console 口连接。

接入层
设备管理

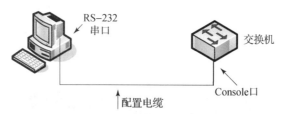

图 3－4　通过 Console 口搭建本地配置环境

第二步：在微机上运行终端仿真程序，设置终端通信参数为：波特率为 9 600 b/s、8 位数据位、1 位停止位、无校验和无流控，并选择终端类型为 VT100，如图 3－5 所示。

图 3－5　终端仿真程序

第三步：以太网交换机上电，终端上显示以太网交换机自检信息，自检结束后提示用户键入回车，之后将出现命令行提示符（如 Switch＞）。

第四步：键入命令，配置以太网交换机或查看以太网交换机运行状态。需要帮助时，可以键入"？"。

2. 通过 Telnet 登录交换机

如果用户已经通过 Console 口正确配置以太网交换机管理 VLAN 接口的 IP 地址（在

VLAN 接口视图下使用 ip address 命令），并已指定与终端相连的以太网端口属于该管理 VLAN（在 VLAN 视图下使用 port 命令），这时可以利用 Telnet 登录到以太网交换机，然后对以太网交换机进行配置。

第一步：在通过 Telnet 登录以太网交换机之前，需要通过 Console 口在交换机上配置欲登录的 Telnet 用户名和认证口令。

Telnet 用户登录时，默认需要进行口令认证，如果没有配置口令而通过 Telnet 登录，则系统会提示 "password required，but none set."。

```
Switch > enable    （从用户模式进入特权模式）
Switch#configure  terminal  （从特权模式进入全局配置模式）
Switch(config)#hostname SW1   （将交换机命名为 "SW1"）
SW1(config)#interface  vlan1  （进入交换机的管理 VLAN）
SW1(config - if)#ip address 192.168.1.1  255.255.255.0
（为交换机配置 IP 地址和子网掩码）
SW1(config - if)#no  shutdown    （激活该 VLAN）
SW1(config - if)#exit    （从当前模式退到全局配置模式）
SW1(config)#line  console 0    （进入控制台模式）
SW1(config - line)#password 123    （设置控制台登录密码为 "123"）
SW1(config - line)#login    （登录时使用此验证方式）
SW1(config - if)#exit    （从当前模式退到全局配置模式）
SW1(config)#line  vty 0 4    （进入 Telnet 模式）
SW1(config - line)#password 456    （设置 Telnet 登录密码为 "456"）
SW1(config - line)#login    （登录时使用此验证方式）
SW1(config - if)#exit    （从当前模式退到全局配置模式）
SW1(config)#enable secret 789    （设置特权口令密码为 "789"）
SW1#copy  running - config startup - config
   （将正在运行的配置文件保存到系统的启动配置文件）
Destination filename [startup - config]?（系统默认的文件名 "startup - config"）
Building configuration...
[OK]  （系统显示保存成功）
```

第二步：如图 3 - 6 所示，建立配置环境，只需将微机以太网口通过局域网与以太网交换机的以太网口连接。

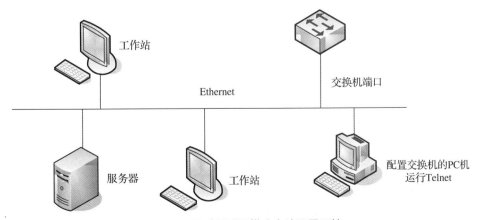

图 3 - 6 通过局域网搭建本地配置环境

第三步：在计算机上运行 Telnet 程序，输入与微机相连的以太网口所属 VLAN 的 IP 地址，如图 3 - 7 所示。

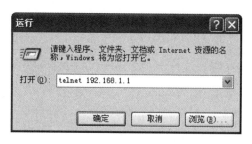

图 3 - 7　运行 Telnet 程序

第四步：终端上显示"User Access Verification"，并提示用户输入已设置的登录口令，口令输入正确后，则出现命令行提示符（如 Switch >）。如果出现"Too many users!"的提示，表示当前 Telnet 到以太网交换机的用户过多，则请稍候再连（通常情况下，以太网交换机最多允许 5 个 Telnet 用户同时登录）。

第五步：使用相应命令配置以太网交换机或查看以太网交换机运行状态。需要帮助时，可以键入"?"。

● 通过 Telnet 配置交换机时，不要删除或修改对应本 Telnet 连接的交换机上的 VLAN 接口的 IP 地址，否则会导致 Telnet 连接断开。

● Telnet 用户登录时，默认可以访问命令级别为 0 的命令。

3.1.5　教学方法与任务结果

学生分组进行任务实施，可以 3 ~ 5 人一组，小组讨论，确定方案后进行讲解，教师给予指导，全体学生参与评价。方案实施完成后，首先要检测交换机与计算机的连通性，确保每台计算机都可以远程登录到交换机上进行配置与管理。

模块 3.2　单交换机上 VLAN 的划分

3.2.1　工作任务

你是某公司的一位网络管理员，公司有技术部、销售部、财务部等部门，公司领导要求你组建公司的局域网，公司规模较小，只有一个路由器，并且路由器接口有限，所有部门只能使用一台交换机互连，若将所有的部门组建成一个局域网，则网速很慢，最终可能导致网络瘫痪。各部门内部主机有一些业务往来，需要频繁通信，但部门之间为了安全并提高网速，禁止它们互相访问。要求你对交换机进行适当的配置来满足这一要求。

在公司的一台交换机中分别划分虚拟局域网，并且使每个虚拟局域网中的成员能够互相访问，两个不同的虚拟局域网成员之间不能互相访问。VLAN 的具体划分见表 3 - 1。

表 3-1 公司交换机的 VLAN 划分情况

VLAN 号	包含的端口	VLAN 分配情况
2	1 ~ 5	技术部
3	5 ~ 10	销售部
4	11 ~ 24	财务部

3.2.2 工作载体

设备与配线：交换机（一台）、兼容 VT-100 的终端设备或运行终端仿真程序的计算机（两台）、RS-232 电缆、RJ-45 接头的网线。

用一台 PC 作为控制终端，通过交换机的串口登录交换机（也可以给交换机先配置一个和控制台终端在同一个网段的 IP 地址，并开启 HTTP 服务，通过 Web 界面进行管理配置），划分两个以上基于端口的 VLAN，拓扑结构如图 3-8 所示。

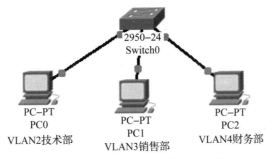

图 3-8 VLAN 划分组网环境

3.2.3 教学内容

1. 虚拟局域网的定义

在标准以太网出现后，同一个交换机下不同的端口已经不再在同一个冲突域中，所以连接在交换机下的主机进行点到点的数据通信时，也不再影响其他主机的正常通信。但是，后来我们发现应用广泛的广播报文仍然不受交换机端口的局限，而是在整个广播域中任意传播，甚至在某些情况下，单播报文也被转发到整个广播域的所有端口。这样大大占用了有限的网络带宽资源，使得网络效率低下。传统以太网如图 3-9 所示。

但是我们知道以太网处于 TCP/IP 协议栈的第二层，二层上的本地广播报文是不能被路由器转发的，为了降低广播报文的影响，我们只有使用路由器来减小以太网上广播域的范围，从而降低广播报文在网络中的比例，提高带宽利用率。但这还不能解决同一交换机下的用户隔离，并且使用路由器来划分广播域，无论是在网络建设成本上，还是在管理上，都存在很多不利因素。为此，IEEE 协会专门设计规定了一种 802.1q 的协议标准，这就是 VLAN 技术的根本。它应用软件实现了二层广播域的划分，完美地解决了路由器划分广播域存在的困难。

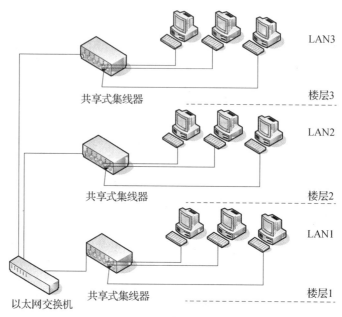

图 3 - 9   传统以太网

总体上来说，VLAN 技术划分广播域有着无与伦比的优势。虚拟局域网（VLAN）逻辑上把网络资源和网络用户按照一定的原则进行划分，把一个物理上的网络划分成多个小的逻辑网络。这些小的逻辑网络形成各自的广播域，也就是虚拟局域网 VLAN，如图 3 - 10 所示。几个部门都使用一个中心交换机。但是各个部门属于不同的 VLAN，形成各自的广播域，广播报文不能跨越这些广播域传送。

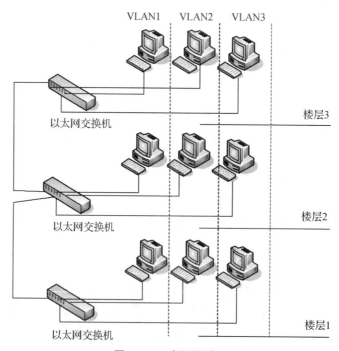

图 3 - 10   虚拟局域网

虚拟局域网将一组位于不同物理网段上的用户在逻辑上划分在一个局域网内，在功能和操作上与传统 LAN 基本相同，可以提供一定范围内终端系统的互连。VLAN 与传统的 LAN 相比，具有以下优势：

（1）减少移动和改变的代价：即所说的动态管理网络，也就是当一个用户从一个位置移动到另一个位置时，它的网络属性不需要重新配置，而是动态地完成，这种动态管理网络给网络管理者和使用者都带来了极大的好处，一个用户，无论他到哪里，他都能不做任何修改地接入网络，这种前景是非常美好的。当然，并不是所有的 VLAN 定义方法都能做到这一点。

（2）虚拟工作组：使用 VLAN 的最终目标就是建立虚拟工作组模型，如图 3 - 11 所示。例如，在企业网中，同一个部门的就好像在同一个 LAN 上一样，很容易互相访问，交流信息，同时，所有的广播包也都限制在该虚拟 LAN 上，而不影响其他 VLAN 的人。一个人如果从一个办公地点换到另外一个地点，而他仍然在该部门，那么，该用户的配置无须改变；同时，如果一个人虽然办公地点没有变，但他更换了部门，那么只需网络管理员更改一下该用户的配置即可。这个功能的目标就是建立一个动态的组织环境，当然，这只是一个理想的目标，要实现它，还需要一些其他方面的支持。

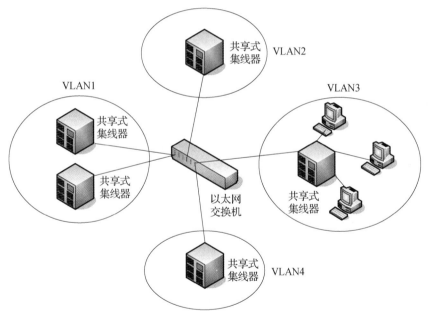

图 3 - 11   虚拟工作组

● 用户不受物理设备的限制，VLAN 用户可以处于网络中的任何地方。

● VLAN 对用户的应用不产生影响：VLAN 的应用解决了许多大型二层交换网络产生的问题。

● 限制广播包，提高带宽的利用率。

有效地解决了广播风暴带来的性能下降问题。一个 VLAN 形成一个小的广播域，同一个 VLAN 成员都在其所属 VLAN 确定的广播域内，那么当一个数据包没有路由时，交换机只会将此数据包发送到所有属于该 VLAN 的其他端口，而不是所有的交换机的端口，这样，数据包就限制到了一个 VLAN 内，在一定程度上可以节省带宽，如图 3 – 12 所示。

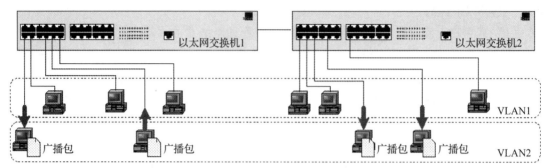

图 3 – 12　VLAN 限制广播报文

（3）增强通信的安全性：一个 VLAN 的数据包不会发送到另一个 VLAN，这样，其他 VLAN 的用户的网络上是收不到任何该 VLAN 的数据包的，这样就确保了该 VLAN 的信息不会被其他 VLAN 的人窃听，从而实现了信息的保密。

（4）增强网络的健壮性：当网络规模增大时，部分网络出现问题往往会影响整个网络，引入 VLAN 之后，可以将一些网络故障限制在一个 VLAN 之内。

2. 虚拟局域网的划分方法

VLAN 从逻辑上对网络进行划分，组网方案灵活，配置管理简单，降低了管理维护的成本。VLAN 的主要目的就是划分广播域，那么我们在建设网络时，如何确定这些广播域呢？根据物理端口、MAC 地址，下面让我们逐一介绍几种 VLAN 的划分方法。

（1）按交换端口号进行划分：基于端口的 VLAN 划分方法是用以太网交换机的端口来划分广播域，也就是说，交换机某些端口连接的主机在一个广播域内，而另一些端口连接的主机在另一个广播域，VLAN 和端口连接的主机无关，按交换端口号进行划分 VLAN 的映射关系见表 3 – 2。

表 3 – 2　按交换端口号进行 VLAN 划分

端口	VLAN　ID	端口	VLAN　ID
Port1	VLAN2	Port2	VLAN3
Port2	VLAN2	Port3	VLAN3
Port6	VLAN2	Port4	VLAN3
Port7	VLAN2		

假设指定交换机的端口 1、2、6 和端口 7 属于 VLAN2，端口 3、4 和端口 5 属于 VLAN3。此时，主机 A 和主机 C 在同一 VLAN，主机 B 和主机 D 在另一个 VLAN 下，如果将主机 A 和主机 B 交换连接端口，则 VLAN 表仍然不变，而主机 A 变成与主机 D 在同一 VLAN（广播域），而主机 B 和主机 C 在另一 VLAN 下，如果网络中存在多个交换机，您还可以指定交换机的端口和交换机 2 的端口属于同一 VLAN，这样同样可以实现 VLAN 内部主

机的通信，也隔离广播报文的泛滥。如图 3 – 13 所示。所以这种 VLAN 划分方法的优点是定义 VLAN 成员非常简单，只要指定交换机的端口即可；但是如果 VLAN 用户离开原来的接入端口，而连接到新的交换机端口，就必须重新指定新连接的端口所属的 VLAN ID。

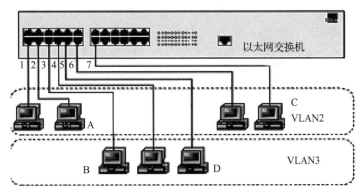

图 3 – 13　基于端口的 VLAN 的划分

在最初的实现中，VLAN 是不能跨越交换设备的。后来进一步的发展使得 VLAN 可以跨越多个交换设备。如图 3 – 14 所示。

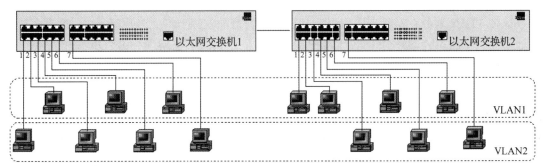

图 3 – 14　跨交换设备 VLAN 的划分

（2）按 MAC 地址进行划分：基于 MAC 地址的 VLAN 划分方法是根据连接在交换机上主机的 MAC 地址来划分广播域的，也就是说，某个主机属于哪一个 VLAN 只和它的 MAC 地址有关，和它连接在哪个端口或者 IP 地址没有关系。在交换机上配置完成后，会形成一张 VLAN 映射表，见表 3 – 3。

表 3 – 3　基于 MAC 地址划分 VLAN

MAC 地址	VLAN ID
MAC A	VLAN2
MAC B	VLAN3
MAC C	VLAN2
MAC D	VLAN3
…	…

这种划分 VLAN 的方法最大的优点在于当用户改变物理位置（改变接入端口）时，不用重新配置。但是我们明显可以感觉到这种方法的初始配置量很大，要针对每个主机进行 VLAN 设置。并且对于那些容易更换网络接口卡的笔记本电脑用户来说，会经常使交换机更改配置。

（3）按第三层协议进行划分：基于协议的 VLAN 划分方法是根据网络主机使用的网络协议来划分广播域的。也就是说，主机属于哪一个 VLAN 取决于它所运行的网络协议（如 IP 协议和 IPX 协议），而与其他因素没有关系。在交换机上完成配置后，会形成一张 VLAN 映射表，基于协议划分 VLAN 的映射关系见表 3 - 4。

表 3 - 4　基于协议划分 VLAN

协议类型	VLAN ID
IP	VLAN2
IPX	VLAN3
…	…

这种 VLAN 划分在实际当中应用非常少，因为目前实际上绝大多数都是 IP 协议的主机，其他协议的主机组件都被 IP 协议主机代替，所以它很难将广播域划分得更小。

3.2.4　任务实施

为了完成工作任务提出的要求，我们将交换机划分成三个 VLAN，使每个部门的主机在相同的 VLAN 中。其中，财务部在 VLAN2 中，包括 1 ~ 5 端口；销售部在 VLAN3 中，包括 5 ~ 10 端口；技术部在 VLAN4 中，包括 11 ~ 24 端口。在同一部门的用户可以相互访问，不同部门的用户不能相互访问，即可以达到公司的要求。

1. 配置 VLAN 大致可以分为以下几个方面：

（1）由用户模式进入特权模式。

（2）创建 VLAN，并为其命名：vlan $vlan - id$ [name $vlan - name$] media Ethernet [state { active | suspend }]。

（3）进入交换机的以太网端口：interface ethernet $unit/port$。

（4）指定端口类型：switch mode access/trunk（端口包括两种类型）。

（5）向 VLAN 中添加端口：switch access vlan id。

（6）指定级联端口：switchport mode trunk。

（7）保存当前配置：copy running - config startup - config。

隔离办公网络

2. 具体配置命令：

公司各部门 VLAN 的配置情况：

```
Switch > enable
Switch#configure  terminal
Switch(config)#vlan 2
```
(创建编号为2的VLAN,通常VLAN的编号为1~4096,其中VLAN1为系统默认的管理VLAN)
```
Switch(config - vlan)#name jsb    (将该VLAN命名为"jsb")
Switch(config - vlan)#exit
Switch(config)#vlan 3
Switch(config - vlan)#name xsb
Switch(config - vlan)#exit
Switch(config)#vlan 4
Switch(config - vlan)#name cwb
Switch(config - vlan)#exit
Switch(config)#interface  range  fastEthernet 0/1 - 5
```
(进入交换机的1~5口,"range"表示连续进入多口)
```
Switch(config - if - range)#switch  mode access
```
(将交换机的端口模式改为access模式,此端口用于连接计算机)
```
Switch(config - if - range)#switch access vlan 2    (把交换机的1~5口加入VLAN2中)
Switch(config - if - range)#exit
Switch(config)#interface  range  fastEthernet 0/5 - 10
Switch(config - if - range)#switch  mode access
Switch(config - if - range)#switch access vlan 3
Switch(config - if - range)#exit
Switch(config)#interface  range  fastEthernet 0/11 - 24
Switch(config - if - range)#switch  mode access
Switch(config - if - range)#switch access vlan 4
Switch(config - if - range)#end
Switch#copy  running - config startup - config
```
(将正在运行的配置文件保存到系统的启动配置文件)
```
Destination filename [startup - config]?    (系统默认的文件名"startup - config")
Building configuration...
[OK]  (系统显示保存成功)
Switch#show vlan
```
(查看交换机的VLAN信息,也可以使用"show vlan brief"命令查看VLAN的简要信息)
```
VLAN Name          Status    Ports
1    default       active
2    jsb           active    Fa0/1, Fa0/2, Fa0/3, Fa0/4,Fa0/5
3    xsb           active    Fa0/6, Fa0/7, Fa0/8, Fa0/9,Fa0/10
4    cwb           active    Fa0/11, Fa0/12, Fa0/13, Fa0/14,Fa0/15, Fa0/16,
Fa0/17, Fa0/18,Fa0/19, Fa0/20, Fa0/21, Fa0/22,
                            Fa0/23,Fa0/24
1002 fddi - default          act/unsup
1003 token - ring - default  act/unsup
1004 fddinet - default       act/unsup
1005 trnet - default         act/unsup
```

VLAN	Type	SAID	MTU	Parent	RingNo	BridgeNo	Stp	BrdgMode	Trans1	Trans2
1	enet	100001	1500	-	-	-	-	-	0	0
2	enet	100002	1500	-	-	-	-	-	0	0
3	enet	100003	1500	-	-	-	-	-	0	0
4	enet	100004	1500	-	-	-	-	-	0	0
1002	fddi	101002	1500	-	-	-	-	-	0	0
1003	tr	101003	1500	-	-	-	-	-	0	0
1004	fdnet	101004	1500	-	-	-	ieee	-	0	0
1005	trnet	101005	1500	-	-	-	ibm	-	0	0

3.2.5 教学方法与任务结果

学生分组进行任务实施，可以 3~5 人一组，小组讨论，确定方案后进行讲解，教师给予指导，全体学生参与评价。

方案实施完成后，将各部门的计算机接入局域网分别进行测试，位于同一 VLAN 的用户在计算机上可以相互 ping 通，达到资源共享的目的；不在同一 VLAN 的用户，则不能相互 ping 通，从而提高安全性和网络速率。

模块 3.3 多交换机上 VLAN 的划分

3.3.1 工作任务

你是公司的网络管理人员，公司有财务部、销售部、人力资源部和研发部，其中财务部和销售部门的计算机都分布在几座楼内，公司领导要求你组建公司的局域网，使销售部内部机器可以相互访问，而其他部门的计算机只有同办公室可以相互访问，不同办公室的计算机不能相互访问，部门之间为了安全禁止互访，要在交换机上做适当的配置来实现这一目标。

将计算机作为控制终端，通过交换机的串口登录交换机。注意，两台交换机的 VLAN 中所包含端口不必相同。具体的配置要求见表 3-5 和表 3-6。

表 3-5 Switch A 的 VLAN 划分情况

VLAN 号	包含的端口	VLAN 分配情况
1	1	级联端口
2	1~5	财务部
3	5~10	销售部
4	11~24	技术部

表 3-6 Switch B 的 VLAN 划分情况

VLAN 号	包含的端口	VLAN 分配情况
1	1	级联端口
3	2 ~ 4	销售部
5	5 ~ 12	财务部
6	12 ~ 16	人力资源部
7	16 ~ 24	研发部

3.3.2 工作载体

设备与配线：交换机（两台）、兼容 VT-100 的终端设备或能运行终端仿真程序的计算机（两台以上）、RS-232 电缆、RJ45 接头的网线（若干）。拓扑结构如图 3-15 所示。

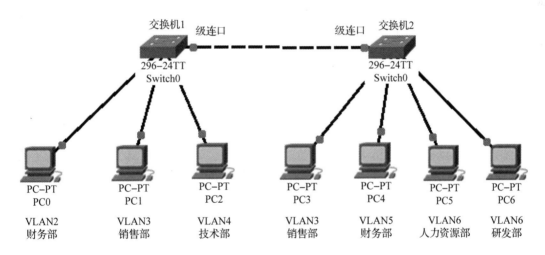

图 3-15 跨交换机相同 VLAN 间通信组网环境

3.3.3 教学内容

随着网络技术的不断发展，需要网络互联处理的事务越来越多，为了适应网络需求，以太网技术也完成了一代又一代的技术更新。为了兼容不同的网络标准，端口技术变得尤为重要，它是解决网络互联互通的重要技术之一。端口技术主要包含了端口自协商、网线智能识别、流量控制、端口聚合以及端口镜像等技术，它们很好地解决了各种以太网标准互联互通存在的问题。

1. 交换机端口速率

（1）标准以太网：标准以太网是最早的一种交换以太网，实现了真正的端口带宽独享，其端口速率固定为 10 Mb/s。它包括电端口和光端口两种。

（2）快速以太网：快速以太网是标准以太网的升级，为了兼容标准以太网技术，它实现了端口速率的自适应，其支持的端口速率有 10 Mb/s、100 Mb/s 和自适应三种方式。它也包括电端口和光端口两种。

（3）千兆以太网：同样，千兆以太网为了兼容标准以太网技术和快速以太网技术，也实现了端口速率的自适应，其支持的端口速率有 10 Mb/s、100 Mb/s、1 000 Mb/s 和自适应方式。它也包括电端口和光端口。

（4）端口速率自协商：从几种以太网标准可以知道它们都支持多种端口速率，那么在实际使用中，它们究竟使用何种速率与对端进行通信呢？

以太网交换机支持端口速率的手工配置和自适应。默认情况下，所有端口都是自适应工作模式，通过相互交换自协商报文进行速率匹配，其匹配结果见表 3 - 7。

表 3 - 7　端口速率协调结果一览表　　　　　　　　　　　　　　Mb·s^{-1}

	标准以太网（auto）	快速以太网（auto）	千兆以太网（auto）
标准以太网（auto）	10	10	10
快速以太网（auto）	10	100	100
千兆以太网（auto）	10	100	1 000

当链路两端的一端为自动协商，另一端为固定速率时，建议修改两端的端口速率，保持端口速率一致。

2. 交换机端口的工作模式

由于以太网技术发展的历史原因，出现了半双工和全双工两种端口工作模式。为了使网络设备兼容，目前新的交换机端口既支持全双工工作模式，也支持半双工工作模式。可以手工配置，也可以自动协商来决定端口究竟工作在何种模式。

如果链路端口工作在自协商模式，和端口速率协商一样，它们也是通过交换自协商报文来协商端口工作模式的。实际上，端口模式和端口速率的自协商报文是同一个协商报文。在协商报文中分别用 5 位二进制位来指示端口速率和端口模式，即分别指示 10BASE - T 半双工、10BASE - T 全双工、100BASE - T 半双工、100BASE - T 全双工和 100BASE - T4。千兆以太网的自协商依靠其他机制完成。

如果链路对端设备不支持自协商功能，自协商设备默认的假设是链路工作在半双工模式下，所以强制 10M 全双工工作模式的设备和自协商的设备协商的结果是：自协商设备工作在 10M 半双工工作模式，而对端工作在 10M 全双工工作模式，这样虽然可以通信，但会产生大量的冲突，降低网络效率。所以在网络建设中应尽力避免。

另外，所有自协商功能目前都只在双绞线介质上工作，对于光纤介质，还没有自协商机制，所以光纤接口的速率和工作模式以及流量控制都只能手工配置。

3. 交换机端口类型

不同的网络设备根据不同的需求具有不同的网络接口，目前以太网接口有 MDI（Medium Dependent Interface）和 MDI - X 两种类型。MDI 称为介质相关接口，MDI - X 称为介质非相关接口（MII）。常见的以太网交换机所提供的端口都属于 MDI – X 接口，而路由器和 PC 提供的属于 MDI 接口。上述两种接口具有不同的引脚分布情况，见表 3 – 8。

表 3 – 8　MDI&MDI – X 接口（100BASE – TX）引脚对照表

引脚	信号	
	MDI	MDI – X（MII）
1	BI_DA +（发）	BI_DB +（收）
2	BI_DA –（发）	BI_DB –（收）
3	BI_DB +（收）	BI_DA +（发）
4	Not used	Not used
5	Not used	Not used
6	BI_DB –（收）	BI_DA –（发）
7	Not used	Not used
8	Not used	Not used

当 MDI 接口和 MDI – X 接口连接时，需要采用直通网线（Normal Cagble），而同一类型的接口（如 MDI 和 MDI）连接时，需要采用交叉网线（Cross Cable），这给我们在网络设备进行连接时带来了很多的麻烦。比如两台交换机的普通端口或者是两台主机相连都需要采用交叉网线，而交换机与主机相连需要直通网线。以太网交换机为了简化用户操作，通过新一代的物理层芯片和变压器技术实现了 MDI 和 MDI – X 接口智能识别和转换的功能。不论使用直通网线还是交叉网线，都可以与同接口类型或不同接口类型的以太网设备互通，有效降低了用户的工作量。

4. VLAN 的帧格式

IEEE 802.1q 协议标准规定了 VLAN 技术，它定义同一个物理链路上承载多个子网的数据流的方法。其主要内容包括：

- VLAN 的架构。
- VLAN 技术提供的服务。
- VLAN 技术涉及的算法。

为了保证不同厂家生产的设备能够顺利互通，802.1q 标准规定了统一的 VLAN 帧格式以及其他重要参数。在此我们重点介绍标准的 VLAN 帧格式。802.1q 标准规定在原有的标准以太网帧格式中增加一个特殊的标志域——Tag 域，用于标识数据帧所属的 VLAN ID。

从两种帧格式可以知道 VLAN 帧相对标准以太网帧在源 MAC 地址后面增加了 4 字节的 Tag 域。它包含了 2 字节的标签协议标识（TPID）和 2 字节的标签控制信息（TCI）。其中 TPID 是 IEEE 定义的新的类型，表示这是一个加了 802.1q 标签的帧。TPID 包含了一个固定的 16 值 0x8100。TCI 又分为 Priority、CFI 和 VLAN ID 三个域。

（1）Priority：该域占用 3 个 bit 位，用于标识数据帧的优先级。该优先级决定了数据帧的重要紧急程度，优先级超高，就越优先得到交换机的处理。这在 QoS 的应用中非常重要。它一共可以将数据帧分为 8 个等级。

（2）CFI（Canonical Format Indicator）：该域仅占用 1 位，如果该位为 0，表示该数据帧采用规范帧格式；如果该位为 1，表示该数据帧为非规范帧格式。它主要在令牌环/源路由 FDDI 介质访问方法中，用于指示是否存在 RIF 域，并结合 RIF 域来指示数据帧中所带地址的比特次序信息。在 802.3Ethernet 和 FDDI 介质访问方法中，它用于指示是否存在 RIF 域，并结合 RIF 域来指示数据帧中地址的比特次序信息。

（3）VLAN ID：该域占用 12 位，它明确指出该数据帧属于某一个 VLAN。所以 VLAN ID 表示的范围为 0 ~ 4 095。

3.3.4 任务实施

1. 配置跨交换机相同 VLAN 间通信的具体步骤

（1）由用户模式进入特权模式。

（2）创建 VLAN，并为其命名：vlan *vlan – id* [name *vlan – name*] media Ethernet [state {active|suspend}]。

跨交换机相同
VLAN 间通信

（3）进入交换机的以太网端口：interface ethernet *unit/port*。

（4）指定端口类型：switch mode access/trunk（端口包括两种类型）。

（5）向 VLAN 中添加端口：switch access vlan *id*。

（6）指定级联端口：switchport mode trunk。

（7）保存当前配置：copy running – config startup – config。

2. 具体的配置命令

交换机 1 的配置情况：

（1）配置交换机的系统名为"Switch1"：

```
Switch > enable
Switch#configure terminal
Switch(config)#hostname Switch1
```

（2）在交换机上划分 VLAN2：

```
Switch1(config)#vlan 2
Switch1(config – vlan)#name cwb
Switch1(config – vlan)#exit
Switch1(config)#interface  range  fastEthernet 0/1 – 5
Switch1(config – if – range)#switch  mode access
Switch1(config – if – range)#switch access vlan 2
Switch1(config – if – range)#exit
```

（3）在交换机上划分 VLAN3：

```
Switch1(config)#vlan 3
Switch1(config-vlan)#name xsb
Switch1(config-vlan)#exit
Switch1(config)#interface  range  fastEthernet 0/5-10
Switch1(config-if-range)#switch  mode access
Switch1(config-if-range)#switch access vlan 3
Switch1(config-if-range)#exit
```

（4）在交换机上划分 VLAN4：

```
Switch1(config)#vlan 4
Switch1(config-vlan)#name jsb
Switch1(config-vlan)#exit
Switch1(config)#interface  range  fastEthernet 0/11-24
Switch1(config-if-range)#switch  mode access
Switch1(config-if-range)#switch access vlan 4
Switch1(config-if-range)#exit
```

（5）设置级联端口：

```
Switch1(config)#interface  fastEthernet 0/1    （进入交换机的 1 口）
switch1(config-if)#switchport  mode trunk
（设置接口模式为"trunk",交换机两端的级联口都要进行这样的配置）
```

（6）保存：

```
Switch1(config-if)#end    （由任何模式直接退到特权模式）
Switch1#copy  running-config startup-config
（将正在运行的配置文件保存到系统的启动配置文件）
Destination filename [startup-config]?   （系统默认的文件名"startup-config"）
Building configuration...
[OK]   （系统显示保存成功）
```

（7）查看 VLAN 信息：

```
Switch#show vlan
```

（查看交换机的 VLAN 信息，也可以使用"show vlan brief"命令查看 VLAN 的简要信息，如图 3-16 所示。）

交换机 2 的配置步骤与交换机 1 的类似。

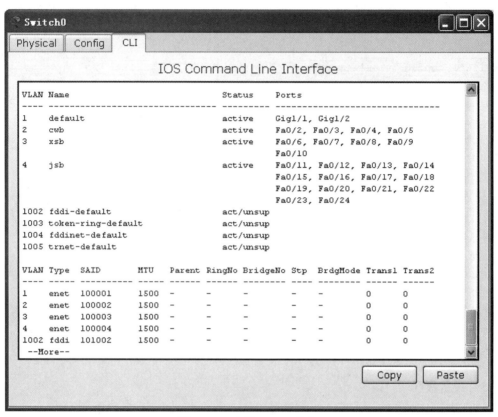

图 3 – 16　查看 VLAN 信息

3.3.5　教学方法与任务结果

学生分组进行任务实施，可以 3 ~ 5 人一组，小组讨论，确定方案后进行讲解，教师给予指导，全体学生参与评价。

方案实施完成后，将各部门的计算机接入局域网分别进行测试，用 RJ45 网线将两台交换机通过级联端口连接起来，通过网线分别将计算机连入两台交换机的 VLAN 3 端口上，验证相同 VLAN 间能否通信，不同 VLAN 间能否通信。

验证结果显示，不同的交换机划分相同的 VLAN 后，通过级联端口连接后，相同 VLAN 间是可以通信的，不同的 VLAN 成员之间仍然不能相互通信。

模块 3.4　交换机端口与 MAC 地址绑定

3.4.1　工作任务

你是某公司的网络管理员，公司要求对网络进行严格控制。为了防止公司内部用户的 IP 地址冲突，防止公司内部的网络攻击和破坏行为，为每一位员工分配了固定的 IP 地址，并且只允许公司员工的主机使用网络，不得随意连接其他主机。具体的绑定情况见表 3 – 9。

表 3 - 9　端口 - MAC 地址表的绑定情况

交换机的端口号	计算机的 MAC 地址	IP 地址
6	0040. 0bdc. 6622	192. 168. 1. 5
7	000a. 411e. 949a	192. 168. 1. 6
8	0001. c928. 99a5	192. 168. 1. 7
9	00d0. bab6. d85e	192. 168. 1. 8

掌握静态端口和 MAC 地址绑定的配置方法，验证端口和 MAC 地址绑定的功能。MAC 地址绑定，可将用户的使用权限和机器的 MAC 地址绑定起来，限制用户只能在固定的机器上网，保障安全，防止账号盗用。由于 MAC 地址可以修改，因此这个方法可以起到一定的作用，但仍有漏洞。

3.4.2　工作载体

设备与配线：交换机（一台）、兼容 VT - 100 的终端设备或能运行终端仿真程序的计算机（两台）、RS - 232 电缆、RJ45 接头的网线（若干）。拓扑结构如图 3 - 17 所示。

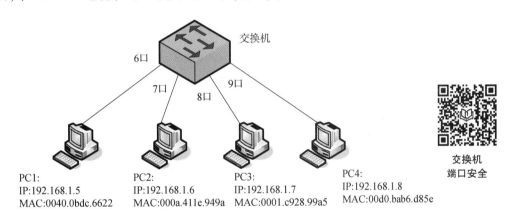

图 3 - 17　端口 - MAC 地址绑定组网环境

3.4.3　教学内容

交换机之所以能够直接对目的结点发送数据包，而不是像集线器一样以广播方式对所有结点发送数据包，关键的技术就是交换机可以识别连在网络上的结点的网卡 MAC 地址，并把它们放到一个叫作 MAC 地址表的地方。这个 MAC 地址表存放于交换机的缓存中，并记住这些地址，这样当需要向目的地址发送数据时，交换机就可在 MAC 地址表中查找这个 MAC 地址的结点位置，然后直接向这个位置的结点发送。所谓 MAC 地址数量，是指交换机的 MAC 地址表中可以最多存储的 MAC 地址数量，存储的 MAC 地址数量越多，那么数据转发的速度和效率也就越高。

但是不同档次的交换机每个端口所能够支持的 MAC 数量不同。在交换机的每个端口都需要足够的缓存来记忆这些 MAC 地址，所以 Buffer（缓存）容量的大小就决定了相应交换机所能记忆的 MAC 地址数多少。通常交换机只要能够记忆 1 024 个 MAC 地址基本上就可以了，而一般的交换机通常都能做到这一点，所以，在网络规模不是很大的情况下，这参数无须太多考虑。当然，越是高档的交换机，能记住的 MAC 地址数就越多，在选择时，要视所连网络的规模而定。

以太网交换机利用“端口–MAC 地址表”进行信息的交换，因此，端口–MAC 地址映射表的建立和维护显得相当重要。一旦地址映射表出现问题，就可能造成信息转发错误。那么，交换机中的地址映射表是怎样建立和维护的呢？

这里有两个问题需要解决：一是交换机如何知道哪台计算机连接到哪个端口；二是当计算机在交换机的端口之间移动时，交换机如何维护地址映射表。显然，通过人工建立交换机的地址映射表是不切实际的，交换机应该自动建立地址映射表。

通常，以太网交换机利用“地址学习”法来动态建立和维护端口–MAC 地址表。以太网交换机的地址学习是通过读取帧的源地址并记录帧进入交换机的端口进行的。当得到 MAC 地址与端口的对应关系后，交换机将检查地址映射表中是否已经存在该对应关系。如果不存在，交换机就将该对应关系添加到地址映射表；如果已经存在，交换机将更新该表项。因此，在以太网交换机中，地址是动态学习的。只要这个结点发送信息，交换机就能捕获到它的 MAC 地址与其所在端口的对应关系。

在每次添加或更新地址映射表的表项时，添加或更改的表项被赋予一个计时器，这使得该端口与 MAC 地址的对应关系能够存储一段时间。如果在计时器溢出之前没有再次捕获到该端口与 MAC 地址的对应关系，该表项将被交换机删除。通过移走过时的或老的表项，交换机维护了一个精确且有用的地址映射表。

交换机建立起端口–MAC 地址表之后，它就可以对通过的信息进行过滤了。以太网交换机在地址学习的同时还检查每个帧，并基于帧中的目的地址做出是否转发或转发到何处的决定。

两个以太网和两台计算机通过以太网交换机相互连接，通过一段时间的地址学习，交换机形成了图 3–18 所示的端口–MAC 地址表。

假设站点 A 需要向站点 B 发送数据，因为站点 A 连接到交换机的端口 1，所以，交换机从端口 1 读入数据，并通过地址映射表决定将该数据转发到哪个端口。在图 3–18 所示的地址映射表中，站点 B 与端口 4 相连。于是，交换机将信息转发到端口 4，不再向其他端口转发。

假设站点 B 需要向站点 C 发送数据，交换机同样在端口 1 接收该数据。通过搜索地址映射表，交换机发现站点 C 与端口 4 相连，与发送的源站点处于同一端口。遇到这种情况，交换机不再转发，简单地将数据抛弃，数据信息被限制在本地流动。

以太网交换机隔离了本地信息，从而避免了网络上不必要的数据流动。这是交换机通信过滤的主要优点，也是它与集线器截然不同的地方。集线器需要在所有端口上重复所有的信号，每个与集线器相连的网段都将听到局域网上的所有信息流。而交换机所连的网段只听到发给它们的信息流，减少了局域网上总的通信负载，因此提供了更多更好的带宽。

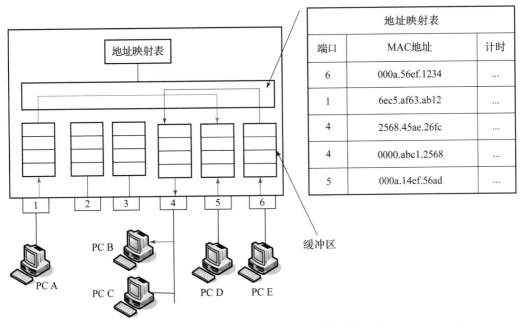

图3-18　交换机端口MAC地址表的形成过程

但是，如果站点A需要向站点E发送信息，交换机在端口1读取信息后检索地址映射表，结果发现站点E在地址映射表中并不存在。在这种情况下，为了保证信息能够到达正确的目的地，交换机将向除端口1之外的所有端口转发信息，当然，一旦站点E发送信息，交换机就会捕获到它与端口的连接关系，并将得到的结果存储到地址映射表中。

3.4.4　任务实施

1. 配置端口-MAC地址绑定的具体步骤

（1）由用户模式进入特权模式。

（2）指定端口的安全模式，绑定MAC地址到端口：switch port port - security mac - address*MAC* - Address。

说明：其中*MAC* - Address为计算机网卡的MAC地址。

（3）保存当前配置：save。

2. 具体的配置命令

（1）将PC0绑定于交换机的6口。

```
Switch > enable
Switch#configure terminal
Switch(config)#interface  fastethernet 0/6      (进入交换机的6口)
Switch(config - if)#switch  mode access
(将交换机的端口设置为访问模式,即用来接入计算机)
Switch(config - if)#switchport  port - security     (打开交换机的端口安全功能)
Switch(config - if)#switchport  port - security  maximum 1
(只允许该端口下的MAC条目最大数量为1,即只允许接入一个设备)
```

```
Switch(config - if)#switchport  port - security  violation  shutdown
          (违反规则就关闭端口)
Switch(config - if)#switch port  port - security mac - address 0040.0bdc.6622
          (将计算机 PC0 绑定于交换机的 6 口)
```

（2）其他端口的配置方法与此类似。

（3）查看交换机的端口 – MAC 地址表，见表 3 – 10。

```
Switch#show mac - address - table
```

表 3 – 10　端口 – MAC 地址表

VLAN 编号	MAC 地址	类型	端口号
1	0001. c928. 99a5	STATIC（静态）	Fa0/8
1	000a. 411e. 949a	STATIC（静态）	Fa0/7
1	0040. 0bdc. 6622	STATIC（静态）	Fa0/6
1	00d0. bab6. d85e	STATIC（静态）	Fa0/9

3.4.5　教学方法与任务结果

学生分组进行任务实施，可以 3 ~ 5 人一组，小组讨论，确定方案后进行讲解，教师给予指导，全体学生参与评价。

方案实施完成后，将各台计算机根据端口 – MAC 地址的绑定情况连接到相应的端口上，各台计算机可以正常通信；若将连入交换机端口的各计算机进行调换位置，则计算机之间将不能互相通信。

模块 3.5　防止网络冗余形成环路（STP）

3.5.1　工作任务

（1）某公司的财务部与销售部计算机分别通过两台交换机接入公司总部，这两个部门平时经常有业务往来，要求保持两个部门的网络畅通。为了提高网络的可靠性，你作为网络管理员，用两条链路将交换机互连，分别使用交换机的 1、2 口进行互连，交换机 1 为根交换机，如图 3 – 19 所示。现在要求你在交换机上配置 STP 或 RSTP 协议，使网络既有冗余，又避免环路。

（2）某企业网络组建网络拓扑如图 3 – 20 所示，公司包括销售部、财务部、人力资源部、技术部共 4 个部门，分别对应了 VLAN11、VLAN12、VLAN13、VLAN14 共 4 个 VLAN，通过交换机 Switch3 进行互连，汇聚和核心层使用两台交换机 Switch1 和 Switch2，为了保证网络的可靠性，要求在交换机上配置 MSTP 协议来实现。配置要求如下：

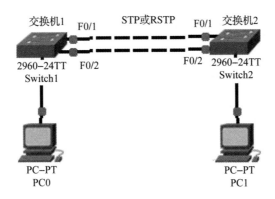

图 3 - 19 公司拓扑结构图

①配置 MSTP 协议，创建两个 MSTP 实例：Instance1、Instance2。其中，Instance1 包括 VLAN11、VLAN12，而 Instance2 包括 VLAN13、VLAN14。

②设置 S3750 - A 交换机为 Instance1 的生成树根，是 Instance2 的生成树备份根。

③设置 S3750 - B 交换机为 Instance2 的生成树根，是 Instance1 的生成树备份根。

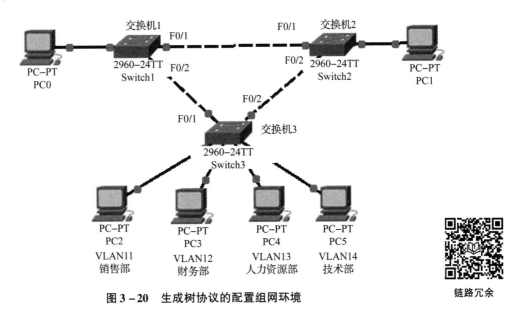

图 3 - 20 生成树协议的配置组网环境

链路冗余

3.5.2 教学内容

1. 生成树协议的用途

生成树协议（Spanning Tree Protocol）用于检测和避免网络环路，提供连接设备之间的链路备份。生成树功能可以保证两个站点之间的连接中只有一条路径生效，在主路径失效时，又可以备份路径来继续提供连接。该协议可应用于环路网络，通过一定的算法实现路径冗余，同时，将环路网络修剪成无环路的树形网络，从而避免报文在环路网络中的增生和无限循环。

在局域网中，为了提供可靠的网络连接，就得需要网络提供冗余链路。所谓冗余链路。其实道理和走路一样简单，这条路不通，走另一条路就可以了。冗余就是准备两条以上的通路，如果哪一条路不通了，就从另外的路走。

交换机之间具有冗余链路本来是一件很好的事情，但是它有可能引起的问题比它能够解决的问题还要多。如果你真的准备两条以上的路，就必然形成了一个环路，交换机并不知道如何处理环路，只是周而复始地转发帧，形成一个"死循环"，如图 3 – 21 所示。最终这个死循环会造成整个网络处于阻塞状态，导致网络瘫痪。

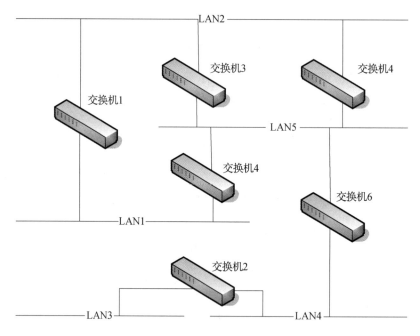

图 3 – 21　具有环路的交换机级联

第 2 层的交换机和网桥作为交换设备都具有一个相当重要的功能：它们能够记住在一个接口上所收到的每个数据帧的源设备的硬件地址，也就是源 MAC 地址，而且它们会把这个硬件地址信息写到转发/过滤表的 MAC 数据库中，这个数据库我们一般称之为 MAC 地址表。当在某个接口收到数据帧的时候，交换机就查看其目的硬件地址，并在 MAC 地址表中找到其外出的接口，这个数据帧只会被转发到指定的目的端口。

整个网络开始启动的时候，交换机初次加电，还没有建立 MAC 地址表。当工作站发送数据帧到网络的时候，交换机要将数据帧的源 MAC 地址写进 MAC 地址表，然后只能将这个帧扩散到网络中，因为并不知道目的设备在什么地方。

为了解决冗余链路引起的问题，IEEE 通过了 IEEE 802. 1d 协议，即生成树协议。生成树协议的根本目的是将一个存在物理环路的交换网络变成一个没有环路的逻辑树形网络。IEEE 802. 1d 协议通过在交换机上运行一套复杂算法 STA，使冗余端口置于"阻断状态"，使得接入网络的计算机在与其他计算机通信时，只有一条链路，将处于"阻断状态"的端口重新打开，从而既保障了网络正常运转，又保证了冗余能力，如图 3 – 22 所示。

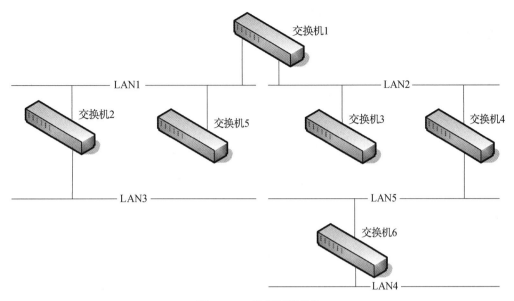

图 3 – 22 逻辑树形结构

STP 协议中，首先推举一个 BRIDGEID（桥 ID）最低的交换机作为生成树的根结点，交换机之间通过交换 BPDU（桥接协议数据单元），得出从根结点到其他所有结点的最佳的路径。

那么为什么要制定 IEEE 802.1w 协议呢？原来 IEEE 802.1d 协议虽然解决了链路闭合引起的死循环问题，但是生成树的收敛（指重新设定网络时的交换机端口状态）过程需要1 min 左右的时间，对于以前的网络来说，1 min 的阻断是可以接受的，毕竟人们以前对网络的依赖性不强，但是现在情况不同了，人们对网络的依赖性越来越强，1 min 的网络故障足以带来巨大的损失，因此 IEEE 802.1d 协议已经不能适应现代网络的需求了。于是 IEEE 802.1w 协议问世了，IEEE 802.1w 协议使收敛过程由原来的 1 min 减少到现在的 1 ~ 10 s，因此 IEEE 802.1w 又称为快速生成树协议。对于现在的网络来说，这个速度足够快了。

2. 生成树协议的实现方法

STP 的基本原理是，通过在交换机之间传递一种特殊的协议报文（在 IEEE 802.1d 中这种协议报文被称为"配置消息"）来确定网络的拓扑结构。配置消息中包含了足够的信息来保证交换机完成生成树计算。

配置消息中主要包括以下内容：

- 树根的 ID：由树根的优先级和 MAC 地址组合而成；
- 到树根的最短路径开销；
- 指定交换机的 ID：由指定交换机的优先级和 MAC 地址组合而成；
- 指定端口的 ID：由指定端口的优先级和端口编号组成；
- 配置消息的生存期：MessageAge；
- 配置消息的最大生存期：MaxAge；
- 配置消息发送的周期：HelloTime；

- 端口状态迁移的延时：ForwardDelay。

指定端口和指定交换机的含义，如图 3-23 所示。

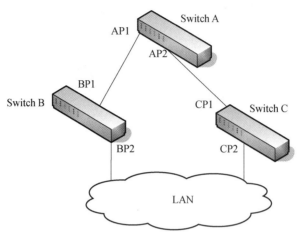

图 3-23　指定交换机和指定端口示意图

对一台交换机而言，指定交换机就是与本机直接相连并且负责向本机转发数据包的交换机，指定端口就是指定交换机向本机转发数据的端口；对于一个局域网而言，指定交换机就是负责向这个网段转发数据包的交换机，指定端口就是指定交换机向这个网段转发数据的端口。如图 3-23 所示，AP1、AP2、BP1、BP2、CP1、CP2 分别表示 Switch A、Switch B、Switch C 的端口，Switch A 通过端口 AP1 向 Switch B 转发数据，则 Switch B 的指定交换机就是 Switch A，指定端口就是 Switch A 的端口 AP1；与局域网 LAN 相连的交换机有两台：Switch B 和 Switch C，如果 Switch B 负责向 LAN 转发数据包，则 LAN 的指定交换机就是 Switch B，指定端口就是 Switch B 的 BP2。

3. 生成树协议算法实现的具体过程

下面结合例子说明生成树协议算法实现的计算过程。具体的组网如图 3-24 所示。

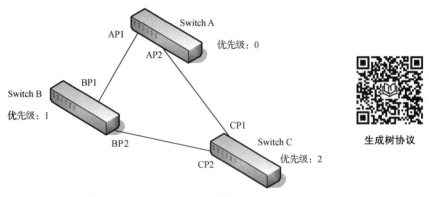

生成树协议

图 3-24　以太网交换机组网图

为描述方便，仅给出配置消息的前四项：树根 ID（以以太网交换机的优先级表示）、根路径开销、指定交换机 ID（以以太网交换机的优先级表示）、指定端口 ID（以端口号表示）。如图 3-24 所示，Switch A 的优先级为 0，Switch B 的优先级为 1，Switch C 的优先级为 2，各个链路的路径开销分别为 5、10、4。

（1）初始状态：各台交换机的各个端口在初始时会生成以自己为根的配置消息，根路径开销为 0，指定交换机 ID 为自身交换机 ID，指定端口为本端口。

- Switch A：

端口 AP1 配置消息：{0, 0, 0, AP1}

端口 AP2 配置消息：{0, 0, 0, AP2}

- Switch B：

端口 BP1 配置消息：{1, 0, 1, BP1}

端口 BP2 配置消息：{1, 0, 1, BP2}

- Switch C：

端口 CP2 配置消息：{2, 0, 2, CP2}

端口 CP1 配置消息：{2, 0, 2, CP1}

（2）选出最优配置消息：各台交换机都向外发送自己的配置消息。当某个端口收到比自身的配置消息优先级低的配置消息时，交换机会将接收到的配置消息丢弃，对该端口的配置消息不做任何处理。当端口收到比本端口配置消息优先级高的配置消息的时候，交换机就用接收到的配置消息中的内容替换该端口的配置消息中的内容。然后以太网交换机将该端口的配置消息和交换机上的其他端口的配置消息进行比较，选出最优的配置消息。

（3）配置消息的比较原则：①树根 ID 较小的配置消息优先级高。②若树根 ID 相同，则比较根路径开销，比较方法为：用配置消息中的根路径开销与本端口对应的路径开销之和（设为 S），则 S 较小的配置消息优先级较高。③若根路径开销也相同，则依次比较指定交换机 ID、指定端口 ID、接收该配置消息的端口 ID 等。

为便于表述，本例中假设只需比较树根 ID 就可以选出最优配置消息。

3.5.3　任务实施

1. 任务 1 的实施过程

（1）Switch1 的配置：

①配置交换机的系统名、管理 IP 地址和 Trunk。

网络冗余优化

```
Switch > enable
Switch#configure terminal
Switch(config)#hostname Switch1　（更改系统名）
Switch1(config)#interface vlan 1　（设置管理 IP 地址）
Switch1(config)#ip address 192.168.1.1 255.225.255.0
Switch1(config)#no shutdown
Switch1(config)#interface fastEthernet 0/1
Switch1(config-if)#switchport mode trunk　（设置级联端口）
Switch1(config-if)#exit
Switch1(config)#interface fastEthernet 0/2
Switch1(config-if)#switchport mode trunk　（设置级联端口）
```

②在交换机上启动 RSTP 协议，设置 Switch1 为根桥。

```
Switch1(config)#spanning-tree vlan 1 priority 4096
```

（默认优先级为 32 768，其中取值为 1 024 的倍数，值越小，优先级越高。Switch1 为根桥，Switch2 要选取到达 Switch1 的根路径，有两条路径，Cost 值都为 19，这时由于 Switch2 在 F0/1 接口上收到的 BPDU 中，发送者 Switch1 端口号为 F0/1；在 F0/2 接口上收到的 BPDU 中，发送者端口号为 F0/2，所有 F0/1 被选举为根口，F0/2 则只能被阻断。）

```
Switch1(config)#spanning-tree mode rapid-pvst    （设置使用 RSTP 协议）
Switch1(config)#interface range  fastethernet 0/1-2
Switch1(config-if-range)#duplex full   （指定接口为全双工模式）
Switch1(config-if-range)#spanning-tree link-type point-to-point
（将链路类型标识为点到点模式）
```

③查看快速生成树协议的状态。

```
Switch1#show spanning-tree
VLAN0001
  Spanning tree enabled protocol rstp
  Root ID    Priority    4097
             Address     0040.0B7D.4393
             This bridge is the root
             Hello Time  2 sec  Max Age 20 sec  Forward Delay 15 sec
  Bridge ID  Priority    4097  (priority 4096 sys-id-ext 1)
             Address     0040.0B7D.4393
             Hello Time  2 sec  Max Age 20 sec  Forward Delay 15 sec
             Aging Time  20
Interface        Role Sts Cost    Prio.Nbr Type
Fa0/1            Desg FWD 19       128.3    P2p
```

（2）Switch2 的配置方法与 Switch1 的类似，但不用设置生成树协议的优先级，默认为 32 768。

2. 任务 2 的配置过程

（1）Switch 1 的配置：

①设置交换机的系统名、VLAN。

```
Switch>enable
Switch#configure terminal
Switch(config)#hostname Switch1
Switch1(config)#vlan 11
Switch1(config-vlan)#exit
Switch1(config)#vlan 12
Switch1(config-vlan)#exit
Switch1(config)#vlan 13
Switch1(config-vlan)#exit
Switch1(config)#vlan 14
Switch1(config-vlan)#exit
```

②设置级联端口。

```
Switch1(config)#interface fastethernet 0/1
Switch1(config-if)#switchport  mode trunk
Switch1(config-vlan)#exit
Switch1(config)#interface fastethernet 0/2
Switch1(config-if)#switchport  mode trunk
Switch1(config-if)# exit
```

③配置 MSTP 协议。

```
Switch1(config)#spanning-tree mode mst(配置 MSTP 协议,默认为 PVST)
Switch1(config)#spanning-tree mst configuration(进入 MST 的配置模式)
Switch1(config-mst)#name TEST-MST(对 MST 进行命名,Switch1 与 Switch2 的命名要
相同)
Switch1(config-mst)#revision 1(配置 MST 的 revision 编号,只有名字和 revision 编号相
同的交换机才能位于同一个 MST 区域)
Switch1(config-mst)#instance 1 vlan 11-12(把 VLAN11、VLAN12 映射到实例 1)
Switch1(config-mst)#instance 2 vlan 12-14(把 VLAN13、VLAN14 映射到实例 2,一共 3 个
MST 实例,实例 0 是系统实例)
Switch1(config-mst)#exit
Switch1(config)#spanning-tree mst 1 priority 8192(设置 Switch1 为 MST 实例 1 的
根桥)
Switch1(config)#spanning-tree mst 2 priority 12288(设置 Switch1 为 MST 实例 2 的备
份根)
```

④查看快速生成树协议的状态。

```
Switch1#show spanning-tree
MST00
  Spanning tree enabled protocol mstp
  Root ID    Priority    32768
             Address     0040.0B7D.4393
             This bridge is the root
             Hello Time 2 sec  Max Age 20 sec  Forward Delay 15 sec
  Bridge ID  Priority    32768   (priority 32768 sys-id-ext 0)
             Address     0040.0B7D.4393
             Hello Time 2 sec  Max Age 20 sec  Forward Delay 15 sec
             Aging Time  20
Interface        Role Sts Cost       Prio.Nbr Type
Fa0/1RootFWD200000       128.15P2p
Fa0/2 Altn   BLK  200000         128.17P2p Bound(PVST)
```

（2）Switch 2 的配置:

```
Switch2(config)#spanning - tree mode mst(配置 MSTP 协议,默认为 PVST)
Switch2(config)#spanning - tree mst configuration(进入 MST 的配置模式)
Switch2(config - mst)#name TEST - MST
(对 MST 进行命名,Switch1 与 Switch2 的命名要相同)
Switch2(config - mst)#revision 1(配置 MST 的 revision 编号,只有名字和 revision 编号相
同的交换机才能位于同一个 MST 区域)
Switch2(config - mst)#instance 1 vlan 11 - 12(把 VLAN11、VLAN12 映射到实例 1)
Switch2(config - mst)#instance 2 vlan 12 - 14
(把 VLAN13、VLAN14 映射到实例 2,一共 3 个 MST 实例,实例 0 是系统实例)
Switch2(config - mst)#exit
Switch2(config)#spanning - tree mst 1 priority 12288
(设置 Switch2 为 MST 实例 1 的备份根)
Switch2(config)#spanning - tree mst 2 priority 8192
(设置 Switch2 为 MST 实例 2 的根桥)
```

（3）Switch3 的配置：

①设置交换机的系统名、VLAN。

```
Switch > enable
Switch#configure terminal
Switch(config)#hostname Switch3
```

②创建 VLAN。

```
Switch3(config)#vlan 11
Switch3(config - vlan)#exit
Switch3(config)#vlan 12
Switch3(config - vlan)#exit
Switch3(config)#vlan 13
Switch3(config - vlan)#exit
Switch3(config)#vlan 14
Switch3(config - vlan)#exit
```

③向 VLAN 中添加端口。

```
Switch3(config)#interface range fastethernet 0 /3 ~ 5
Switch3(config - if - range)#switch  mode access
Switch3(config - if - range)#switchport access vlan 11
Switch3(config)#interface range fastethernet 0 /5 - 10
Switch3(config - if - range)#switch  mode access
Switch3(config - if - range)#switchport access vlan 12
Switch3(config)#interface range fastethernet 0 /11 - 15
Switch3(config - if - range)#switch  mode access
Switch3(config - if - range)#switchport access vlan 13
Switch3(config)#interface range fastethernet 0 /15 - 20
Switch3(config - if - range)#switch  mode access
Switch3(config - if - range)#switchport access vlan 14
```

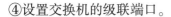

④设置交换机的级联端口。

```
Switch3(config)#interface range fastethernet 0/1-2
Switch3(config-if-range)#switch mode trunk
```

3.5.4   教学方法与任务结果

学生分组进行任务实施，可以 3~5 人一组，小组讨论，确定方案后进行讲解，教师给予指导，全体学生参与评价。方案实施完成后，用 RJ-45 网线将两台交换机连接起来，并形成环路。计算机 1 连接到交换机 A 上，计算机 2 连接到交换机 B 上，当生成树协议启用时，两个计算机能互相通信；当不启用生成树协议时，两个计算机不能互相通信。

模块 3.6   交换型以太网的组建

3.6.1   工作任务

某企业计划实现数字化办公，其中一是搭建企业内部局域网，实现企业内部网络互连、资源共享；二是实现企业内部的行政、生产、财务、销售部门网络分离，防止企业内部信息泄露。本工作任务即是完成此企业内部网络的搭建。

3.6.2   工作载体

根据设计要求，网络互联的拓扑结构如图 3-25 所示，请按图示要求完成相关网络设备的连接及安装与配置。

1. 网络连接

①按图示结构要求制作网络连接电缆。

②利用电缆正确连接网络设备。

③根据 IP 地址与子网掩码将 PC 机连接到适当的端口。

带宽聚合

2. 网络设备配置

①在交换机 Switch3 上创建 VLAN10，端口 F0/1~5 在 VLAN10；在 Switch2 上创建 VLAN20、VLAN30，端口 F0/1~5 在 VLAN20、端口 F0/6~10 在 VLAN30。

②配置 Switch3 与 Switch1 之间的两条交换机间链路。

③为了增强带宽并提供链路冗余备份，在 Switch1 与 Switch2 之间使用链路聚合技术。

④在 Switch3 与 Switch1 之间的冗余链路中使用 STP 技术来防止桥接环路的产生，并通过手工配置使 Switch1 成为 STP 的根。

⑤将 PC2 绑定于交换机 Switch3 的第 1 个端口上，此交换机的每个端口最多只允许绑定 1 台 PC，如违反规则，则自动关闭。

⑥对所有的交换机配置 VTY，密码统一为 123，要求能实现远程管理。

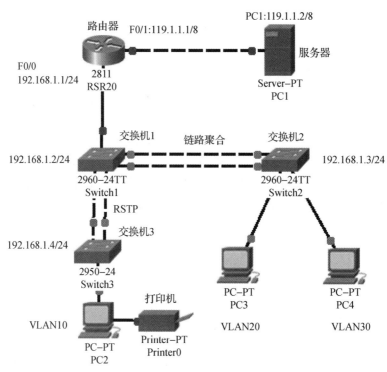

图 3-25 网络互联的拓扑结构图

1. 网络线缆的制作

通过拓扑结构图可以确定本次工作任务共需要 4 根直通双绞线、5 根交叉双绞线。

双绞线的
制作与测试

2. 拓扑布局的搭建

网络拓扑布局的搭建如下：

（1）用交叉双绞线的一端连接到 RSR20 的以太网端口 F0/1，另一端连接到计算机 PC1 的网卡上。

（2）用直通双绞线的一端连接到 RSR20 的以太网端口 F0/0，另一端连接到 Switch1 的以太网端口 F0/20。

（3）用两根交叉双绞线，一端分别连接到 Switch1 的以太网端口 F0/10、F0/11，另一端分别连接到 Switch2 的以太网端口 F0/10、F0/11。

（4）用两根交叉双绞线，一端分别连接到 Switch1 的以太网端口 F0/23、F0/24，另一端分别连接到 Switch3 的以太网端口 F0/23、F0/24。

（5）将直通双绞线的一端连接到 Switch1 的以太网端口 F0/1，另一端连接到计算机 PC2 的网卡上，PC2 再连接一台打印机。

（6）用两根直通双绞线，一端分别连接到 Switch2 的以太网端口 F0/1、F0/6，另一端连

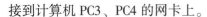

接到计算机 PC3、PC4 的网卡上。

3. 网络软件的安装与调试

在计算机中需要重新安装 TCP/IP 协议。

4. 网络设备的配置与调试

（1）在交换机 Switch3 上创建 VLAN10，端口 F0/1 ~ 5 在 VLAN10。

● 设置交换机的系统名、VLAN。

```
Switch > enable
Switch#configure terminal
Switch(config)#hostname Switch3
Switch3(config)#vlan 10
Switch3(config-vlan)#exit
```

● 向 VLAN 中添加端口。

```
Switch3(config)#interface range fastethernet 0/1-5
Switch3(config-if-range)#switch  mode access
Switch3(config-if-range)#switchport access vlan 10
```

（2）在 Switch2 上创建 VLAN20、VLAN30，端口 F0/1 ~ 5 在 VLAN20、端口 F0/6 ~ 10 在 VLAN30。

● 设置交换机的系统名、VLAN。

```
Switch > enable
Switch#configure terminal
Switch(config)#hostname Switch2
Switch2(config)#vlan 20
Switch2(config-vlan)#exit
Switch2(config)#vlan 30
Switch2(config-vlan)#exit
```

● 向 VLAN 中添加端口。

```
Switch2(config)#interface range fastethernet 0/1-5
Switch2(config-if-range)#switch  mode access
Switch2(config-if-range)#switchport access vlan 20
Switch2(config-if-range)#exit
Switch2(config)#interface range fastethernet 0/5-10
Switch2(config-if-range)#switch  mode access
Switch2(config-if-range)#switchport access vlan 30
```

（3）配置 Switch3 与 Switch1 之间的两条交换机间链路。

```
Switch3(config)#interface range fastethernet 0/22-24
Switch3(config-if-range)#switch  mode trunk
Switch1(config)#interface range fastethernet 0/22-24
Switch1(config-if-range)#switch  mode trunk
```

(4) 为了增强带宽并提供链路冗余备份, 在 Switch1 与 Switch2 之间使用链路聚合技术 (Switch1 与 Switch2 的配置基本相同, 这里只介绍 Switch1 的配置)。

- 创建聚合通道 1。

```
Switch1(config)#interface port - channel 1(创建一个聚合通道,要指定唯一的通道组号,组
号的范围是 1~6 的正整数。要取消通道,则在此命令前加"no")
```

- 向聚合通道中加入端口。

```
Switch1(config)#interface fastEthernet 0/10      (进入聚合端口)
Switch1(config - if)#channel - group 1 mode on    (将此接口加入通道 1)
Switch1(config)#interface fastEthernet 0/11      (进入聚合端口)
Switch1(config - if)#channel - group 1 mode on    (将此接口加入通道 1)
```

- 设置聚合通道端口的速率和双工状态。

```
Switch1(config)# interface port - channel 1    (进入聚合组 1)
Switch1(config - if)#switch  mode trunk
(当此接口连接交换机时,需要设置级联端口)
Switch1(config - if)#speed 100(设置聚合组中的物理端口速率为 100 Mb/s)
Switch1(config - if)#duplex full(设置聚合组中的物理端口双工状态为全双工)
Switch1(config - if)#exit
```

- 设置负载均衡模。

```
Switch1(config)#port - channel  load - balance dst - mac    (配置负载均衡模式)
```

- 查看聚合通道信息。

```
Switch1#show etherchannel   summary
```

(5) 在 Switch3 与 Switch1 之间的冗余链路中使用 STP 技术防止桥接环路的产生, 并通过手工配置使 Switch1 成为 STP 的根。

- 在交换机上启动 RSTP 协议, 设置 Switch1 为根桥。

```
Switch1(config)#spanning - tree vlan 1 priority 4096
Switch1(config)#spanning - tree mode rapid - pvst    (设置使用 RSTP 协议)
Switch1(config)#interface range  fastethernet 0/22 -24
Switch1(config - if - range)#duplex full    (指定接口为全双工模式)
Switch1(config - if - range)#spanning - tree link - type point - to - point
                        (将链路类型标识为点到点模式)
```

- 查看快速生成树协议的状态。

```
Switch1#show spanning - tree
Switch3 的配置方法与 Switch1 的类似,但不用设置生成树协议的优先级,默认为 32768。
```

(6) 将 PC2 绑定于交换机 Switch3 的第 1 个端口上, 此交换机的每个端口最多只允许绑

定 1 台 PC，如果违反规则，则自动关闭。

```
Switch3(config)#interface  fastethernet 0/1-22
(进入交换机连接计算机的所有端口)
Switch3(config-if)#switch  mode access
(将交换机的端口设置为访问模式,即用来接入计算机)
Switch3(config-if)#switchport  port-security    (打开交换机的端口安全功能)
Switch3(config-if)#switchport  port-security  maximum 1
(只允许该端口下的MAC条目最大数量为1,即只允许接入一个设备)
Switch3(config-if)# switchport  port-security  violation  shutdown
                    (违反规则就自动关闭端口)
```

（7）对所有的交换机配置 VTY，密码统一为 123，要求能实现远程管理。

```
(Switch1、Switch2、Switch3的配置基本相同,但要注意IP地址不能冲突,这里只介绍Switch1的
配置)
Switch1(config)#interface  vlan 1    (进入交换机的管理VLAN)
Switch1(config-if)#ip address 192.168.1.2  255.255.255.0
(为交换机配置IP地址和子网掩码)
Switch(config-if)#no  shutdown(激活该VLAN)
Switch1(config-if)#exit(从当前模式退到全局配置模式)
Switch1(config)#line  vty 0 4    (进入Telnet模式)
Switch1(config-line)#password 123    (设置Telnet登录密码为"123")
Switch1(config-line)#login    (登录时使用此验证方式)
Switch1#copy  running-config startup-config
(将正在运行的配置文件保存到系统的启动配置文件)
Destination filename [startup-config]?    (系统默认的文件名"startup-config")
Building configuration...
[OK]  (系统显示保存成功)
```

5. 网络连通性测试

ping 是测试网络连接状况以及信息包发送和接收状况非常有用的工具，是网络测试最常用的命令。ping 向目标主机（地址）发送一个回送请求数据包，要求目标主机收到请求后给予答复，从而判断网络的响应时间和本机是否与目标主机（地址）连通。

如果执行 ping 不成功，则可以预测故障出现在以下几个方面：网线故障；网络适配器配置不正确；IP 地址不正确。如果执行 ping 成功而网络仍无法使用，那么问题很可能出在网络系统的软件配置方面，ping 成功只能保证本机与目标主机间存在一条连通的物理路径。

（1）命令格式：

```
ping IP地址或主机名 [-t] [-a] [-n count] [-l size]
```

（2）参数含义：

- t 不停地向目标主机发送数据。
- a 以 IP 地址格式来显示目标主机的网络地址。
- n count 指定要 ping 多少次，具体次数由 count 来指定。
- l size 指定发送到目标主机的数据包的大小。

本次工作任务的结果是网络中的所有 PC 都能 ping 通，局域网内部的主机之间可以相互 ping 通，如图 3-26 所示；局域网之间的主机之间可以相互 ping 通，如图 3-27 所示。

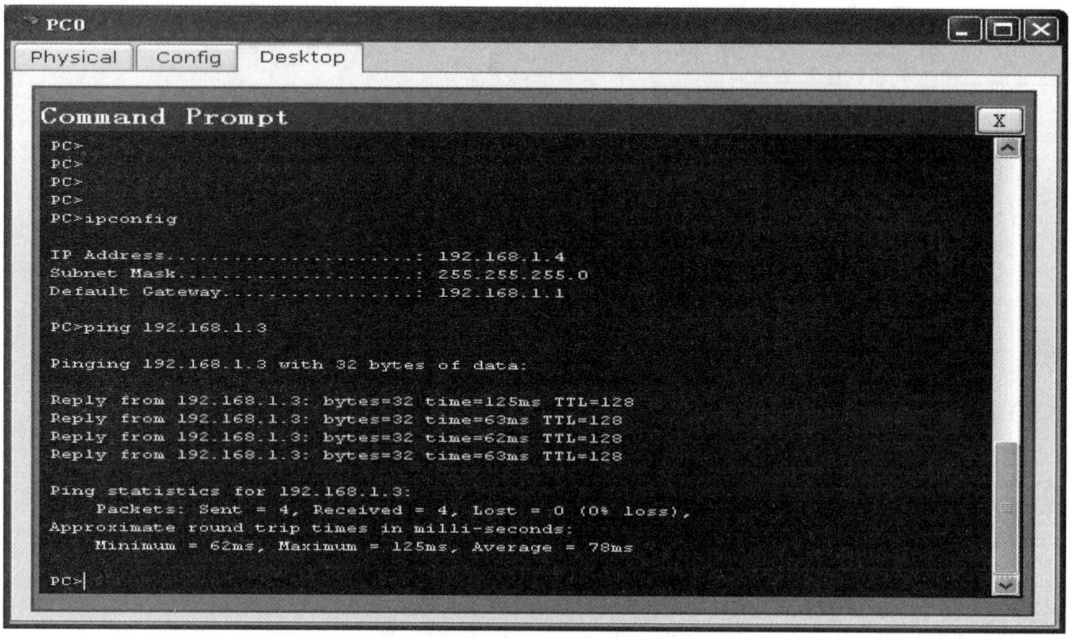

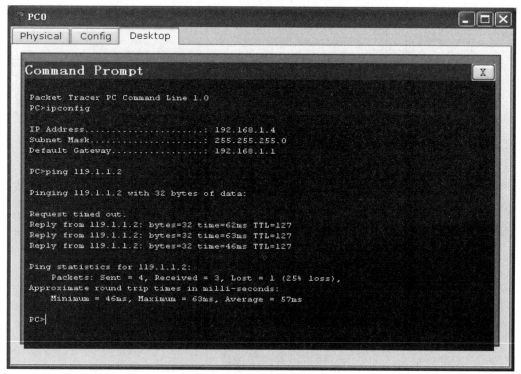

图 3-26　局域网内主机间 ping

图 3-27　局域网间各主机 ping

3.6.4　教学方法与任务结果

学生分组进行任务实施，可以 3~5 人一组，小组讨论，确定方案后进行讲解，教师给予指导，全体学生参与评价。方案实施完成后，首先要检测网络设备与计算机的连通性，确保每台计算机都可以远程登录到网络设备上进行配置与管理。

为防止企业内部信息泄露，企业内部的行政、生产、财务、销售部门实现了网络分离，同时又要实现企业内部网络互连、资源共享。将 PC2 根据端口 – MAC 地址的绑定情况连接到相应的端口上，各台计算机可以正常通信；若将连入交换机端口的各计算机进行位置调换，则计算机之间将不能互相通信，而且每个端口的最大接入量为 1 台计算机。

模块 3.7　项目拓展

3.7.1　理论拓展

3-1　选择题

1. 工作在数据链路层上的网络互联设备有（　　）。

A. 集线器　　　　　B. 交换机　　　　　C. 路由器　　　　　D. 防火墙

2. 局域网中最常用的网络拓扑结构是（　　）。

A. 星型　　　　　　B. 总线型　　　　　C. 环型　　　　　　D. 树型

3. 10BASET 采用的连接口是（　　）。

A. AUI　　　　　　B. BNC　　　　　　C. RJ – 45　　　　　D. ST

4. 在双绞线媒体情况下，跨距可达（　　）。

A. 100 m　　　　　B. 185 m　　　　　C. 200 m　　　　　D. 205 m

5. 交换机首次登录必须通过（　　）方式。

A. 超级终端　　　　　　　　　　　B. Telnet

C. Web　　　　　　　　　　　　　D. 网管软件

6. 交换机中无论当前处于何种状态，使用（　　）命令立即退回到用户视图。

A. copy　　　　　　　　　　　　　B. reboot

C. exit　　　　　　　　　　　　　D. ctrl + z

7. 系统允许同时 telnet 到交换机中的用户共有（　　）个。

A. 1　　　　　　　　B. 3　　　　　　　　C. 4　　　　　　　　D. 5

8. 10 Mb/s 交换型以太网系统中，在交换机中连接了 10 台计算机，则每个计算机得到的平均带宽是（　　）。

A. 1 Mb/s　　　　　B. 10 Mb/s　　　　　C. 2 Mb/s　　　　　D. 100 Mb/s

3-2　填空题

1. 交换机中恢复出厂设置使用的命令为_____。

2. 将某端口从 VLAN 中删除，在以太网接口模式下使用_____命令。

3. 使用_____命令可以查看交换机中 VLAN10 包括_____端口。

4. 两个交换机为了提高网络的可靠性，使用_____协议可以避免环路的发生。

5. 交换机根据_____表转发数据，若查表找不到，就广播。

3.7.2 实践拓展

1. 企业的基本要求

企业网络场景描述：这是一个采用两层配置的企业网络，核心层为两台三层交换机，接入层为二层交换机。为确保核心层可靠，采用双核心双链路，提供冗余备份，暂不考虑负载均衡，两台核心使用端口汇聚功能提高带宽。各通过划分 VLAN 的方式提高网络性能，VLAN 的具体划分情况见表 3 – 11。

表 3 – 11 VLAN 的划分情况

VLAN	分配情况
VLAN1	（默认 VLAN）网络设备管理 VLAN
VLAN2	服务器 VLAN
VLAN10	部门 1 的 VLAN
VLAN20	部门 2 的 VLAN

2. 物理连接和基本配置

（1）制作适当数量和长度的网络跳线，按照如图 3 – 28 所示的具体规定连接设备。

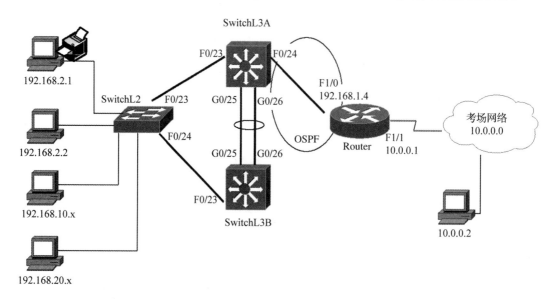

图 3 – 28 网络拓扑结构图

（2）通过配置更改设备名称，见表 3 – 12。

表 3 − 12　网络设备命名

网络设备	设备命名
路由器	Router
三层交换机	SwitchL3A、SwitchL3B
二层交换机	SwitchL2

（3）通过配置，设置四台网络设备的用户模式（Level 1）和特权模式（Level 15）的密码，启用 VTY 线路，协议为 Telnet，密码同上。

项目4

中小型企业网的组建

学习目标

◆ 了解路由器的结构与功能、路由选择的过程与方法。

◆ 能够通过 Console 口、Telnet 方式登录路由器。

◆ 掌握静态路由、动态路由协议的特点及适用情况。

◆ 掌握路由器静态路由协议、动态路由协议的配置过程。

◆ 掌握实现 VLAN 间路由的配置与应用。

◆ 能够根据用户需求组建中小型企业网。

思政目标

◆ 通过小组分工合作培养学生的协作、宽容和探索精神。

◆ 使学生在"做中学"和"学中悟"中提升正确的认识问题、分析问题和解决问题的能力，塑造正确的价值观。

◆ 鼓励学生开拓创新，为国家计算机技术发展作出贡献。

思政视窗

做一个善于协作的员工，成就一支真正的卓越团队

三个皮匠结伴而行，途中遇雨，便走进一间破庙。恰巧小庙也有三个和尚，他们看见这三个皮匠，气不打一处来，质问道："凭什么说三个臭皮匠胜过诸葛亮？凭什么说三个和尚没水喝？要修改辞典，把谬传千古的偏见颠倒过来。"尽管皮匠们再三解释，和尚们却非要"讨回公道"不可，官司一直打到玉帝那里。玉帝一言不发，把他们分别锁进两间神奇的房子里，房子阔绰舒适，生活用品一应俱全，有一口装满食物的大锅，每人只发一只长柄的勺子。三天后，玉帝把三个和尚放出来。只见他们饿得要命，皮包骨头，有气无力。玉帝奇怪地问："大锅里有饭有菜，你们为啥不吃东西？"和尚们哭丧着脸说："我们每个人手里拿的勺子，柄太长送不到嘴里，大家都吃不到。"玉帝感叹着，又把三个皮匠放出来。只见他们精神焕发，红光满面，乐呵呵地说："玉帝让我们尝到了世上最美味的东西。"和尚们不解地问："你们是怎样吃到食物的？"皮匠们异口同声地回答说："我们是互相喂着吃的。"玉

帝感慨万千地说:"可见狭隘自私,必然导致愚蠢无能;只有团结互助,才能产生聪明才智啊。"和尚们羞愧满面,窘得一句话也说不出来。所以团队协作是非常重要的,任何成功的背后都离不开一个团队的共同努力。当今社会强调团队精神,就是这种臭皮匠精神。在信息爆炸、竞争激烈的当今时代创造成功,屹立于时代的前列,克服小农意识,增强团队协作意识,就是这个时代所呼唤的精神,也必将成为当今社会新的时代主题。

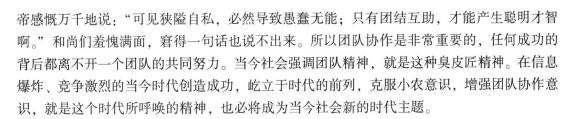

模块 4.1　认识路由器

4.1.1　工作任务

你是某公司的一位网络管理员,公司新买了两台路由器,路由器必须进行合理的调试才能使用,首先要登录路由器,了解并掌握路由器的命令行操作技巧,能够使用一些基本的命令进行配置。但公司覆盖范围较大,包括很多分公司,路由器也分别放置在不同的工作地点,如果每次配置路由器都到所在地进行现场配置,那么网络管理员的工作量就会很大,所以希望以后不用每次都到机房才能修改路由器的配置,而是在自己的办公室或出差时就可以对机房的路由器进行远程管理,现在要求你对路由器进行适当的配置来满足这一要求。

4.1.2　工作载体

设备与配线:路由器(一台)、兼容 VT-100 的终端设备或能运行终端仿真程序的计算机(一台)、RS-232 电缆(一根)、RJ-45 接头的网线。

用一台 PC 作为控制终端,通过路由器的串口登录路由器,设置 IP 地址、网关和子网掩码;给路由器配置一个和控制台终端在同一个网段的 IP 地址,开启 HTTP 服务,通过 Web 界面进行管理配置路由器。拓扑如图 4-1 所示。

图 4-1　路由器配置拓扑结构图

4.1.3　教学内容

1. 路由器的结构

路由器是一种多端口设备,它可以不同的速率传输,并运行于各种环境的局域网和广域网中,也可以采用不同的协议,工作在网络层。在互联网中,路由器起着重要作用,是互联网中连接各种局域网、广域网的主要设备。网络之间的通信通过路由器进行,它会根据信道的情况自动选择和设定路由,以最佳路径,按前后顺序发送信号的设备。它的功能有:

- 确定发送数据包的最佳路径；
- 将数据包转发到目的地。

路由器通过获知远程网络和维护路由信息来进行数据包转发，是多个 IP 网络的汇合点或结合部分。路由器主要依据目的 IP 地址来做出转发决定，使用路由表来查找数据包的目的 IP 与路由表中网络地址之间的最佳匹配。路由表最后会确定用于转发数据包的输出接口，然后路由器将数据包封装为适合该输出接口的数据链路帧。

路由表的主要用途是为路由器提供通往不同目的网络的路径。路由表中包含一组"已知"网络地址，即那些直接相连、静态配置以及动态获知的地址。

（1）路由器的基本组成：路由器是一台有特殊用途的专用计算机，专门用来做路由的计算机，它由硬件与软件组成。路由器的硬件主要由中央处理器、内存、接口、控制端口等物理硬件和电路组成；软件主要由路由器的 IOS 操作系统组成。硬件组成如图 4 - 2 所示。

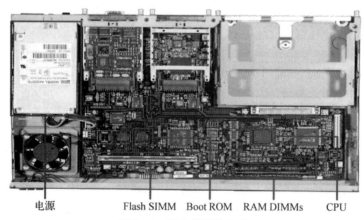

电源　　　　Flash SIMM　Boot ROM　RAM DIMMs　　CPU

图 4 - 2　路由器硬件组成

路由器主要硬件组成及其功能如下：

①中央处理器（CPU）：CPU 是路由器的控制和执行部分，包括系统初始化、路由和交换功能等。

②随机存取存储器（RAM）：RAM 用来存放正在运行的配置或活动配置文件、路由表和数据包缓冲区。设备断电后，RAM 中的数据会丢失。

③只读存储器（ROM）：用于存放加电自检程序和引导程序。

④闪存（Flash Memory）：闪存是一种可擦写的 ROM，用于存放路由器的操作系统（IOS）映像。

⑤非易失性随机存储器（NVRAM）：用于存放路由器配置文件，设备断电后，NVRAM 中的数据仍然保存完好。

⑥接口：路由器的作用就是从一个网络向另一个网络传递数据包，路由器通过接口连接到不同类型的网络上。路由器接口主要分为两组：

- LAN 接口，如 Ethernet/FastEthernet 接口（以太网/快速以太网接口）。用于连接不同 VLAN。路由器以太网接口通常使用支持 UTP 网线的 RJ - 45 接口。

● WAN 接口，如串行接口、ISDN 接口和帧中继接口。WAN 接口用于连接路由器与外部网络。这类接口一般要求速率非常高，通过该端口所连接的网络两端都要求实时同步。

路由器的背面板各种接口如图4-3所示。

图4-3 路由器背面板接口

一般情况下，还会通过一个控制端口（Console）与路由器交互，它将路由器连接到本地终端。路由器还具有一个辅助端口，它经常用于将路由器连接到调制解调器上，在网络连接失效和控制台无法使用时，进行带外管理。路由器上每个独立的接口连接到一个不同的网络，每个接口都是不同 IP 网络的成员或主机，每个接口必须配置一个 IP 地址及对应网络的子网掩码。

（2）路由器的分类：路由器产品众多，按照不同的划分标准，有多种类型。常见的分类方法有以下几种。

① 按照路由器性能档次划分，路由器可分为高、中、低档，通常将吞吐量大于 40 Gb/s 的路由器称为高档路由器，吞吐量在 25～40 Gb/s 的路由器称为中档路由器，而将低于 25 Gb/s 的看作低档路由器。这是一种笼统的划分标准，各厂家划分并不完全一致。

② 按路由器使用级别划分，可分为接入路由器、企业级路由器、骨干级路由器、双 WAN 路由器及太比特路由器等。

③ 按路由器功能，可分为宽带路由器、模块化路由器、虚拟路由器、核心路由器、无线路由器、智能流控路由器等。

2. 路由选择

路由选择是指选择通过互连网络从源结点向目的结点传输信息的通道，而且信息至少通过一个中间结点。路由选择工作在 OSI 参考模型的网络层。

路由选择包括两个基本操作，即最佳路径的判定和网间信息包的传送（交换）。两者之间，路径的判定相对复杂。

路由选择

（1）路径判定：在确定最佳路径的过程中，路由选择算法需要初始化和维护路由选择表（routing table）。路由选择表中包含的路由选择信息根据路由选择算法的不同而不同。一般在路由表中包括这样一些信息：目的网络地址、相关网络结点、对某条路径满意程度、预期路径信息等。

路由器之间传输多种信息来维护路由选择表，修正路由消息就是最常见的一种。修正路由消息通常是由全部或部分路由选择表组成，路由器通过分析来自所有其他路由器的最新消息来构造一个完整的网络拓扑结构详图。链路状态广播便是一种路由修正信息。

（2）交换过程：所谓交换，指当一台主机向另一台主机发送数据包时，源主机通过某种方式获取路由器地址后，通过目的主机的协议地址（网络层）将数据包发送到指定的路由器物理地址（介质访问控制层）的过程。

通过使用交换算法检查数据包的目的协议地址，路由器可确定其是否知道如何转发数据包。如果路由器不知道如何将数据包转发到下一个结点，将丢弃该数据包；如果路由器知道如何转发，就把物理目的地址变换成下一个结点的地址，然后转发该数据包。在传输过程中，其物理地址发生变化，但协议地址总是保持不变。

在因特网中进行路由选择要使用路由器，路由器根据所收到的报文的目的地址选择一条合适的路由（通过某一网络），将报文传送到下一个路由器，路由中最后的路由器负责将报文送交目的主机。

例如，主机 A 到主机 C 共经过了 3 个网络和 2 个路由器，跳数为 3。由此可见，若一结点通过一个网络与另一结点相连接，则此两个结点相隔一个路由段，因而在因特网中是相邻的。同理，相邻的路由器是指这两个路由器都连接在同一个网络上。一个路由器到本网络中的某个主机的路由段数算作零。如图 4-4 所示，在图中用箭头表示这些路由段。至于每一个路由段又由哪几条物理链路构成，路由器并不关心。

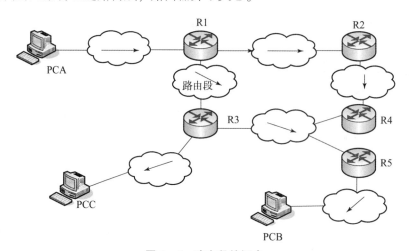

图 4-4　路由段的概念

由于网络大小可能相差很大，而每个路由段的实际长度并不相同，因此，对不同的网络，可以将其路由段乘以一个加权系数，用加权后的路由段数来衡量通路的长短。

如果把网络中的路由器看成是网络中的结点，把因特网中的一个路由段看成是网络中的一条链路，那么因特网中的路由选择就与简单网络中的路由选择相似了。采用路由段数最小的路由有时也并不一定是最理想的。例如，经过三个高速局域网段的路由可能比经过两个低速广域网段的路由快得多。

（3）通过路由表进行选路：路由器转发分组的关键是路由表。每个路由器中都保存着一张路由表，表中每条路由项都指明分组到某子网或某主机应通过路由器的哪个物理端口发送，然后就可到达该路径的下一个路由器，或者不再经过别的路由器而传送到直接相连的网络中的目的主机。

比较复杂的因特网中，各网络中的数字是该网络的网络地址。路由器 R8 与三个网络相连，因此有三个 IP 地址和三个物理端口，其路由表如图4-5 所示。

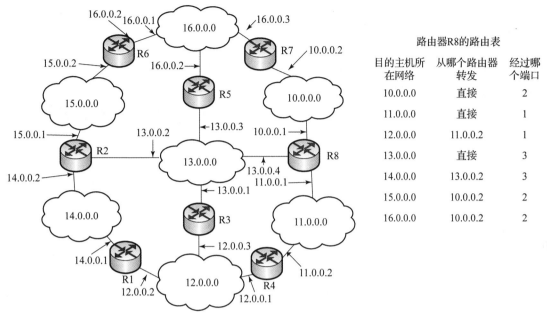

路由器R8的路由表

目的主机所在网络	从哪个路由器转发	经过哪个端口
10.0.0.0	直接	2
11.0.0.0	直接	1
12.0.0.0	11.0.0.2	1
13.0.0.0	直接	3
14.0.0.0	13.0.0.2	3
15.0.0.0	10.0.0.2	2
16.0.0.0	10.0.0.2	2

图4-5 路由表示意图

路由器支持对静态路由的配置，同时支持 RIP、OSPF、IS - IS 和 BGP 等一系列动态路由协议。另外，路由器在运行过程中，根据接口状态和用户配置，会自动获得一些直接路由。

4.1.4 任务实施

1. 通过 Console 口登录路由器

一般情况下，配置路由器的基本思路如下：

第一步：在配置路由器之前，需要将组网需求具体化、详细化，包括组网目的、路由器在网络互连中的角色、子网的划分、广域网类型和传输介质的选择、网络的安全策略和网络可靠性需求等。

第二步：根据以上要素绘出一个清晰完整的组网图。

第三步：配置路由器的广域网接口。首先，根据选择的广域网传输介质，配置接口的物理工作参数（如串口的同/异步、波特率和同步时钟等），对于拨号口，还需要配置 DCC 参数；然后，根据选择的广域网类型，配置接口封装的链路层协议以及相应的工作参数。

第四步：根据子网的划分，配置路由器各接口的 IP 地址或 IPX 网络号。

第五步：配置路由，如果需要启动动态路由协议，还需配置相关动态路由协议的工作参数。

第六步：如果有特殊的安全需求，则需进行路由器的安全性配置。

第七步：如果有特殊的可靠性需求，则需进行路由器的可靠性配置。

（1）连接路由器到配置终端：搭建本地配置环境，如图4－6所示，只需将配置口电缆的RJ－45一端与路由器的配置口相连，DB25或DB9一端与微机的串口相连。

（2）设置配置终端的参数。

第一步：打开配置终端，建立新的连接。

如果使用微机进行配置，需要在微机上运行终端仿真程序（如 Windows 3.1 的 Terminal、Windows XP/Windows 2000/Windows NT 的超级终端），建立新的连接。如图4－7所示，键入新连接的名称，单击"确定"按钮。

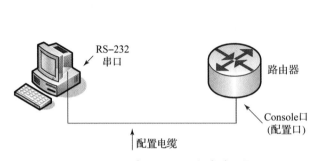

图4－6　通过 CON 口进行本地配置

图4－7　新建连接

第二步：设置终端参数。

Windows XP 超级终端参数设置方法如下：

①选择连接端口。如图4－8所示，"连接时使用"一栏选择连接的串口（注意选择的串口应该与配置电缆实际连接的串口一致）。

②设置串口参数。如图4－9所示，在串口的属性对话框中设置波特率为9 600，数据位为8，奇偶校验为无，停止位为1，流量控制为无，单击"确定"按钮，返回超级终端窗口。

图4－8　本地配置连接端口设置

图4－9　串口参数设置

（3）路由器上电前检查。

• 路由器上电之前应进行如下检查：① 电源线和地线连接是否正确；② 供电电压与路

由器的要求是否一致；③配置电缆连接是否正确，配置用微机或终端是否已经打开，并设置完毕。

上电之前，要确认设备供电电源开关的位置，以便在发生事故时，能够及时切断供电电源。

● 路由器上电：①打开路由器供电电源开关；②打开路由器电源开关（将路由器电源开关置于ON位置）。

● 路由器上电后，要进行如下检查：①路由器前面板上的指示灯显示是否正常；②上电后自检过程中的点灯顺序是：首先SLOT 1~3点亮，若SLOT 2、3点亮，表示内存检测通过；若SLOT 1、2点亮，表示内存检测不通过。

● 配置终端显示是否正常：对于本地配置，上电后可在配置终端上直接看到启动界面。启动（即自检）结束后将提示用户键入回车，当出现命令行提示符"Router >"时，即可进行配置。

（4）启动过程：路由器上电开机后，将首先运行Boot ROM程序，终端屏幕上显示如图4-10所示系统信息。

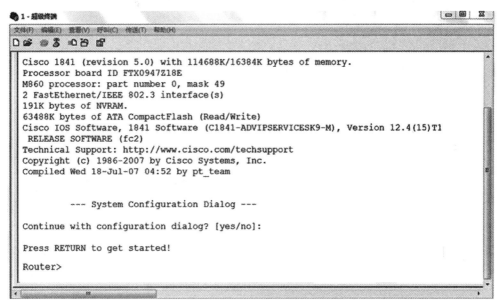

图4-10 路由器登录界面

对于不同版本的Boot ROM程序，终端上显示的界面可能会略有差别。

```
cisco 2811 (MPC860) processor (revision 0x200) with 60416K/5120K bytes of memory
（内存的大小）
  Processor board ID JAD05190MTZ (4292891495)
  M860 processor: part number 0, mask 49
  2 FastEthernet/IEEE 802.3 interface(s)（两个以太网接口）
  2 Low-speed serial(sync/async) network interface(s)（两个低速串行接口）
  239K bytes of non-volatile configuration memory.（NVRAM的大小）
  62720K bytes of ATA CompactFlash(Read/Write)（FLASH卡的大小）
```

```
Cisco IOS Software, 2800 Software (C2800NM - ADVIPSERVICESK9 - M), Version 12.4
(15)T1, RELEASE SOFTWARE (fc2)
Technical Support: http://www.cisco.com/techsupport
Copyright (c) 1985 - 2007 by Cisco Systems, Inc.
Compiled Wed 17 - Jul - 07 06:21 by pt_rel_team
          --- System Configuration Dialog ---
Continue with configuration dialog? [yes/no]:(提示是否进入配置对话模式,以"no"结束
该模式)
```

如果超级终端无法连接到路由器，请按照以下顺序进行检查：

① 检查计算机和路由器之间的连接是否松动，并确保路由器已经开机。

② 确保计算机选择了正确的 COM 口及默认登录参数。

③ 如果还是无法排除故障，而路由器并不是出厂设置，可能是路由器的登录速率不是 9 600 b/s，逐一进行检查。

④ 使用计算机的另一个 COM 口和路由器的 Console 口连接，确保连接正常，输入默认参数进行登录。

2. 通过 Telnet 登录路由器

如果不是路由器第一次上电，而且用户已经正确配置了路由器各接口的 IP 地址，并配置了正确的登录验证方式和呼入呼出受限规则，在配置终端与路由器之间有可达路由前提下，可以用 Telnet 通过局域网或广域网登录到路由器，然后对路由器进行配置。

第一步：建立本地配置环境，只需将微机以太网口通过局域网与路由器的以太网口连接，如图 4 - 11 所示。如果建立远程配置环境，需要将微机和路由器通过广域网连接，如图 4 - 12 所示。

图 4 - 11　通过局域网搭建本地配置环境

Telnet 路由器

第二步：配置路由器以太网接口 IP 地址。

```
Router > enable   (由用户模式转换为特权模式)
Router#configure terminal   (由特权模式转换为全局配置模式)
Router(config)#interface fastEthernet 0/0   (进入以太网接口模式)
Router(config - if)#ip address 192.168.1.1 255.255.255.0
(为此接口配置 IP 地址,此地址为计算机的默认网关)
Router(config - if)#no shutdown
(激活该接口,默认为关闭状态,与交换机有很大区别)
%LINK - 4 - CHANGED: Interface FastEthernet0/0, changed state to up
%LINEPROTO - 4 - UPDOWN: Line protocol on Interface FastEthernet0/0, changed
state to up(系统信息显示此接口已激活)
```

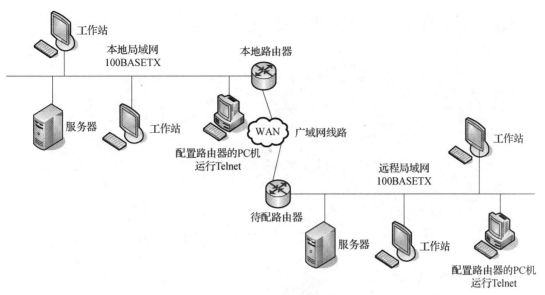

图 4–12 通过广域网搭建远程配置环境

第三步：配置路由器密码。

```
Router(config)#line vty 0 4
(进入路由器的 VTY 虚拟终端下，"vty0 4"表示 vty0 到 vty4,共 5 个虚拟终端)
Router(config-line)#password 123    (设置 Telnet 登录密码为 123)
Router(config-line)#login    (登录时进行密码验证)
Router(config-line)#exit    (由线路模式转换为全局配置模式)
Router(config)#enable  password 123    (设置进入路由器特权模式的密码)
Router(config)#exit    (由全局配置模式转换为特权模式)
Router#copy running-config startup-config
(将正在运行的配置文件保存到系统的启动配置文件)
Destination filename [startup-config]?    (默认文件名为 startup-config)
Building configuration...
[OK]    (系统提示保存成功)
```

第四步：在计算机上运行 Telnet 程序，访问路由器。

配置计算机的 IP 地址为 192.168.1.5（只要在 192.168.1.2～192.168.1.254 的范围内不冲突就可以），子网掩码为 255.255.255.0，默认网关为 192.168.1.1。首先要测试计算机与路由器的连通性，确保 ping 通，再进行 Telnet 远程登录，如图 4–13 所示。

通过 Telnet 配置路由器时，请不要轻易改变路由器的 IP 地址（因为修改可能会导致 Telnet 连接断开）。如有必要修改，须输入路由器的新 IP 地址，重新建立连接。

4.1.5 教学方法与任务结果

学生分组进行任务实施，可以 3～5 人一组，小组讨论，确定方案后进行讲解，教师给予指导，全体学生参与评价。方案实施完成后，首先要检测路由器与计算机的连通性，确保每台计算机都可以远程登录到路由器上进行配置与管理。

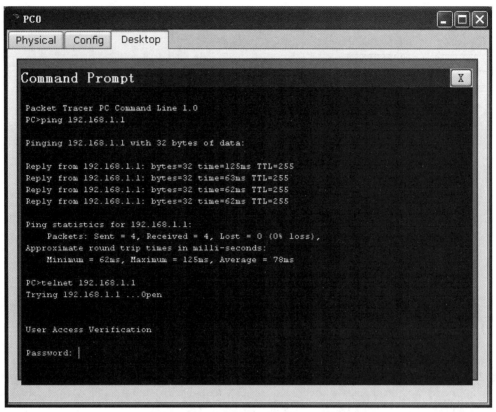

图 4 –13 与路由器建立 Telnet 连接

模块 4.2 静态路由

4.2.1 工作任务

某公司包括总公司和分公司两部分，总公司和分公司分别使用一台路由器连接 2 个部门，现在要求在路由器上做适当的配置，实现总公司和分公司各部门网络间的互通。

4.2.2 工作载体

1. 任务环境

两台路由器利用 V. 35 线缆通过 WAN 口相连，可以采用 DDN、FR 或 ISDN 等专用线路互连，通过路由器的以太网口连接主机，并使 Console 口与主机的 COM 口相连，通过超级终端登录到路由器进行配置。拓扑结构如图 4 – 14 所示。

2. 任务说明

采用 2 台路由器、4 台交换机、PC 机作为控制台终端，通过路由器的 Console 登录路由器，即用路由器随机携带的标准配置线缆的水晶头，一端插在路由器的 Console 口上，另一端的 9 针接口插在 PC 机的 COM 口上。同时，为了实现 Telnet 配置，用一根网线的一端连接

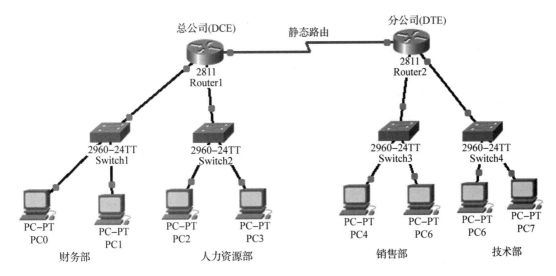

图 4 – 14 静态路由配置拓扑结构图

交换机的以太网口，另一端连接 PC 机的网口。然后两台路由器使用 V35 专用电缆通过同步串口（WAN 口）连接在一起，使用一台 PC 机进行试验并验证结果（与控制台使用同一台 PC 机）。同时，配置静态路由使之相互通信。

4.2.3 教学内容

1. 静态路由简介

所谓路由，是指为到达目的网络所进行的最佳路径选择，路由是网络层最重要的功能。在网络层完成路由功能的设备被称为路由器，路由器是专门设计用于实现网络层功能的网络互连设备。除了路由器外，某些交换机里面也可集成带网络层功能的模块即路由模块，带路由模块的交换机又称三层交换机。路由器是根据路由表进行分组转发传递的，那么路由表是如何生成的呢？

路由表生成的方法有很多。通常可划分为手工静态配置和动态协议生成两类。对应地，路由协议可划分为静态路由协议和动态路由协议两类。其中动态路由协议包括 TCP/IP 协议栈的 RIP（Routing Information Protocol，路由信息协议）、OSPF（Open Shortest Path First，开放式最短路径优先）协议；OSI 参考模型的 IS – IS（Intermediate System to Intermediate System）协议等。如图 4 – 15 所示。

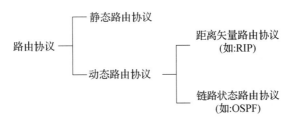

图 4 – 15 路由协议的分类

静态路由（Static Routing）是一种特殊的路由，由网络管理员采用手工方法在路由器中配置而成。在早期的网络中，网络的规模不大，路由器的数量很少，路由表也相对较小，通常采用手工的方法对每台路由器的路由表进行配置，即静态路由。这种方法适用于规模较小、路由表也相对简单的网络。它较简单，容易实现，沿用了很长一段时间。

但随着网络规模的增长，在大规模的网络中路由器的数量很多，路由表的表项较多，较为复杂。在这样的网络中对路由表进行手工配置，除了配置繁杂外，还有一个更明显的问题，就是不能自动适应网络拓扑结构的变化。对于大规模的网络而言，如果网络拓扑结构改变或网络链路发生故障，那么路由器上指导数据转发的路由表就应该发生相应的变化。如果还是采用静态路由，用手工的方法配置及修改路由表，对管理员会形成很大的压力。

但在小规模的网络中，静态路由也有它的一些优点：

（1）手工配置，可以精确控制路由选择，改进网络的性能。

（2）不需要动态路由协议参与，这将会减少路由器的开销，为重要的应用保证带宽。

为了不使路由表过于庞大，可以设置一条默认路由。凡遇到查找路由表失败后的数据包，就选择默认路由转发。

2. 路由管理策略

可以使用手工配置到某一特定目的地的静态路由，也可以配置动态路由协议与网络中其他路由器交互，并通过路由算法来发现路由。

到相同的目的地，不同的路由协议（包括静态路由）可能会发现不同的路由，但并非这些路由都是最优的。事实上，在某一时刻，到某一目的地的当前路由仅能由唯一的路由协议来决定。这样，各路由协议（包括静态路由）都被赋予了一个优先级，这样当存在多个路由信息源时，具有较高优先级的路由协议发现的路由将成为当前路由。各种路由协议的优先级见表4-1。其中，0表示直接连接的路由，255表示任何来自不可信源端的路由。

表4-1 路由协议及其发现路由的优先级

路由协议或路由种类	相应路由的优先级
DIRECT	0
OSPF	10
IS-IS	15
STATIC	60
RIP	100
OSPF ASE	150
OSPF NSSA	150
IBGP	256
EBGP	256
UNKNOWN	255

除了直连路由（DIRECT）、IBGP 及 EBGP 外，各动态路由协议的优先级都可根据用户需求，手工进行配置。另外，每条静态路由的优先级都可以不相同。

3. 路由表的形成与数据包的转发

路由器转发分组的关键是路由表。每个路由器中都保存着一张路由表，表中每条路由项都指明分组到某子网或某主机应通过路由器的哪个物理端口发送，然后就可到达该路径的下一个路由器，或者不再经过别的路由器而传送到直接相连的网络中的目的主机。

路由表中包含了下列关键项：

（1）目的地址：用来标识 IP 包的目的地址或目的网络。

（2）网络掩码：与目的地址一起来标识目的主机或路由器所在的网段的地址。将目的地址和网络掩码"逻辑与"后，可得到目的主机或路由器所在网段的地址。例如：目的地址为 129.102.8.10，掩码为 255.255.0.0 的主机或路由器所在网段的地址为 129.102.0.0。掩码由若干个连续"1"构成，既可以用点分十进制表示，也可以用掩码中连续"1"的个数来表示。

（3）输出接口：说明 IP 包将从该路由器哪个接口转发。

（4）下一跳 IP 地址：说明 IP 包所经由的下一个路由器。

（5）本条路由加入 IP 路由表的优先级：针对同一目的地，可能存在不同下一跳的若干条路由，这些不同的路由可能是由不同的路由协议发现的，也可以是手工配置的静态路由。优先级高（数值小）将成为当前的最优路由。

（6）根据路由的目的地不同，可以划分为：

- 子网路由：目的地为子网。
- 主机路由：目的地为主机。

另外，根据目的地与该路由器是否直接相连，又可分为：

- 直接路由：目的地所在网络与路由器直接相连。
- 间接路由：目的地所在网络与路由器不是直接相连。

为了不使路由表过于庞大，可以设置一条默认路由。凡遇到查找路由表失败后的数据包，就选择默认路由转发。

静态路由还有如下的属性：

（1）可达路由，正常的路由都属于这种情况，即 IP 报文按照目的地标示的路由被送往下一跳，这是静态路由的一般用法。

（2）目的地不可达的路由，当到某一目的地的静态路由具有"reject"属性时，任何去往该目的地的 IP 报文都将被丢弃，并且通知源主机目的地不可达。

（3）目的地为黑洞的路由，当到某一目的地的静态路由具有"blackhole"属性时，任何去往该目的地的 IP 报文都将被丢弃，并且不通知源主机。

4.2.4　任务实施

1. IP 地址的规划与分配

针对工作任务进行 IP 地址的规划与分配，见表 4-2。

表 4－2　IP 地址的规划与分配

设备名称	接口	IP 地址	子网掩码	默认网关
Router1	F0/0	192. 168. 1. 1	255. 255. 255. 0	无
	F0/1	192. 168. 2. 1	255. 255. 255. 0	
	S0/0/0	1. 1. 1. 1	255. 0. 0. 0	
Router2	F0/0	192. 168. 3. 1	255. 255. 255. 0	无
	F0/1	192. 168. 4. 1	255. 255. 255. 0	
	S0/0/0	1. 1. 1. 2	255. 0. 0. 0	
Switch1	VLAN1	192. 168. 1. 2	255. 255. 255. 0	192. 168. 1. 1
Switch2	VLAN1	192. 168. 2. 2	255. 255. 255. 0	192. 168. 2. 1
Switch3	VLAN1	192. 168. 3. 2	255. 255. 255. 0	192. 168. 3. 1
Switch4	VLAN1	192. 168. 4. 2	255. 255. 255. 0	192. 168. 4. 1
PC0、PC1	NIC	192. 168. 1. 3 192. 168. 1. 4	255. 255. 255. 0	192. 168. 1. 1
PC2、PC3	NIC	192. 168. 2. 3 192. 168. 2. 4	255. 255. 255. 0	192. 168. 2. 1
PC4、PC5	NIC	192. 168. 3. 3 192. 168. 3. 4	255. 255. 255. 0	192. 168. 3. 1
PC6、PC7	NIC	192. 168. 4. 3 192. 168. 4. 4	255. 255. 255. 0	192. 168. 4. 1

2. 完成网络拓扑的搭建

（1）将广域网电缆的 DCE 端连接路由器 Router1 的广域网接口（S0/0/0），DTE 端连接路由器 Router2 的广域网接口（S0/0/0）。

（2）将 PC0、PC1 连接交换机 Switch1 的 F0/2 口和 F0/3 口；将 PC2、PC3 连接交换机 Switch2 的 F0/2 口和 F0/3 口；将 PC4、PC5 连接交换机 Switch3 的 F0/2 口和 F0/3 口；将 PC6、PC7 连接交换机 Switch4 的 F0/2 口和 F0/3 口。

（3）将交换机 Switch1 的 F0/1 口连接路由器 Router1 的局域网 F0/0 口；将交换机 Switch2 的 F0/1 口连接路由器 Router1 的局域网 F0/1 口；将交换机 Switch3 的 F0/1 口连接路由器 Router2 的局域网 F0/0 口；将交换机 Switch4 的 F0/1 口连接路由器 Router2 的局域网 F0/1 口。

（4）确保所有计算机和网络设备电源已打开。

3. 配置网络设备

（1）路由器 Router1 的配置：

```
Router > enable      （由用户模式转到特权模式）
Router#configure terminal      （进入全局配置模式）
Router(config)#hostname Router1      （设置系统名为"Router1"）
Router1(config)#interface fastEthernet 0/0      （进入 F0/0 接口）
Router1(config-if)#ip address 192.168.1.1 255.255.255.0      （为 F0/0 口指定 IP 地址）
Router1(config-if)#no shutdown      （激活该端口）
%LINK-4-CHANGED: Interface FastEthernet0/0, changed state to up
%LINEPROTO-4-UPDOWN: Line protocol on Interface FastEthernet0/0, changed
state to up      （系统显示该端口已被激活）
Router1(config-if)#exit      （由接口模式退到全局配置模式）
Router1(config)#interface fastEthernet 0/1      （进入 F0/1 接口）
Router1(config-if)#ip  address 192.168.2.1 255.255.255.0      （为 F0/1 口指定 IP
地址）
Router1(config-if)#no shutdown      （激活该端口）
%LINK-4-CHANGED: Interface FastEthernet0/1, changed state to up
%LINEPROTO-4-UPDOWN: Line protocol on Interface FastEthernet0/1, changed
state to up（系统显示该端口已被激活）
Router1(config-if)#exit
Router1(config)#interface serial 0/0/0      （进入广域网 S0/0/0 接口）
Router1(config-if)#ip address 1.1.1.1 255.0.0.0
Router1(config-if)#clock rate 64000
（DCE 端需要在广域网接口配置时钟,时钟通常为 64000,DTE 端不需要配置时钟）
Router1(config-if)#no shutdown
%LINK-4-CHANGED: Interface Serial0/0/0, changed state to down（系统显示该接口仍然
处于关闭状态,此时属于正常状态,当路由器 Router2 的广域网接口配置好后,该接口自动转换为 UP 的状态）
Router1(config-if)#exit      （只能在全局配置模式下配置路由）
Router1(config)#ip route 192.168.3.0 255.255.255.0 1.1.1.2
（配置到达 192.168.3.0 网络的路由,下一跳段为 1.1.1.2）
Router1(config)#ip route 192.168.4.0 255.255.255.0 1.1.1.2
（配置到达 192.168.4.0 网络的路由,下一跳段为 1.1.1.2）
Router1(config)#exit
Router1#      （只能在特权模式下对系统设置进行保存）
%SYS-4-CONFIG_I: Configured from console by console
Router1#copy  running-config  startup-config
（将正在配置的运行文件保存到系统的启动配置文件）
Destination filename [startup-config]?      （系统默认文件名为"startup-config"）
Building configuration...
[OK]
Router1#show ip route      （只有当所有的路由器都配置完成后,才能查看到完整的路由表）
Codes: C - connected, S - static, I - IGRP, R - RIP, M - mobile, B - BGP
        D - EIGRP, EX - EIGRP external, O - OSPF, IA - OSPF inter area
N1 - OSPF NSSA external type 1, N2 - OSPF NSSA external type 2
E1 - OSPF external type 1, E2 - OSPF external type 2, E - EGP
        i - IS-IS, L1 - IS-IS level-1, L2 - IS-IS level-2, ia - IS-IS inter area
        * - candidate default, U - per-user static route, o - ODR
        P - periodic downloaded static route
```

Gateway of last resort is not set

C   1.0.0.0/8 is directly connected, Serial0/0/0("C"表示直连路由)

C   192.168.1.0/24 is directly connected, FastEthernet0/0

C   192.168.2.0/24 is directly connected, FastEthernet0/1

S   192.168.3.0(目的网络)/24(子网掩码) [1/0] via(下一跳段) 1.1.1.2

S   192.168.4.0/24 [1/0] via 1.1.1.2 ("S"表示静态路由)

（2）路由器 Router2 的配置：

Router >enable   （由用户模式转到特权模式）

Router#configure terminal   （进入全局配置模式）

Router(config)#hostname Router2   （设置系统名为"Router2"）

Router2(config)#interface fastEthernet 0/0   （进入 F0/0 接口）

Router2(config-if)#ip address 192.168.3.1 255.255.255.0   （为 F0/0 口指定 IP 地址）

Router2(config-if)#no shutdown   （激活该端口）

%LINK-4-CHANGED: Interface FastEthernet0/0, changed state to up

%LINEPROTO-4-UPDOWN: Line protocol on Interface FastEthernet0/0, changed

state to up   （系统显示该端口已被激活）

Router2(config-if)#exit   （由接口模式退到全局配置模式）

Router2(config)#interface fastEthernet 0/1   （进入 F0/1 接口）

Router2(config-if)#ip address 192.168.4.1 255.255.255.0   （为 F0/1 口指定 IP 地址）

Router2(config-if)#no shutdown   （激活该端口）

%LINK-4-CHANGED: Interface FastEthernet0/1, changed state to up

%LINEPROTO-4-UPDOWN: Line protocol on Interface FastEthernet0/1, changed

state to up   （系统显示该端口已被激活）

Router2(config-if)#exit

Router2(config)#interface serial 0/0/0   （进入广域网 S0/0/0 接口）

Router2(config-if)#ip address 1.1.1.2 255.0.0.0

Router2(config-if)#no shutdown

%LINK-4-CHANGED: Interface Serial0/0/0, changed state to up

Router2(config-if)#exit   （只能在全局配置模式下配置路由）

Router2(config)#ip route 192.168.1.0 255.255.255.0 1.1.1.1

（配置到达 192.168.1.0 网络的路由,下一跳段为 1.1.1.1）

Router2(config)#ip route 192.168.2.0 255.255.255.0 1.1.1.1

（配置到达 192.168.2.0 网络的路由,下一跳段为 1.1.1.1）

Router2(config)#exit

Router2#   （只能在特权模式下对系统设置进行保存）

%SYS-4-CONFIG_I: Configured from console by console

Router1#copy running-config startup-config

（将正在配置的运行文件保存到系统的启动配置文件）

Destination filename [startup-config]?   （系统默认文件名为"startup-config"）

Building configuration...

[OK]

Router2#show ip route   （查看路由器 Router2 的路由表）

Codes: C - connected, S - static, I - IGRP, R - RIP, M - mobile, B - BGP

    D - EIGRP, EX - EIGRP external, O - OSPF, IA - OSPF inter area

```
N1 - OSPF NSSA external type 1, N2 - OSPF NSSA external type 2
E1 - OSPF external type 1, E2 - OSPF external type 2, E - EGP
     i - IS - IS, L1 - IS - IS level - 1, L2 - IS - IS level - 2, ia - IS - IS inter area
     * - candidate default, U - per - user static route, o - ODR
     P - periodic downloaded static route
Gateway of last resort is not set
C     1.0.0.0/8 is directly connected, Serial0/0/0
C     192.168.3.0/24 is directly connected, FastEthernet0/0
C     192.168.4.0/24 is directly connected, FastEthernet0/1
S     192.168.1.0/24 [1/0] via 1.1.1.1
S     192.168.2.0/24 [1/0] via 1.1.1.1
```

（3）交换机 IP 地址、默认网关的配置，以 Switch1 为例：

```
Switch > enable
Switch#configure terminal
Switch(config)#hostname Switch1      (将交换机的系统名改为"Switch1")
Switch1(config)#interface vlan 1      (进入交换机的管理 VLAN)
Switch1(config - if)#ip address 192.168.1.2 255.255.255.0      (为交换机指定 IP 地址)
Switch1(config - if)#no shutdown
%LINK - 4 - CHANGED: Interface Vlan1, changed state to up
%LINEPROTO - 4 - UPDOWN: Line protocol on Interface Vlan1, changed state to up
(系统显示当前已激活)
Switch1(config - if)#exit      (设置网关需在全局配置模式下进行)
Switch1(config)#ip default - gateway 192.168.1.1      (设置默认网关)
Switch1(config)#exit
Switch1#
%SYS - 4 - CONFIG_I: Configured from console by console
Switch1#copy  running - config startup - config      (退到特权模式进行保存)
Destination filename [startup - config]?
Building configuration...
[OK]
```

（4）为计算机指定 IP 地址和网关，并使用 ping 命令进行网络的连通性测试。

例如，PC0 通过使用"ipconfig"命令查看 IP 地址和网关的配置情况，利用 ping 命令测试与其他所有的 PC 是否能通信，如图 4 - 16 所示。

（5）静态路由配置的故障诊断与排除。

故障之一：路由器没有配置动态路由协议，接口的物理状态和链路层协议状态均已处于 UP，但 IP 报文不能正常转发。

故障排除：

① 用 show ip route protocol static 命令查看是否正确配置静态路由。

② 用 show ip route 命令查看该静态路由是否已经生效。

③ 查看是否在 NBMA 接口上未指定下一跳地址或指定的下一跳地址不正确，并查看 NBMA 接口的链路层二次路由表是否配置正确。

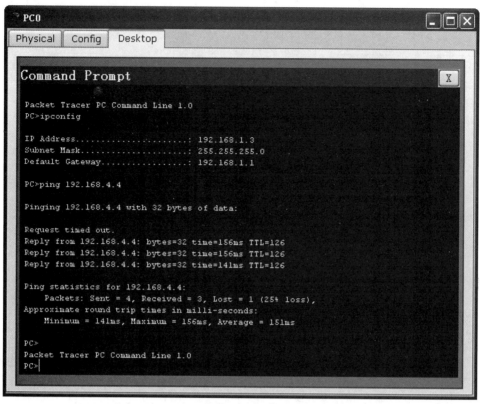

图 4 - 16　连通性测试

教学方法与任务结果

学生分组进行任务实施，可以 3~5 人一组，小组讨论，确定方案后进行讲解，教师给予指导，全体学生参与评价。方案实施完成后，首先要检测路由器的配置情况，通过 ping 命令进行测试，确保不同的网络可以通过路由器进行通信，实现不同网络的互通。

模块 4.3　距离矢量路由协议

4.3.1　工作任务

某公司使用 3 台路由器连接 3 个部门，需要将 3 台路由器通过广域网链路连接在一起并进行适当的配置，以实现全网互通。为了便于管理员在未来将总公司和分公司扩充网络数量时，不需要同时更改路由器的配置，计划使用距离矢量路由协议实现网络之间的互通。

4.3.2　工作载体

某公司三个子公司通过路由器进行连接，网络拓扑结构如图 4 - 17 所示，编址结构见表 4 - 3。

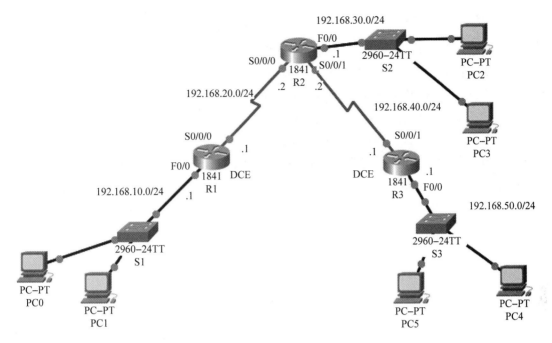

图 4-17 公司拓扑结构图

表 4-3 地址表

设备	接口	IP 地址	子网掩码	默认网关
R1	F0/0	192. 168. 10. 1	255. 255. 255. 0	
	S0/0/0	192. 168. 20. 1	255. 255. 255. 0	
R2	F0/0	192. 168. 30. 1	255. 255. 255. 0	
	S0/0/0	192. 168. 20. 2	255. 255. 255. 0	
	S0/0/1	192. 168. 40. 2	255. 255. 255. 0	
R3	F0/0	192. 168. 50. 1	255. 255. 255. 0	
	S0/0/1	192. 168. 40. 1	255. 255. 255. 0	
PC0	NIC	192. 168. 10. 2	255. 255. 255. 0	192. 168. 10. 1
PC1	NIC	192. 168. 10. 3	255. 255. 255. 0	192. 168. 10. 1
PC2	NIC	192. 168. 30. 2	255. 255. 255. 0	192. 168. 30. 1
PC3	NIC	192. 168. 30. 3	255. 255. 255. 0	192. 168. 30. 1
PC4	NIC	192. 168. 50. 2	255. 255. 255. 0	192. 168. 50. 1
PC5	NIC	192. 168. 50. 3	255. 255. 255. 0	192. 168. 50. 1

教学内容

为了使用动态路由，互联网的中的路由器必须运行相同的路由选择协议，执行相同的路由选择算法。目前，最广泛的路由协议有两种：一种是 RIP（Routing Information Protocol，路由信息协议），另一种是 OSPF（Open Shortest Path First，开放式最短路径优先）协议。RIP 采用距离 - 矢量算法，OSPF 则使用链路 - 状态算法。

不管采用何种路由选择协议和算法，路由信息应以准确、一致的观点反映新的互联网拓扑结构。当一个互联网中的所有路由器都运行着相同的、精确的、足以反映当前互联网拓扑结构的路由信息时，称路由已经收敛（convergence）。快速收敛是路由选择协议最希望具有的特征，因为它可以尽量避免路由器利用过时的路由信息选择可能是不正确或不经济的路由。

RIP 是一种较为简单的内部网关协议（Interior Gateway Protocol，IGP），主要用于规模较小的网络中。由于 RIP 的实现较为简单，协议本身的开销对网络的性能影响比较小，并且在配置和维护管理方面也比 OSPF 或 IS - IS 容易，因此在实际组网中仍有广泛的应用。

1. 距离 - 矢量路由选择算法

距离 - 矢量路由选择算法，也称为贝尔曼 - 福特算法，其基本思想是路由器周期性地向其相邻路由器广播自己知道的路由信息，用于通知相邻路由器自己可以到达的网络以及到达该网络的距离（通常用"跳数"表示），相邻路由器可以根据收到的路由信息修改和刷新自己的路由表。如图 4 - 18 所示。

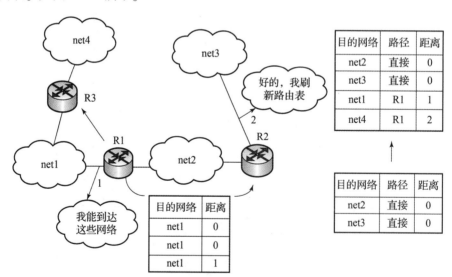

图 4 - 18 距离 - 矢量路由选择算法基本思想

路由器 R1 向相邻的路由器（如 R2）广播自己的路由信息，通知 R2 自己可以到达 net1、net2 和 net4。由于 R1 送来的路由信息包含了两条 R2 不知道的路由（到达 net1 和 net4 的路由），于是 R2 将 net1 和 net4 加入自己的路由表，并将下一跳路由器指定为 R1。也就是说，如果 R2 收到目的网络为 net1 和 net4 的 IP 数据报，它将转发给路由器 R1，由 R1 进行再次投递。由于 R1 到达网络 net1 和 net4 的距离分别为 0 和 1，因此，R2 通过 R1 到达这两个网络的距离分别是 1 和 2。

下面对距离 – 矢量路由选择算法进行具体描述。

首先，路由器启动时对路由表进行初始化，该初始路由表包含所有去往与本路由器直接相连的网络路径。因为去往直接相连的网络不经过之间路由器，所以初始化的路由表中各路径的距离均为 0。图 4 – 19（a）显示了路由器 R1 附近的互联网拓扑结构，图 4 – 19（b）给出了路由器 R1 的初始路由表。

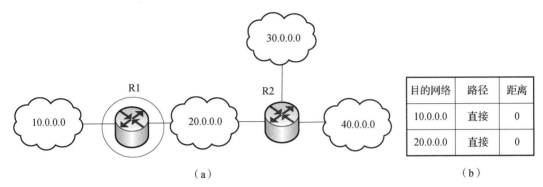

目的网络	路径	距离
10.0.0.0	直接	0
20.0.0.0	直接	0

（a）　　　　　　　　　　　　　　　（b）

图 4 – 19　路由器启动是初始化路由表

（a）路由器 R1 附近的网络拓扑；（b）路由器 R1 的初始路由表

然后，各路由器周期性地向其相邻路由器广播自己的路由表信息。与该路由器直接相连（位于同一物理网络）的路由器收到该路由表报文后，据此对本地路由表进行刷新，刷新时，路由器逐项检查来自相邻路由器的路由信息报文，遇到下列项目，须修改本地路由表（假设路由器 R1 收到的路由信息报文）。

（1）R2 列出的某项目在 R1 路由表中没有，则 R1 路由表中增加相应项目，其"目的网络"是 R2 表中的"目的网络"，其"距离"为 R2 表中的距离加 1，而"路径"则为 R2。

（2）R2 去往某目的地的距离比 R1 去往该目的地的距离减 1 还小。这种情况说明 R1 去往某目的网络如果经过 R1，距离会更短。于是，R1 需要修改本表中的内容，其"目的网络"不变，"距离"为 R2 表中的距离加 1，"路径"为 R2。

（3）R1 去往某目的地经过 R2，而 R2 去往该目的地的路径发生变化。则

① 如果 R2 不再包含去往某目的地的路径，则 R1 中相应路径需删除。

② 如果 R2 去往某目的地的距离发生变化，则 R1 表中相应的"距离"需修改，以 R2 中的"距离"加 1 取代之。

距离 – 矢量路由选择算法的最大优点是算法简单、易于实现。但是，由于路由器的路径变化需要像波浪一样从相邻路由器传播出去，过程非常缓慢，有可能造成慢收敛等问题，因此，它不适合应用于路由剧烈变化的或大型的互联网网络环境。另外，距离 – 矢量路由选择算法要求互联网中的每个路由器都参与路由信息的交换和计算，而且需要交换的路由信息报文和自己的路由表的大小几乎一样，因此，需要交换的信息量极大。

表 4 – 4 假设 R1 和 R2 为相邻路由器，对距离 – 矢量路由选择算法给出了直观说明。

表 4 – 4　按照距离 – 矢量路由选择算法更新路由表

R1 原路由表			R2 广播的路由信息		R1 刷新后的路由表		
目的网络	路径	距离	目的网络	距离	目的网络	路径	距离
15. 0. 0. 0	直接	0	30. 0. 0. 0	0	15. 0. 0. 0	直接	0
42. 0. 0. 0	R3	5	15. 0. 0. 0	2	30. 0. 0. 0	R2	1
86. 0. 0. 0	R2	4	86. 0. 0. 0	2	42. 0. 0. 0	R3	5
95. 0. 0. 0	R5	3	95. 0. 0. 0	1	86. 0. 0. 0	R2	4
210. 0. 0. 0	R2	2	210. 0. 0. 0	2	95. 0. 0. 0	R2	2
219. 0. 0. 0	R4	8			210. 0. 0. 0	R2	3
220. 0. 0. 0	R2	6			219. 0. 0. 0	R4	8

2. RIP 协议

距离 – 矢量路由选择算法它规定了路由器之间交换路由信息的时间、交换信息的格式、错误的处理等内容。

在通常情况下，RIP 协议规定路由器每 30 s 与其相邻的路由器交换一次路由信息，该信息来源于本地的路由表，其中，路由器到达目的网络的距离以"跳数（Hop Count）"计算，称为路由权（Routing Cost）。在 RIP 中，路由器到与它直接相连网络的跳数为 0，通过一个路由器可达的网络的跳数为 1，其余依此类推。

RIP 协议除严格遵守距离 – 矢量路由选择算法进行路由广播与刷新外，在具体实现过程中还做了某些改进，主要包括：

（1）对相同开销路由的处理。在具体应用中，可能会出现有若干条距离相同的路径可以到达同一网络的情况。对于这种情况，通常按照先入为主的原则解决，如图 4 – 20 所示。

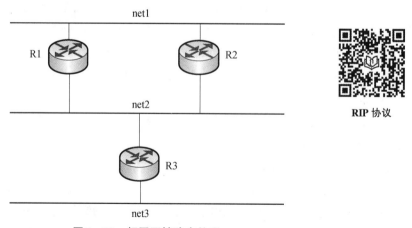

图 4 – 20　相同开销路由处理

由于路由器 R1 和 R2 都与 net1 直接相连，所以它们都向相邻路由器 R3 发送到达 net1 距离为 0 的路由信息。R3 按照先入为主的原则，先收到哪个路由器的路由信息报文，就将去往 net1 的路径定为哪个路由器，直到该路径失效或被新的更短的路径代替。

（2）对过时路由的处理。根据距离－矢量路由选择算法，路由表中的一条路径被刷新是因为出现了一条开销更小的路径，否则该路径会在路由表中保持下去。按照这种思想，一旦某条路径发生故障，过时的路由表项会在互联网中长期存在下去。在图 5－25 中，假如 R3 到达 net1 经过 R1，如果 R1 发生故障，不能向 R3 发送路由刷新报文，那么，R3 关于到达 net1 需要经过 R1 的路由信息将永远保持下去，尽管这是一条坏路由。

为了解决这个问题，RIP 协议规定，参与 RIP 选路的所有机器都要为其路由表的每个表目增加一个定时器，在收到相邻路由器发送的路由刷新报文中如果包含此路径的表目，则将定时器清零，重新开始计时。如果在规定时间内一直没有收到关于该路径的刷新信息，定时器时间到，说明该路径已经失效，需要将它从路由表中删除。RIP 协议规定路径的超时时间为 180 s，相当于 6 个刷新周期。

3. 慢收敛问题及对策

慢收敛问题是 RIP 协议的一个严重缺陷。那么，慢收敛问题是怎样产生的呢？

图 4－21 是一个正常的互联网拓扑结构，从 R1 可直接到达 net1，从 R2 经 R1（距离为 1）也可到达 net1。这种情况下，R2 收到 R1 广播的刷新报文后，会建立一条距离为 1 的路由，经 R1 到达 net1 的路由。

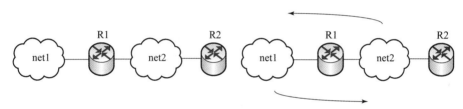

图 4－21 慢收敛问题的产生

现在，假设从 R1 到 net1 的路径因故障而崩溃，但 R1 仍然可以正常工作。当然，R1 一旦检测到 net1 不可到达，会立即将去往 net1 的路由废除。然后会发生两种可能：

（1）在收到来自 R2 的路由刷新报文之前，R1 将修改后的路由信息广播给相邻的路由器 R2，于是 R2 修改自己的路由表，将原来经 R1 去往 net1 的路由删除，这没有什么问题。

（2）R2 赶在 R1 发送新的路由刷新报文之前，广播自己的路由刷新报文。该报文中必然包含一条说明 R2 经过一个路由器可以到达 net1 的路由。由于 R1 已经删除了到达 net1 的路由，按照距离－矢量路由选择算法，R1 会增加通过 R2 到达 net1 的新路径，不过路径的距离变为 2。这样，在路由器 R1 和 R2 之间就形成了环路。R2 认为通过 R1 可以到达 net1，R1 则认为通过 R2 可以到达 net1。尽管路径的"距离"会越来越大，但该路由信息不会从 R1 和 R2 的路由表中消失。这就是慢收敛问题产生的原因。

为了解决慢收敛问题，RIP 协议采用以下解决对策：

（1）限制路径最大"距离"对策：产生路由环以后，尽管无效的路由不会从路由表中消失，但是其路径的"距离"会变得越来越大。为此，可以通过限制路径的最大"距离"来加速路由表的收敛。一旦"距离"到达某一最大值，就说明该路由不可达，需要从路由表中删除。为限制收敛时间，RIP 规定 cost 取值 0～15 之间的整数，大于或等于 16 的跳数被定义为无穷大，即目的网络或主机不可达。在限制路径最大距离为 16 的同时，也限制了应用 RIP 协议的互联网规模。在使用 RIP 协议的互联网中，每条路径经过的路由器数目不应超过 15 个。

（2）水平分割对策（split horizon）：当路由器从某个网络接口发送 RIP 路由刷新报文时，其中不能包含从该接口获取的路由信息，这就是水平分割政策的基本原理。在图 5 – 26 中，如果 R2 不把从 R1 获得的路由信息再广播给 R1，R1 和 R2 之间就不可能出现路由环，这样就可避免慢收敛问题的发生。

（3）保持对策（hold down）：仔细分析慢收敛的原因，会发现崩溃路由的信息传播比正常路由的信息传播慢了许多。针对这种现象，RIP 协议的保持对策规定在得知目的网络不可达后的一定时间内（RIP 规定为 60 s），路由器不接收关于此网络的任何可到达性信息。这样，可以给路由崩溃信息以充分的传播时间，使它尽可能赶在路由环形成之前传出去，防止慢收敛问题的出现。

（4）带触发刷新的毒性逆转对策（posion reverse）：当某路径崩溃后，最早广播此路由的路由器将原路由保留在若干路由刷新报文中，但指明该路由的距离为无限长（距离为 16）。与此同时，还可以使用触发刷新技术，一旦检测到路由崩溃，立即广播刷新报文，而不必等待下一个刷新周期。

4. RIP 协议与子网路由

RIP 协议的最大优点是配置和部署相当简单。早在 RIP 协议的第一个版本被正式颁布之前，它就已经被写成各种程序并被广泛使用。但是，RIP 的第一个版本是以标准的 IP 互联网为基础的，它使用标准的 IP 地址，并不支持子网路由。直到第二个版本的出现，才结束了 RIP 协议不能为子网选路的历史。与此同时，RIP 协议的第二个版本还具有身份验证、支持多播等特性。

5. RIP 配置

（1）启动 RIP 后，将进入 RIP 视图，请在系统视图下进行下列配置，见表 4 – 5。

表 4 – 5　启动 RIP

操作	命令
启动 RIP，进入 RIP 路由模式	Router rip
停止 RIP 协议的运行	no router rip

默认情况下，不运行 RIP。RIP 的大部分特性都需要在 RIP 视图下配置，接口视图下也有部分 RIP 相关属性的配置。如果启动 RIP 前先在接口视图下进行了 RIP 相关的配置，这些配置只有在 RIP 启动后才会生效。需要注意的是，在执行 no router rip 命令关闭 RIP 后，接口上与 RIP 相关的配置也将被删除。

（2）在指定网段，使能 RIP 为了灵活地控制 RIP 工作，可以指定某些接口，将其所在的相应网段配置成 RIP 网络，使这些接口可收发 RIP 报文。请在 RIP 视图下进行下列配置，见表 4 – 6。

表 4 – 6 在指定网段使能 RIP

操作	命令
在指定的网络接口上应用 RIP	network *network – address*
在指定的网络接口上取消应用 RIP	no network *network – address*

RIP 只在指定网段上的接口运行；对于不在指定网段上的接口，RIP 既不在它上面接收和发送路由，也不将它的接口路由转发出去。因此，RIP 启动后必须指定其工作网段。*network – address* 为使能或不使能的网络的地址，也可配置为各个接口 IP 网络的地址。

当对某一地址使用命令 network 时，效果是使能该地址的网段的接口。例如：network 129.102.1.1，用 show running – config 和 show ipprotocols 命令看到的均是 network 129.102.0.0。默认情况下，任何网段都未使能 RIP。

对于 RIP – 1，路由协议在发布路由信息时，有如下情况需要注意：

① 如果当前路由的目的地址和发送接口的地址不在同一主网，那么对于这种路由，则不发送给邻居；对于子网路由，则按自然网段聚合后发送给邻居。

② 如果当前的路由的目的地址和发送接口地址在同一主网，那么如果路由的目的地址的掩码和接口掩码不相等，就不发送给邻居；否则直接发送给邻居。

（3）配置 RIP 的路由聚合：

① 路由聚合是指同一自然网段内的不同子网的路由在向外（其他网段）发送时，聚合成一条自然掩码的路由发送。这一功能主要用于减小路由表的尺寸，进而减少网络上的流量。

② 路由聚合对 RIP – 1 不起作用。RIP – 2 支持无类地址域间路由。当需要将所有子网路由广播出去时，可关闭 RIP – 2 的路由聚合功能。请在 RIP 视图下进行下列配置，见表 4 – 7。默认情况下，RIP – 2 启用路由聚合功能。

表 4 – 7 配置 RIP 路由聚合

操作	命令
启动 RIP – 2 的路由聚合功能	Auto – summary
关闭 RIP – 2 的路由聚合功能	No auto – summary

（4）配置接口的 RIP 版本：

RIP 有 RIP – 1 和 RIP – 2 两个版本，可以指定接口所处理的 RIP 报文版本。

RIP – 1 的报文传送方式为广播方式。RIP – 2 有两种报文传送方式：广播方式和组播方式，默认将采用组播方式发送报文。RIP – 2 中组播地址为 224.0.0.9。组播发送报文的好处是在同一网络中那些没有运行 RIP 的主机可以避免接收 RIP 的广播报文；另外，以组播方式发送报文还可以使运行 RIP – 1 的主机避免错误地接收和处理 RIP – 2 中带有子网掩码的路由。当接口运行 RIP – 2 时，也可接收 RIP – 1 的报文。请在接口视图下进行下列配置，见表 4 – 8。默认情况下，接口接收和发送 RIP – 1 报文；指定接口 RIP 版本为 RIP – 2 时，默认使用组播形式传送报文。

表 4 – 8　配置接口的 RIP 版本

操作	命令
指定接口的 RIP 版本为 RIP – 1	version 1
指定接口的 RIP 版本为 RIP – 2	version 2 ［ broadcast ｜ multicast ］
将接口运行的 RIP 版本恢复为默认值	No version ｛ 1 ｜ 2 ｝

（5）配置 RIP 报文认证：

①RIP – 1 不支持报文认证。但当接口运行 RIP – 2 时，可以配置报文的认证方式。

②RIP – 2 支持两种认证方式：明文认证和 MD5 密文认证。MD5 密文认证的报文格式有两种：一种遵循 RFC1723（RIP Version 2 Carrying Additional Information），另一种遵循 RFC2082（RIP – 2 MD5 Authentication）。

明文认证不能提供安全保障。未加密的认证字随报文一同传送，所以明文认证不能用于安全性要求较高的情况。请在接口视图下进行下列配置，见表 4 – 9。

表 4 – 9　设置对 RIP 报文认证

操作	命令
对 RIP – 2 进行明文认证	Ip rip authenticationmode test
对 RIP – 2 进行通用的 MD5 认证	Ip rip authenticationmode md5
对 RIP – 2 进行非标准兼容的 MD5 认证	rip authentication – mode md5 nonstandard *key – string key – id*
取消对 RIP – 2 的认证	No ip rip authenticationmode

如果配置 MD5 认证，则必须配置 MD5 的类型。其中，usual 类型支持 RFC1723 规定的报文格式，nonstandard 类型支持 RFC2082 规定的报文格式。

（6）RIP 显示和调试：在完成上述配置后，在所有视图下执行 display 命令可以显示配置后 RIP 的运行情况，用户可以通过查看显示信息验证配置的效果。在用户视图下执行 debugging 命令可对 RIP 进行调试，见表 4 – 10。

表 4 – 10　RIP 显示和调试

操作	命令
显示 RIP 的当前运行状态及配置信息	Show ip protocols
显示 RIP 数据库信息	Show ip rip database
打开 RIP 的报文调试信息开关	Debug ip rip
关闭 RIP 的报文调试信息开关	No Debug ip rip

4.3.4 任务实施

1. 启用 RIP 协议

要启用动态路由协议，需要进入全局配置模式并使用 router 命令，在空格后输入 "?"，将显示 IOS 所支持的所有可用路由协议列表。

```
R1#configure terminal
Enter configuration commands, one per line.End with CNTL/Z.
R1(config)#router ?
bgp Border Gateway Protocol (BGP)
eigrp Enhanced Interior Gateway Routing Protocol (EIGRP)
ospf Open Shortest Path First (OSPF)
rip Routing Information Protocol (RIP)
```

要进入路由器配置模式进行 RIP 配置，在全局配置模式下输入命令 "router rip"，操作符将从全局配置模式变成 R1（config – router）#模式。该命令并不直接启动 RIP 过程，但通过它，用户可以进入该路由协议的配置模式。此时不会发送路由更新。

如果需要从设备上彻底删除 RIP 路由过程，需要使用相反的命令 no router rip，该命令会停止 RIP 过程并清除所有现在的 RIP 配置。

2. 指定网络

进入 RIP 路由器配置模式后，路由器便按照指示开始运行 RIP 协议。路由器需要了解应该使用哪些本地接口与其他路由器进行通信，以及需要像其他路由器通告哪些本地连接的网络。

为网络启用 RIP 路由，在路由器配置模式下使用 network 命令，并输入每个直连网络的有类网络地址。

使用命令 network 指定网络的语法是：

```
Route(config)#network directly – connected – classful – network – address
```

network 命令的作用是在属于某个指定网络的所有接口上启用 RIP，相关接口将开始发送和接收 RIP 更新；在每 30 s 一次的 RIP 路由更新中向其他路由器通告该指定网络。

路由器 R1、R2 和 R3 设置指定网络：

```
R1(config)#router rip
R1(config – router)#network 192.168.10.0
R1(config – router)#network 192.168.20.0
R2(config)#router rip
R2(config – router)#network 192.168.20.0
R2(config – router)#network 192.168.30.0
R2(config – router)#network 192.168.40.0
R3(config)#router rip
R3(config – router)#network 192.168.40.0
R3(config – router)#network 192.168.50.0
```

使用 network 命令进行 RIP 配置时，必须输入有类网络地址，如果输入了接口的 IP 地址，而不是有类网络地址，如输入命令 R1（config – router）#network 192.168.10.1，IOS 不给出错误提示，而是直接将其变为有类网络地址 1923.168.10.0。

3. 使用 show ip route 检验 RIP

RIP 协议配置完成后，应该查看使用命令 show iproute 查看路由表和使用命令 show ip protocols 查看路由协议的详细信息，以确保协议配置正确。如果网络出现问题，还可以用 debug ip rip 命令查看详细信息。

在路由器 R1、R2 和 R3 上分别使用命令 show ip route 查看路由表。可以看到每个路由器的路由表中，都有了 5 条路由，说明每个路由器都包含了到达拓扑结构中所有目的网络的路由，也叫作三个路由器都已经收敛。

```
R1#show ip route
Codes: C - connected, S - static, I - IGRP, R - RIP, M - mobile, B - BGP
D - EIGRP, EX - EIGRP external, O - OSPF, IA - OSPF inter area
N1 - OSPF NSSA external type 1, N2 - OSPF NSSA external type 2
E1 - OSPF external type 1, E2 - OSPF external type 2, E - EGP
i - IS-IS, L1 - IS-IS level-1, L2 - IS-IS level-2, ia - IS-IS inter area
* - candidate default, U - per-user static route, o - ODR
P - periodic downloaded static route
Gateway of last resort is not set
C 192.168.10.0/24 is directly connected, FastEthernet0/0
C 192.168.20.0/24 is directly connected, Serial0/0/0
R 192.168.30.0/24 [120/1] via 192.168.20.2, 00:00:22, Serial0/0/0
R 192.168.40.0/24 [120/1] via 192.168.20.2, 00:00:22, Serial0/0/0
R 192.168.50.0/24 [120/2] via 192.168.20.2, 00:00:22, Serial0/0/0
R2#show ip route
R 192.168.10.0/24 [120/1] via 192.168.20.1, 00:00:00, Serial0/0/0
C 192.168.20.0/24 is directly connected, Serial0/0/0
C 192.168.30.0/24 is directly connected, FastEthernet0/0
C 192.168.40.0/24 is directly connected, Serial0/0/1
R 192.168.50.0/24 [120/1] via 192.168.40.1, 00:00:15, Serial0/0/1
R3#show ip route
R 192.168.10.0/24 [120/2] via 192.168.40.2, 00:00:25, Serial0/0/1
R 192.168.20.0/24 [120/1] via 192.168.40.2, 00:00:25, Serial0/0/1
R 192.168.30.0/24 [120/1] via 192.168.40.2, 00:00:25, Serial0/0/1
C 192.168.40.0/24 is directly connected, Serial0/0/1
C 192.168.50.0/24 is directly connected, FastEthernet0/0
```

现在以 R1 获知的一条 RIP 路由为例来解读路由表中显示的输出：

```
R 192.168.50.0/24 [120/2] via 192.168.20.2, 00:00:22, Serial0/0/0
```

通过检查路由列表中是否存在带 R 代码的路由，可快速得知路由器上是否确实运行着 RIP。如果没有配置 RIP，将不会看到任何 RIP 路由。

紧跟在 R 代码后的是远程网络地址和子网掩码（192.168.50.0/24）。

AD 值（RIP 为 120）和到该网络的距离（2 跳）显示在括号中。

此外，输出中还列出了通告路由器的下一跳 IP 地址（地址为 192.168.20.2 的 R2）和自上次更新以来已经过了多少秒（本例中为 00:00:22）。

最后列出的是路由器用来向该远程网络转发数据的送出接口（Serial0/0/0）。

4. 使用 show ip protocols 检验 RIP

如果路由表中缺少某个网络，可以使用 show ip protocols 命令来检查路由配置。show ip protocols 命令会显示路由器当前配置的路由协议。其输出可用于检验大多数 RIP 参数，从而确认：是否已配置 RIP 路由；发送和接收 RIP 更新的接口是否正确；路由器通告的网络是否正确和 RIP 邻居是否发送了更新。

```
R1#show ip protocols
Routing Protocol is "rip"
Sending updates every 30 seconds, next due in 4 seconds
Invalid after 180 seconds, hold down 180, flushed after 240
Outgoing update filter list for all interfaces is not set
Incoming update filter list for all interfaces is not set
Redistributing: rip
Default version control: send version 1, receive any version
Interface        Send    Recv    Triggered  RIP  Key-chain
FastEthernet0/0 1        2 1
Serial0/0/0     1        2 1
Automatic network summarization is in effect
Maximum path: 4
Routing for Networks:
192.168.10.0
192.168.20.0
Routing Information Sources:
Gateway Distance Last Update
192.168.20.2 120 00:00:09
Distance: (default is 120)
```

（1）Routing Protocol is "rip"

输出的第一行表示 RIP 路由已配置并正在路由器 R1 上运行。

（2）Sending updates every 30 seconds, next due in 4 seconds

　　　Invalid after 180 seconds, hold down 180, flushed after 240

此部分是一些计时器，其中显示了该路由器发送下一轮更新的时间，在本例中为从现在起 4 s 后。

（3）Outgoing update filter list for all interfaces is not set

　　　Incoming update filter list for all interfaces is not set

　　　Redistributing：rip

此部分信息与过滤更新及重分布路由有关。

（4）Default version control：send version 1, receive any version

　　　Interface　　　Send　Recv　Triggered　RIP　Key-chain

　　　FastEthernet0/0　1　　2　　　1

       Serial0/0/0   1   2   1

这块输出包含与当前配置的 RIP 版本及参与 RIP 更新的接口相关的信息。

（5）Automatic network summarization is in effect

       Maximum path：4

这部分输出显示出路由器 R2 当前正在有类网络边界上汇总路由，并且默认情况下将使用最多四条等价路由执行流量负载均衡。

（6）Routing for Networks：

       192.168.10.0

       192.168.20.0

此时会列出使用 network 命令配置的有类网络。R1 会在其 RIP 更新中包含这些网络。

（7）Routing Information Sources：

       Gateway   Distance   Last Update

       192.168.20.2   120   00：00：09

       Distance：（default is 120）

此处，RIP 邻居将作为 Routing Information Sources 列出。Gateway 是向 R1 发送更新的邻居的下一跳 IP 地址。Distance 是 R1 对该邻居所发送的更新使用的 AD。Last Update 是自上次收到该邻居的更新以来经过的秒数。

5. 使用 debug ip rip 检验 RIP

大多数 RIP 配置错误都涉及 network 语句配置错误、缺少 network 语句配置，或在有类环境中配置了不连续的子网。对于这种情况，可使用一个很有效的命令 debug ip rip 找出 RIP 更新中存在的问题，该命令将在发送和接收 RIP 路由更新时显示这些更新信息。因为更新是定期发送的，所以需要等到下一轮更新开始才能看到命令输出。

```
R2#debug ip rip
RIP: received v1 update from 192.168.40.1 on Serial0/0/1
192.168.50.0 in 1 hops
RIP: received v1 update from 192.168.20.1 on Serial0/0/0
192.168.10.0 in 1 hops
RIP: sending v1 update to 255.255.255.255 via Serial0/0/0 (192.168.20.2)
RIP: build update entries
network 192.168.30.0 metric 1
network 192.168.40.0 metric 1
network 192.168.50.0 metric 2
RIP: sending v1 update to 255.255.255.255 via FastEthernet0/0 (192.168.30.1)
RIP: build update entries
network 192.168.10.0 metric 2
network 192.168.20.0 metric 1
network 192.168.40.0 metric 1
network 192.168.50.0 metric 2
RIP: sending v1 update to 255.255.255.255 via Serial0/0/1 (192.168.40.2)
RIP: build update entries
```

```
network 192.168.10.0 metric 2
network 192.168.20.0 metric 1
network 192.168.30.0 metric 1
```

（1）RIP：received v1 update from 192.168.40.1 on Serial0/0/1

192.168.50.0 in 1 hops

首先看到一条来自 R3 Serial 0/0/1 接口的更新。请注意 R3 只向网络 192.168.40.0 发送了一条路由。R3 不会再发送其他路由，否则便违反了水平分割规则。所以 R3 不能将 R2 以前发送给 R3 的网络通告给 R2。

（2）RIP：received v1 update from 192.168.20.1 on Serial0/0/0

192.168.10.0 in 1 hops

下一个更新接收自 R1。同理，由于水平分割规则，R1 仅发送了一条路由，即 192.168.10.0 网络。

（3）RIP：sending v1 update to 255.255.255.255 via Serial0/0/0（192.168.20.2）

RIP：build update entries

network 192.168.30.0 metric 1

network 192.168.40.0 metric 1

network 192.168.50.0 metric 2

首先，R2 发送自己的更新。R2 创建要发往 R1 的更新。其中包含三条路由。R2 不会通告 R2 和 R1 共有的网络，即 192.168.20.0 网络；同时，由于水平分割规则的作用，它也不会通告 192.168.10.0 网络。

（4）RIP：sending v1 update to 255.255.255.255 via FastEthernet0/0（192.168.30.1）

RIP：build update entries

network 192.168.10.0 metric 2

network 192.168.20.0 metric 1

network 192.168.40.0 metric 1

network 192.168.50.0 metric 2

接着，R2 创建一个要从 FastEthernet0/0 接口发出的更新。该更新包括除网络 192.168.30.0（此网络连接在接口 FastEthernet0/0 上）外的整个路由表。

（5）RIP：sending v1 update to 255.255.255.255 via Serial0/0/1（192.168.40.2）

RIP：build update entries

network 192.168.10.0 metric 2

network 192.168.20.0 metric 1

network 192.168.30.0 metric 1

最后，R2 创建要发往 R3 的更新。其中包含三条路由。R2 不会通告 R2 和 R3 共有的网络，即 192.168.40.0 网络；同时，由于水平分割规则的作用，它也不会通告 192.168.50.0 网络。

如果再等待 30 s，将发现所有调试输出重复出现，这是因为 RIP 每 30 s 就会发送定期更新。要停止监控 R2 上的 RIP 更新，输入 no debug ip rip 命令或简单地输入 undebug all，就可以结束输出。通过检查此调试输出，可以确认 R2 上的 RIP 路由工作完全正常。

6. 使用 ping 检验 RIP

路由协议工作正常后，可以在路由器 R1 上 ping 其他路由器的所有接口，发现都能 ping 通，说明全网已经连通，RIP 协议工作正常。

```
R1#ping 192.168.20.2
Type escape sequence to abort.
Sending 5, 100 - byte ICMP Echos to 192.168.20.2, timeout is 2 seconds:
!!!!!
Success rate is 100 percent (5/5), round - trip min/avg/max = 15/34/62 ms
R1#ping 192.168.30.1
Type escape sequence to abort.
Sending 5, 100 - byte ICMP Echos to 192.168.30.1, timeout is 2 seconds:
!!!!!
Success rate is 100 percent (5/5), round - trip min/avg/max = 15/27/31 ms
R1#ping 192.168.40.2
Type escape sequence to abort.
Sending 5, 100 - byte ICMP Echos to 192.168.40.2, timeout is 2 seconds:
!!!!!
Success rate is 100 percent (5/5), round - trip min/avg/max = 15/28/32 ms
R1#ping 192.168.40.1
Type escape sequence to abort.
Sending 5, 100 - byte ICMP Echos to 192.168.40.1, timeout is 2 seconds:
!!!!!
Success rate is 100 percent (5/5), round - trip min/avg/max = 48/57/63 ms
R1#ping 192.168.50.1
Type escape sequence to abort.
Sending 5, 100 - byte ICMP Echos to 192.168.50.1, timeout is 2 seconds:
!!!!!
Success rate is 100 percent (5/5), round - trip min/avg/max = 47/62/78 ms
```

4.3.5 教学方法与任务结果

学生分组进行任务实施，可以 3～5 人一组，小组讨论，确定方案后进行讲解，教师给予指导，全体学生参与评价。方案实施完成后，首先要检测路由器的路由表是否达到收敛状态，再通过 ping 命令进行测试，确保不同的网络可以通过路由器进行通信，实现全网的互通。

模块 4.4 链路状态路由协议

4.4.1 工作任务

某公司包括总公司和分公司两部分，总公司和分公司分别使用一台路由器连接两个部门，需要将两台路由器通过广域网链路连接在一起并进行适当的配置，以实现总公司和分公司各部门网络间的互通。为了便于管理员在未来将总公司和分公司扩充网络数量时，不需要同时更改路由器的配置，计划使用链路状态路由协议实现网络之间的互通。

4.4.2 工作载体

1. 任务环境

两台路由器利用 V. 35 线缆通过 WAN 口相连，可以采用 DDN、FR 或 ISDN 等专用线路互连，通过路由器的以太网口连接主机，并使 console 口与主机的 com 口相连，通过超级终端登录到路由器进行配置，如图 4 - 22 所示。

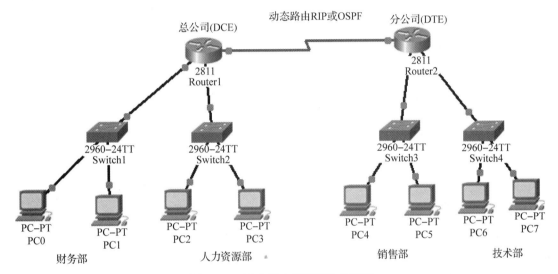

图 4 - 22   动态路由配置拓扑结构图

2. 任务说明

采用 2 台路由器、4 台交换机、PC 机作为控制台终端，通过路由器的 console 登录路由器，即用路由器随机携带的标准配置线缆的水晶头，一端插在路由器的 console 口上，另一端的 9 针接口插在 PC 机的 COM 口上。同时，为了实现 Telnet 配置，用一根网线的一端连接交换机的以太网口，另一端连接 PC 机的网口。然后两台路由器使用 V35 专用电缆通过同步串口（WAN 口）连接在一起，使用一台 PC 机进行试验结果并验证（与控制台使用同一台 PC 机）。同时，配置静态路由使之相互通信。

4.4.3 教学内容

链路状态路由选择协议又称为最短路径优先协议，它基于 Edsger Dijkstra 的最短路径优先（SPF）算法。它比距离矢量路由协议复杂得多，但基本功能和配置却很简单，甚至算法也容易理解。路由器的链路状态的信息称为链路状态，包括接口的 IP 地址和子网掩码、网络类型（如以太网链路或串行点对点链路）、该链路的开销、该链路上的所有的相邻路由器。

链路状态路由协议是层次式的，网络中的路由器并不向邻居传递"路由表项"，而是通告给邻居一些链路状态。与距离矢量路由协议相比，链路状态协议对路由的计算方法有本质的差别。距离矢量协议是平面式的，所有的路由学习完全依靠邻居，交换的是路由项。链路状态协议只是通告给邻居一些链路状态。运行该路由协议的路由器不是简单地从相邻的路由器学习路由，而是把路由器分成区域，收集区域内所有路由器的链路状态信息，根据状态信息生成网络拓扑结构，每一个路由器再根据拓扑结构计算出路由。

常见的 IP 路由协议见表 4-11。用于 IP 路由的链路状态路由协议有两种：最短路径优先协议（OSPF）和中间系统到中间系统（IS-IS）。

表 4-11 IP 链路状态路由协议

内部网关协议				外部网关协议
距离矢量路由协议		链路状态路由协议		路径矢量
RIP	IGRP			EGP
RIPv2	EIGRP	OSPFv2	IS-IS	BGPv4
RIPng	EIGRP for IPv6	OSPFv3	IS-IS for IPv6	BGPv4 for IPv6

1. OSPF 路由协议

开放最短路径优先（Open Shortest Path First，OSPF）协议是一种链路状态路由协议，旨在替代距离矢量路由协议 RIP。RIP 在早期的网络和 Internet 中可满足要求，但它将跳数作为选择最佳路由的唯一标准，因此，在需要更健全的路由解决方案的大型网络中，它很快变得难以为继。OSPF 是一种无

OSPF 协议

类路由协议，它使用区域概念实现可扩展性。RFC 2328 将 OSPF 度量定义为一个独立的值，该值称为开销。

Internet 工程工作小组（IETF）的 OSPF 工作组于 1987 年着手开发 OSPF。当时，Internet 基本是由美国政府资助的学术研究网络。1989 年，OSPFv1 规范在 RFC 1131 中发布，具有两个版本：一个在路由器上运行，另一个在 UNIX 工作站上运行。后一个版本后来成为一个广泛应用的 UNIX 进程，也就是 GATED。OSPFv1 是一种实验性的路由协议，未获得实施。1991 年，OSPFv2 由 JohnMoy 在 RFC 1247 中引入。OSPFv2 在 OSPFv1 基础上提供了重大的技术改进。与此同时，ISO 也在开发自己的链路状态路由协议——中间系统到中间系统（IS-IS）协议。IETF 理所当然地选择 OSPF 作为其推荐的 IGP（内部网关协议）。1998 年，OSPFv2 规范在 RFC 2328 中得以更新，也就是 OSPF 的现行 RFC 版本。

OSPF 是链路状态算法路由协议的代表，能适应中大型规模的网络，当今 Internet 中的路由结构就是在自治系统内部采用 OSPF，在自治系统间采用 BGP。本部分课程中对有关 OSPF 的知识只作简单的介绍。大家要掌握的是 OSPF 的思想、简单的配置，要能够在中小企业网中简单地采用 OSPF 路由协议。

OSPF 是 IETF 组织开发的一个基于链路状态的自治系统内部路由协议 IGP，如图 4-23 所示。

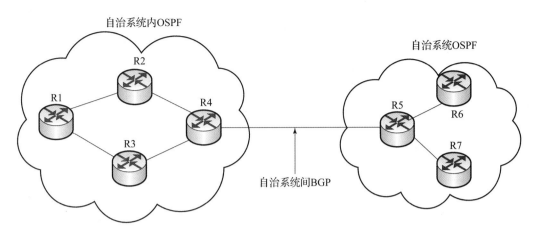

图 4 - 23　OSPF 在自治系统内工作

在 IP 网络上，它通过收集和传递自治系统的链路状态来动态地发现并传播路由：OSPF 协议支持 IP 子网和外部路由信息的标记引入；OSPF 协议使用 IP Multicasting 方式发送和接收报文，组播地址为 224.0.0.5 和 224.0.0.60，每个支持 OSPF 协议的路由器都维护着一个描述整个自治系统拓扑结构的数据库，这个数据库是收集所有路由器的链路状态广播而得到的。每一台路由器总是将描述本地状态的信息（如可用接口信息、可达邻居信息等）广播到整个自治系统中去。根据链路状态数据库，各路由器构建一棵以自己为根的最短路径树，这棵树给出了到自治系统中各结点的路由。

OSPF 协议允许自治系统的网络被划分成区域来管理，区域间传送的路由信息被进一步抽象，从而减小了占用网络的带宽。在同一区域内的所有路由器都应该一致同意该区域的参数配置。OSPF 的区域由 BackBone（骨干区域）进行连接，该区域以 0.0.0.0 标识。所有的区域都必须在逻辑上连续，为此，骨干区域上特别引入了虚连接的概念，以保证即使在物理上分割的区域仍然在逻辑上具有连通性，如图 4 - 24 所示。

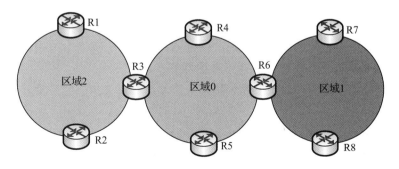

图 4 - 24　OSPF 区域

OSPF 的配置需要在各路由器（包括区域内路由器、区域边界路由器和自治系统边界路由器等）之间相互协作。在未作任何配置的情况下，路由器的各参数使用默认值，此时，发送和接收报文都无须进行验证，接口也不属于任何一个自治系统的分区。

```
Router(config)#router Id Id-number,
Router(config)#ospf [enable]
```

ospf enable 命令用来启动 OSPF 或进入 OSPF 视图，undo ospf enable 命令用来关闭 OSPF。默认情况下，路由器关闭 OSPF。如果系统已经启动 OSPF，可使用 ospf 命令进入 OSPF 视图。

```
Router(config-if)#ospf enable area area-id
```

ospf enable area area-id 命令用来在接口启 OSPF，同时指定该接口所在 OSPF 区域范围，从而使该接口发送和接收 OSPF 报文。要在某一个接口上运行 OSPF 协议，必须配置该命令。

2. 链路状态路由协议的优缺点

当在大型的网络里运行时，距离矢量路由协议就暴露出了它的缺陷。比如，运行距离矢量路由协议的路由器由于不能了解整个网路的拓扑，只能周期性地向自己的邻居路由器发送路由更新包，这种操作增加了整个网路的负担。距离矢量路由协议在处理网络故障时，其收敛速率也极其缓慢，通常要耗时 4~8 min 甚至更长，对于大型网络或者电信级网络的骨干来说是不能忍受的。另外，距离矢量路由协议的最大度量值的限制也使得该种协议无法在大型网络里使用。所以，在大型网络里，需要使用一种比距离矢量路由协议更加高效、对网络带宽的影响更小的动态路由协议，这种协议就是链路状态路由协议。

链路状态路由协议比距离矢量路由协议复杂得多，但基本功能和配置却很简单，甚至算法也容易理解。基本的 OSPF 运算可使用 router ospf process-id 命令和一个 network 语句来配置，这一点与 RIP 和 EIGRP 等其他路由协议相似。与距离矢量路由协议相比，链路状态路由协议有几个优点。

（1）对整个网络拓扑的了解：运行距离矢量路由协议的路由器都是从自己的邻居路由器处得到邻居的整个路由表，然后学习其中的路由信息，在把自己的路由表发给所有的邻居路由器。在这个过程中，路由器虽然可以学习到路由，但是路由器并不了解整个网络的拓扑。运行链路状态路由协议的路由器首先会向邻居路由器学习整个网络拓扑，建立拓扑表，然后使用 SPF 算法从该拓扑表里自己计算出路由来。

由于对整个网络拓扑的了解，链路状态路由协议具有很多距离矢量路由协议所不具备的优点。

（2）快速收敛：由于该链路状态路由协议对整个网络拓扑的了解，当发生网络故障时，察觉到该故障的路由器将该故障向网络里的其他路由器通告。接收到链路状态通告的路由器除了继续传递该通告外，还会根据自己的拓扑表重新计算关于故障网段的路由。这个重新计算的过程相当快速，整个网络会在极短的时间里收敛。

（3）路由更新的操作更加有效率：在初始 LSP 泛洪之后，链路状态路由协议仅在拓扑发生改变时才发出 LSP。该 LSP 仅包含与受影响的链路相关的信息。与某些距离矢量路由协议不同的是，链路状态路由协议不会定期发送更新。

OSPF 路由器会每隔 30 min 泛洪其自身的链路状态，并非所有距离矢量路由协议都定期发送更新。RIP 和 IGRP 会定期发送更新，但 EIGRP 不会。

（4）层次式设计：链路状态路由协议（如 OSPF 和 IS – IS）使用了区域的原理。多个区域形成了层次状的网络结构，这有利于路由聚合（总结），还便于将路由问题隔离在一个区域内。但是，链路状态路由协议并不是没有缺点。由于链路状态路由协议要求路由器首先学习拓扑表，然后从中计算出路由，所以运行链路状态路由协议的路由器被要求有更大的内存和更强计算能力的处理器。同时，由于链路状态路由协议在刚刚开始工作的时候，路由器之间要首先形成邻居关系，并且学习网络拓扑，所以路由器在网络刚开始工作的时候不能路由数据包，必须等到拓扑表建立起来并且从中计算出路由，路由器才能进行数据包的路由操作，这个过程需要一定的时间。

另外，因为链路状态路由协议要求在网络中划分区域，并且对每个区域的路由进行汇总，从而达到减少路由表的路由条目、减少路由操作延时的目的，所以链路状态路由协议要求在网络中进行体系化编址，对 IP 子网的分配位置和分配顺序要求极为严格。

虽然链路状态路由协议有上述这些缺点，但相对于它所带来的好处，这些缺点不过是白璧微瑕，并非不可以接受。由于以上这些特点，链路状态路由协议特别适合大规模的网络或者电信级网络的骨干上使用。

3. SPF 算法

运行链路状态路由协议的路由器在计算路由之前会首先学习网络拓扑，建立拓扑表。然后，它们会使用 SPF 算法（基于 Dijkstra 算法），即最短路径优先（Shortest Path First）算法，根据拓扑表计算路由。

SPF 算法会把网路拓扑转变为最短路径优先树（Shortest Path First Tree），然后从该树形结构中找出到达每一个网段的最短路径，该路径就是路由；同时，该树形结构还保证了所计算出的路由不会存在路由环路。

SPF 计算路由的依据是带宽，每条链路根据其带宽都有相应的开销（Cost）。开销越小，该链路的带宽越大，该链路越优。

OSPF 获取链路状态信息构建路由表的过程如图 4 – 25 所示，每台 OSPF 路由器都会维持一个链路状态数据库，其中包含来自其他所有路由器的 LSA。一旦路由器收到所有 LSA 并建立其本地链路状态数据库，OSPF 就会使用 Dijkstra 的最短路径优先（SPF）算法创建一个 SPF 树。随后，将根据 SPF 树，使用通向每个网络的最佳路径填充 IP 路由表。

每条路径都标有一个独立的开销值，如图 4 – 26 所示。从 R2 向连接到 R3 的 LAN 发送数据包的最短路径开销为 27。请注意，并非从所有路由器通向连接到 R3 的 LAN 的开销均为 27。每台路由器会自行确定通向拓扑中每个目的地的开销。换句话说，每台路由器都会站在自己的角度计算 SPF 算法并确定开销。

对于 R1，通向每个 LAN 的最短路径以及相应的开销见表 4 – 12。最短路径不一定具有最少的跳数。例如通向 R5 LAN 的路径，可能认为 R1 会直接向 R4 发送数据包，而非向 R3，然而，直接到达 R4 的开销（22）比经过 R3 到达 R4 的开销（17）高。

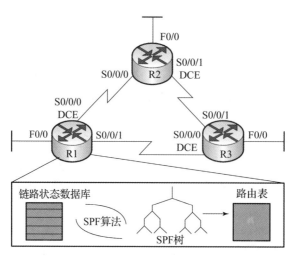

图 4 - 25　OSPF 使用 Dijkstra 的 SPF 算法

R2 LAN主机到达R3 LAN的最短距离:
20（R2到R1）+5（R1到R3）+2（R3到LAN）=27

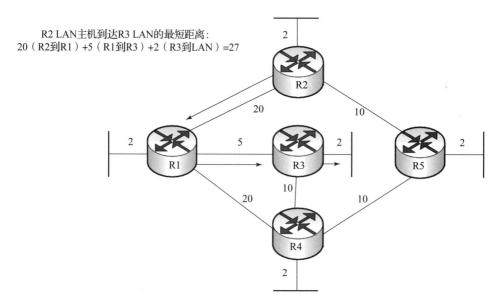

图 4 - 26　Dijkstra 最短路径优先算法

表 4 - 12　R1 的 SPF 树

目的	最短路径	开销值
R2 LAN	R1 到 R2	22
R3 LAN	R1 到 R3	7
R4 LAN	R1 到 R3 到 R4	17
R5 LAN	R1 到 R3 到 R4 再到 R5	27

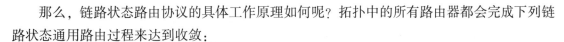

那么，链路状态路由协议的具体工作原理如何呢？拓扑中的所有路由器都会完成下列链路状态通用路由过程来达到收敛：

（1）每台路由器了解其自身的链路（即与其直连的网络）。这通过检测哪些接口处于工作状态来完成。

（2）每台路由器负责"问候"直连网络中的相邻路由器。与 EIGRP 路由器相似，链路状态路由器通过直连网络中的其他链路状态路由器互换 Hello 数据包来达到此目的。

（3）每台路由器创建一个链路状态数据包（LSP），其中包含与该路由器直连的每条链路的状态。这通过记录每个邻居的所有相关信息（包括邻居 ID、链路类型和带宽）来完成。

（4）每台路由器将 LSP 泛洪到所有邻居，然后邻居将收到的所有 LSP 存储到数据库中。接着，各个邻居将 LSP 泛洪给自己的邻居，直到区域中的所有路由器均收到那些 LSP 为止。每台路由器会在本地数据库中存储邻居发来的 LSP 的副本。

（5）每台路由器使用数据库构建一个完整的拓扑图，并计算通向每个目的网络的最佳路径。就像拥有了地图一样，路由器现在拥有关于拓扑中所有目的地以及通向各个目的地的路由的详图。SPF 算法用于构建该拓扑图并确定通向每个网络的最佳路径。

4.4.4　任务实施

1. 路由器 Router1 的配置

配置 OSPF 路由协议：

```
Router1(config)#router  ospf 1    （启动动态路由协议 OSPF,进程号为 1）
Router1(config-router)#network 192.168.1.0 255.255.255.0 area0    （通告网络位于
区域 0）
Router1(config-router)#network 192.168.2.0 255.255.255.0 area0
Router1(config-router)#network 1.0.0.0 255.0.0.0 area0
Router1(config-router)#^Z （使用快捷键 Ctrl+Z 退到特权模式）
Router1#
%SYS-4-CONFIG_I: Configured from console by console
Router1#copy  running-config startup-config    （保存）
Destination filename [startup-config]?
Building configuration...
[OK]
  Router1#show ip route(查看 Router1 的路由表)
  Codes: C - connected, S - static, I - IGRP, R - RIP, M - mobile, B - BGP
        D - EIGRP, EX - EIGRP external, O - OSPF, IA - OSPF inter area
N1 - OSPF NSSA external type 1, N2 - OSPF NSSA external type 2
E1 - OSPF external type 1, E2 - OSPF external type 2, E - EGP
        i - IS-IS, L1 - IS-IS level-1, L2 - IS-IS level-2, ia - IS-IS inter area
       * - candidate default, U - per-user static route, o - ODR
       P - periodic downloaded static route
Gateway of last resort is not set
C    1.0.0.0/8 is directly connected, Serial0/0/0
```

```
C      192.168.1.0/24 is directly connected, FastEthernet0/0
C      192.168.2.0/24 is directly connected, FastEthernet0/1
O      192.168.3.0/24 [110/32789] via 1.1.1.2, 00:00:10, Serial0/0/0
```
（O 表示由动态路由协议 OSPF 搜索来的路由）
```
O      192.168.4.0/24 [110/45786] via 1.1.1.2, 00:00:10, Serial0/0/0
```

2. 路由器 Router2 的配置

配置 OSPF 路由协议：

```
Router2(config)#router  ospf 1      （启动动态路由协议 OSPF 协议,进程号为 1）
Router2(config-router)#network 192.168.3.0 255.255.255.0 area0      （通告网络位于
区域 0）
Router2(config-router)#network 192.168.4.0 255.255.255.0 area0
Router2(config-router)#network 1.0.0.0 255.0.0.0 area0
Router2(config-router)#^Z      （使用快捷键 Ctrl + Z 退到特权模式）
Router1#
%SYS-4-CONFIG_I: Configured from console by console
Router2#copy  running-config startup-config      （保存）
Destination filename [startup-config]?
Building configuration...
[OK]
  Router2#show ip route      （查看 Router2 的路由表）
  Codes: C - connected, S - static, I - IGRP, R - RIP, M - mobile, B - BGP
         D - EIGRP, EX - EIGRP external, O - OSPF, IA - OSPF inter area
N1 - OSPF NSSA external type 1, N2 - OSPF NSSA external type 2
E1 - OSPF external type 1, E2 - OSPF external type 2, E - EGP
         i - IS-IS, L1 - IS-IS level-1, L2 - IS-IS level-2, ia - IS-IS inter area
       * - candidate default, U - per-user static route, o - ODR
         P - periodic downloaded static route
Gateway of last resort is not set
C      1.0.0.0/8 is directly connected, Serial0/0/0
C      192.168.3.0/24 is directly connected, FastEthernet0/0
C      192.168.4.0/24 is directly connected, FastEthernet0/1
O      192.168.1.0/24 [110/34258] via 1.1.1.1, 00:00:26, Serial0/0/0
O      192.168.2.0/24 [110/25879] via 1.1.1.1, 00:00:26, Serial0/0/0
```

3. 计算机的配置与测试

为计算机指定 IP 地址和网关，并使用 ping 命令进行网络的连通性测试。例如 PC0 通过使用"ipconfig"命令来查看 IP 地址和网关的配置情况，利用 ping 命令测试与其他所有的 PC 是否能通信，如图 4-27 所示。

4.4.5 教学方法与任务结果

学生分组进行任务实施，可以 3~5 人一组，小组讨论，确定方案后进行讲解，教师给予指导，全体学生参与评价。方案实施完成后，首先要检测路由器链路状态路由协议的配置情况，通过 ping 命令进行测试，确保不同的网络可以通过路由器进行通信，实现不同网络的互通。

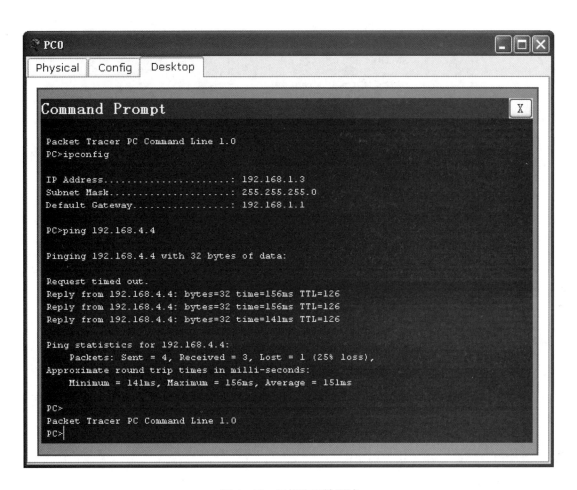

图 4 – 27　网络连通性测试

模块 4.5　VLAN 间路由的配置与应用

4.5.1　工作任务

某企业网络使用三层交换机搭建拓扑结构，企业需要远程分支机构连接，三层交换机通过三层物理接口连接到路由器上，路由器连接远程分支机构，实现 VLAN 间路由的配置与应用。

4.5.2　工作载体

网络拓扑如图 4 – 28 所示。在接入层交换机上划分了三个 VLAN，包括 VLAN100、VLAN200、VLAN300，为了实现 VLAN 之间的通信，采用了三层交换机。

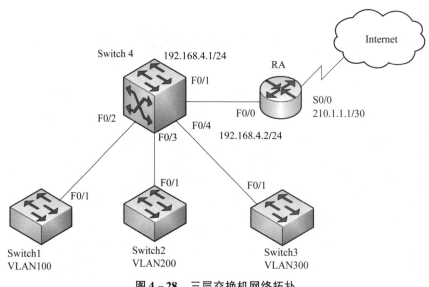

图 4－28　三层交换机网络拓扑

4.5.3　教学内容

1．三层交换机工作原理

三层交换机要执行三层信息的硬件交换，路由处理器必须将有关路由选择的三层信息下载到硬件中，以便对数据包进行处理。为完成在硬件中处理数据包的高层信息，交换机使用传统的 MLS（Multilayer Switching，多层交 **核心层** **设备管理**
换）体系结构，MLS 让 ASIC（Application－Specific Integrated Circuit，应用专用集成电路）能够对路由的数据包执行第 2 层重写操作。第 2 层重写操作包括重写源和目标 MAC 地址，以及写入重新计算得到的循环冗余校验码（CRC）。

传统 MLS 的交换机使用一种 MLS 协议从 MLS 路由器那里获悉第 2 层重写信息。传统 MLS 也被称作基于网流的交换。使用传统 MLS 时，第 3 层引擎（路由处理器）和交换 ASIC 协同工作，在交换机上建立第 3 层条目。这种条目中包含源地址、目标地址或完整的流信息。

使用传统 MLS 时，交换机将流中的第一个数据包转发给第 3 层引擎，后者以软件交换的方式对数据包进行处理。对数据流中的第一个数据包进行路由处理后，第 3 层引擎对硬件交换组件进行编程，使之为后续的数据包选择路由。

如图 4－29 所示，处于 VLAN2 中的主机要将数据包发送给连接在 VLAN3 中的主机，这个过程需要经过以下几个步骤：

VLAN2 的主机将一系列数据包发送给默认网关。三层交换机是主机的网关，因此，三层交换机上 VLAN2 的端口接收到主机发来的数据包。这个数据帧中，源 MAC 地址是 VLAN2 主机的 MAC 地址，目标 MAC 地址是默认网关的 MAC 地址。

三层交换机的第 3 层引擎接收到这个数据包，在转发数据包前重写数据帧的 2 层封装。三层交换机首先要获得 VLAN3 的主机的 MAC 地址，因此，三层交换机使用 ARP 协议来获

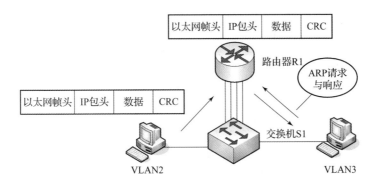

图 4 – 29　传统的 MLS

得 VLAN3 主机的 MAC 地址。三层交换机用 VLAN3 主机的 MAC 地址作为发送帧的目标 MAC 地址来封装数据帧，并重写 CRC 值，同时，在硬件中创建一个 MLS 条目，以便能够重写和转发这个流中后续的数据包。

2. VLAN 间的路由

在开始学习三层交换机之前，先学习路由器上配置单臂路由实现 VLAN 间通信的方法。VLAN 是端口的一种逻辑组合，配置在 2 层交换机上的 VLAN 可以隔离流量，连接在不同 VLAN 上的主机互相之间不能直接通信。通过使用路由器，将各个 VLAN 使用路由连接起来才能通信，并能够对跨 VLAN 的流量的数据包进行操作和控制。配置 VLAN 之间的通信有一种比较常用的方法，称为单臂路由。路由器和交换机之间使用 802.1Q 协议的中继链路连接，单个中继链路承载多个 VLAN 的流量。

如图 4 – 30 所示，VLAN2 中的主机与 VLAN3 中的主机需要通信，为了执行 VLAN 间路由选择的功能，路由器必须知道如何才能到达所有互联的 VLAN，所以对于每个 802.1Q 中继链路的 VLAN，路由器必须具有独立的逻辑连接。

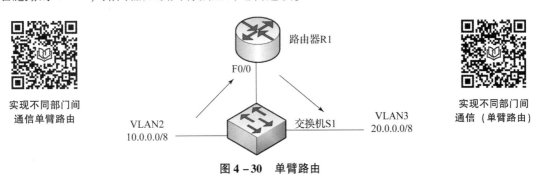

实现不同部门间
通信单臂路由

实现不同部门间
通信（单臂路由）

图 4 – 30　单臂路由

路由器能够以下列方式来执行 VLAN 间的路由选择：

（1）每台主机将去往其他子网的流量发向默认网关。

（2）因为已经将路由器配置为处理 VLAN2 和 VLAN3 之间的流量，所以路由器将接收来自 VLAN2 和 VLAN3 的数据包。

（3）路由器根据 3 层 IP 地址来确定选出的接口和 VLAN。

（4）路由器重写 2 层帧头中的原 MAC 地址、目的 MAC 地址、CRC 校验等信息，并采用标记或封装数据包的方法来识别适当的 VLAN。

配置单臂路由，主要包含以下几个内容：

第一步：配置路由器的子接口。

第二步：在子接口封装 VLAN 中继协议。

第三步：配置子接口的 IP 地址，使之成为相应 VLAN 的网关。

```
Router＞enable    （从用户模式进入特权模式）
Router#configure  terminal    （从特权模式进入全局配置模式）
Router(config)#interface fastEthernet 0/0    （进入路由器的 f0/0 端口）
Router(config-if)#no  shutdown    （激活 f0/0 端口）
Router(config)#interface fastEthernet 0/0.1
Router(config-subif)#encapsulation dot1q 2
Router(config-subif)#ip address 20.1.1.1 255.0.0.0
Router(config-subif)#exit
Router(config)#interface fastEthernet 0/0.2
Router(config-subif)#encapsulation dot1q 3
Router(config-subif)#ip address 30.1.1.1 255.0.0.0
Router(config-subif)#end
```

第四步：交换机与路由器连接的端口配置为中继模式。

使用单臂路由实现 VLAN 间的路由是一种解决方案，但却不是一种具有扩展性的解决方案。当 VLAN 的数量不断增加时，配置单臂路由的方法就不再适用了。当网络内的主机和交换机不断增多时，流经路由器与交换机主机链路的流量也变得非常大，此时，这条链路也将变成整个网络的瓶颈。

3. SVI 接口的作用

最早使用路由器做单臂路由时，一般需要在 LAN 接口上设置对应各 VLAN 的子接口。而三层交换机在实现不同 VLAN 间通信的时候，是利用 VLAN 虚拟接口。在三层交换机上创建各个 VLAN 时，就产生了 VLAN 的虚接口（Switch Virtual Interface，SVI）。SVI 接口是交换虚拟接口，可以用来

SVI 接口实现
VLAN 间通信

实现三层交换的功能。我们可以创建 SVI 为一个网关接口，就相当于是对应各个 VLAN 的虚拟子接口，可用于三层设备中跨 VLAN 之间的路由。更直接一些，可以把它想象成原来路由器做单臂路由的 LAN 口上的子接口。

如图 4-31 所示，VLAN10 的虚拟接口的 IP 地址为 192.168.1.254，VLAN20 的虚拟接口的 IP 地址为 192.168.2.254。然后将所有 VLAN 连接的工作站主机的网关指向该 SVI 的 IP 地址即可。

4. 三层交换机的路由接口

前面学习了三层交换机的工作原理，理解了三层交换是在二层交换机的基础上增加了路由功能，因此，在多数情况下可以用三层交换机替代路由器来使用，前提是必须开启三层交换机的路由功能。同样，三层交换机的接口也要转换成路由接口。默认情况下，三层交换机的接口是交换接口。若想让交换接口转换成路由接口，其特性与路由器的接口一样，只需在交换机的接口上开启路由功能就可以了。

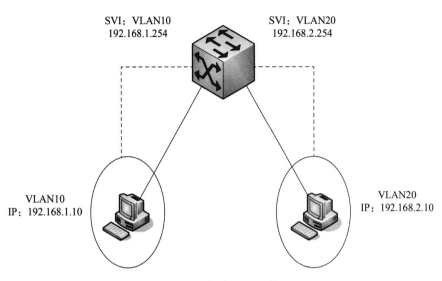

图 4 − 31　创建 VLAN 接口

如图 4 − 32 所示，PC 通过三层交换机的 F0/10 与三层交换机相连，若想实现 PC 与三层交换机通信，就可以通过配置 F0/10 为路由接口来实现。

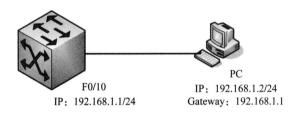

图 4 − 32　路由接口

具体配置命令：

```
Switch(config)#int f0/10
Switch(config-if)#no switchport      (开启路由功能,转换为路由接口)
Switch(config-if)#ip address 192.168.1.1 255.255.255.0
```

4.5.4　任务实施

1. 二层交换机 Switch1、Switch2、Switch3 的配置过程

- Switch1 的配置过程：

```
Switch1#config terminal   (进入全局配置模式)
Switch1(config)#vlan 100   (划分 VLAN100)
Switch1(config)#interface f0/1   (进入 f0/1 口的接口配置模式)
Switch1(config-if)#switchport mode trunk   (将接口配置为主干接口)
```

- Switch2 的配置过程：

```
Switch2#config terminal  （进入全局配置模式）
Switch2(config)#vlan 200  （划分 VLAN200）
Switch2(config)#interface f0/1  （进入 f0/1 口的接口配置模式）
Switch2(config-if)#switchport mode trunk  （将接口配置为主干接口）
```

- Switch3 的配置过程：

```
Switch3#config terminal  （进入全局配置模式）
Switch3(config)#vlan 300  （划分 VLAN300）
Switch3(config)#interface f0/1  （进入 f0/1 口的接口配置模式）
Switch3(config-if)#switchport mode trunk  （将接口配置为主干接口）
```

2. 三层交换机 Switch4 的配置过程

```
Switch4#config terminal  （进入全局配置模式）
Switch4(config)#vlan 100  （划分 VLAN100）
Switch4(config)#vlan 200  （划分 VLAN200）
Switch4(config)#vlan 300  （划分 VLAN300）
Switch4(config)#interface f0/2  （进入 f0/2 口的接口配置模式）
Switch4(config-if)#switchport mode trunk  （将 f0/2 配置为主干接口）
Switch4(config)#interface f0/3  （进入 f0/3 口的接口配置模式）
Switch4(config-if)#switchport mode trunk  （将 f0/3 配置为主干接口）
Switch4(config)#interface f0/4  （进入 f0/4 口的接口配置模式）
Switch4(config-if)#switchport mode trunk  （将 f0/4 口配置为主干接口）
```

3. 路由器 RA 的配置过程

```
RAa#config terminal  （进入全局配置模式）
RAa(config)#interface f0/0  （进入 f0/0 口的接口配置模式）
RAa(config-if)#ip address 192.168.5.2 255.255.255.0  （为 f0/0 口配置 IP 地址）
RAa(config-if)#no shutdown  （开启接口）
RAa(config)#interface s0/0  （进入串口 f0/0 的接口配置模式）
RAa(config-if)#ip address 210.1.1.1 255.255.255.252  （为串口 f0/0 配置 IP 地址）
RAa(config-if)#no shutdown  （开启接口）
```

4. 配置 SVI 接口和路由接口

```
Switch4(config)#interface vlan100  （进入 SVI 接口的配置模式）
Switch4(config-if)#ip address 192.168.1.254 255.255.255.0  （配置 SVI 接口的 IP
地址）
Switch4(config-if)#no shutdown  （开启接口）
Switch4(config)#interface vlan 200  （进入 SVI 接口的配置模式）
Switch4(config-if)#ip address 192.168.3.254 255.255.255.0  （配置 SVI 接口的 IP
地址）
Switch4(config-if)#no shutdown  （开启接口）
Switch4(config)#interface vlan 300  （进入 SVI 接口的配置模式）
```

```
Switch4(config-if)#ip address 192.168.4.254 255.255.255.0  （配置 SVI 接口的 IP
地址）
Switch4(config-if)#no shutdown  （开启接口）
Switch4(config)#interface f0/1  （进入 f0/1 口的接口配置模式）
Switch4(config-if)#no switchport  （开启 f0/1 口的路由功能）
Switch4(config-if)#ip address 192.168.5.1 255.255.255.0  （配置 IP 地址）
Switch4(config-if)#no shutdown  （开启接口）
```

5. 配置路由协议实现网络连通（采用静态路由）

```
Switch4(config)#ip routing  （为三层交换机开启路由功能）
Switch4(config)#ip route 0.0.0.0 0.0.0.0 192.168.5.2
    （配置默认路由，下一跳地址 192.168.5.2）
Ra(config)#ip route 192.168.1.0 255.255.255.0 f0/0  （配置静态路由）
Ra(config)#ip route 192.168.3.0 255.255.255.0 f0/0  （配置静态路由）
Ra(config)#ip route 192.168.4.0 255.255.255.0 f0/0  （配置静态路由）
```

6. 测试网络连通性

- 查看 Switch4 的路由表：

```
switch4#show ip route
Gateway of last resort is 192.168.5.2 to network 0.0.0.0
C    192.168.1.0/24 is directly connected, Vlan100  （直连路由）
C    192.168.3.0/24 is directly connected, Vlan200  （直连路由）
C    192.168.4.0/24 is directly connected, Vlan300  （直连路由）
C    192.168.5.0/24 is directly connected, FastEthernet0/1  （直连路由）
S*   0.0.0.0/0 [1/0] via 192.168.5.2switch4#ping 192.168.5.2  （静态路由）
switch4# ping 192.168.1.254  （ping SVI 接口）
Type escape sequence to abort.
Sending 5, 100-byte ICMP Echos to 192.168.1.254, timeout is 2 seconds:
!!!!!（说明已经连通）
Success rate is 100 percent (5/5), round-trip min/avg/max = 0/12/16 ms
```

- 查看路由器的路由表：

```
RA#show ip route
Gateway of last resort is not set
S    192.168.1.0/24 is directly connected, FastEthernet0/0  （静态路由）
S    192.168.3.0/24 is directly connected, FastEthernet0/0  （静态路由）
S    192.168.4.0/24 is directly connected, FastEthernet0/0  （静态路由）
C    192.168.5.0/24 is directly connected, FastEthernet0/0  （直连路由）
RA#ping 192.168.5.1  （ping 三层交换机的接口 1）
Type escape sequence to abort.
Sending 5, 100-byte ICMP Echos to 192.168.5.1, timeout is 2 seconds:
!!!!!
Success rate is 100 percent (5/5), round-trip min/avg/max = 31/31/32 ms
```

4.5.5 教学方法与任务结果

学生分组进行任务实施，可以3~5人一组，小组讨论，确定方案后进行讲解，教师给予指导，全体学生参与评价。方案实施完成后，首先要检测三层交换机的配置情况，查看路由表，通过 ping 命令进行测试，确保实现 VLAN 间通信。

模块 4.6 中小型企业网的组建

4.6.1 工作任务

你是某公司的网络管理人员，该公司的网络组建拓扑如图 4-33 所示，接入层均采用二层交换机 S2960，通过 3 台路由器分别连接 3 个部门的网络，其中技术部有 60 台计算机，销售部有 28 台计算机，财务部有 12 台计算机，给你分配的 IP 地址块为 192.168.1.0/24，你必须支持现有的网络，同时还要考虑未来的发展，采用可变长子网的划分方法为网络中所有的计算机和网络设备配置合适的 IP 地址，具体分配要求如下：

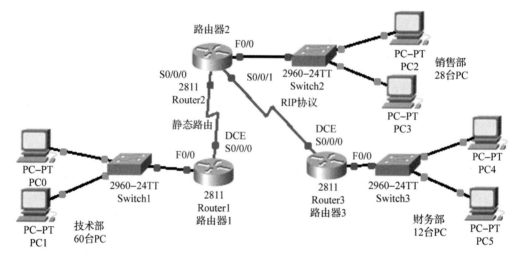

图 4-33　某公司网络组建拓扑图

（1）对于路由器 1、路由器 2、路由器 3 的 F0/0 接口，配置子网中可用的最大 IP 地址。

（2）对于交换机 1、交换机 2、交换机 3 的管理地址，配置该子网中可用的第二大 IP 地址。

（3）对于路由器 1 的 S0/0/0 接口，配置子网中可用的最小 IP 地址。

（4）对于路由器 2 的 S0/0/0 接口，配置子网中可用的最大 IP 地址。

（5）对于路由器 2 的 S0/0/1 接口，配置子网中可用的最小 IP 地址。

（6）对于路由器 3 的 S0/0/0 接口，配置子网中可用的最大 IP 地址。

（7）对于每个部门的两台计算机，使用子网中的前两个 IP 地址（可用的两个最小地址）。

为了提高网络的安全性、可靠性、可用性，需要配置 Telnet、VLAN、路由等功能。

4.6.2 工作载体

1. 网络连接要求

（1）按图 4 - 33 所示结构要求制作网络连接电缆。

（2）利用电缆正确连接网络设备。

2. 网络设备配置要求

（1）对 IP 进行合理规划，确定计算机及网络设备的 IP 地址。

（2）设置系统名，在交换机 Switch1 上创建 VLAN10，端口 F0/1 ~ F0/5 属于 VLAN10；在 Switch2 上创建 VLAN20，端口 F0/1 ~ F0/5 属于 VLAN20；在交换机 Switch3 上创建 VLAN30，端口 F0/6 ~ F0/10 属于 VLAN30。

（3）对所有的设备配置 VTY，密码统一为 123，要求能实现远程管理。

（4）在路由器 1 和路由器 2 之间配置静态路由或默认路由。

（5）在路由器 2 和路由器 3 之间配置 RIP 路由协议。

（6）配置路由重分发，实现全网互通。

4.6.3 任务实施

1. 网络线缆的制作

通过拓扑结构图可以确定本次工作任务共需要 9 根直通双绞线。

2. 拓扑布局的搭建

网络拓扑布局的搭建如下：

（1）用两根直通双绞线，一端分别连接到 Switch1 的以太网端口 F0/2、F0/3，另一端分别连接到计算机 PC1、PC2 的网卡上。

（2）用两根直通双绞线，一端分别连接到 Switch2 的以太网端口 F0/2、F0/3，另一端分别连接到计算机 PC3、PC4 的网卡上。

（3）用两根直通双绞线，一端分别连接到 Switch3 的以太网端口 F0/2、F0/3，另一端分别连接到计算机 PC5、PC6 的网卡上。

（4）用一根直通双绞线，一端连接到 Switch1 的以太网端口 F0/1，另一端连接到路由器 1 的 F0/0 接口。

（5）用一根直通双绞线，一端连接到 Switch2 的以太网端口 F0/1，另一端连接到路由器 2 的 F0/0 接口。

（6）用一根直通双绞线，一端连接到 Switch3 的以太网端口 F0/1，另一端连接到路由器 3 的 F0/0 接口。

（7）用一根广域网电缆，一端连接到路由器 1 的 S0/0/0 接口，另一端连接到路由器 2 的 S0/0/0 接口（注意，实验环境中用背对背的方式进行模拟，需要两根广域网电缆进行互连，带针的一端为 DTE 端，带孔的一端为 DCE 端）。

（8）用一根广域网电缆，一端连接到路由器 2 的 S0/0/1 接口，另一端连接到路由器 3 的 S0/0/0 接口。

3. 网络软件的安装与调试

网络软件的安装与调试按照 TCP/IP 协议。

4. 网络设备的配置与调试

（1）对 IP 进行合理规划，确定计算机及网络设备的 IP 地址，见表 4 - 13。

表 4 - 13　IP 地址的规划与分配

设备名称	接口	IP 地址	子网掩码	默认网关
Router1	F0/0	192. 168. 1. 62	255. 255. 255. 192	无
	S0/0/0	192. 168. 113	255. 255. 255. 252	
Router2	F0/0	192. 168. 1. 94	255. 255. 255. 224	无
	S0/0/0	192. 168. 1. 114	255. 255. 255. 252	
	S0/0/1	192. 168. 1. 117	255. 255. 255. 252	
Router3	F0/0	192. 168. 1. 110	255. 255. 255. 240	无
	S0/0/0	192. 168. 1. 118	255. 255. 255. 252	
Switch1	VLAN1	192. 168. 1. 61	255. 255. 255. 192	192. 168. 1. 62
Switch2	VLAN1	192. 168. 1. 66	255. 255. 255. 224	192. 168. 1. 94
Switch3	VLAN1	192. 168. 1. 109	255. 255. 255. 240	192. 168. 1. 110
PC1、PC2	NIC	192. 168. 1. 1 192. 168. 1. 2	255. 255. 255. 192	192. 168. 1. 62
PC3、PC4	NIC	192. 168. 1. 65 192. 168. 1. 66	255. 255. 255. 224	192. 168. 1. 94
PC5、PC6	NIC	192. 168. 1. 97 192. 168. 1. 98	255. 255. 255. 240	192. 168. 1. 110

（2）设置系统名：在交换机 Switch1 上创建 VLAN10，端口 F0/1 ~ F0/5 在 VLAN10；在 Switch2 上创建 VLAN20，端口 F0/1 ~ F0/5 在 VLAN20；在交换机 Switch3 上创建 VLAN30，端口 F0/6 ~ F0/10 在 VLAN30。

```
Switch > enable
Switch#configure terminal
Switch(config)#hostname Switch1
Switch1(config)#vlan 10
Switch1(config - vlan)#exit
```

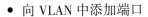

- 向 VLAN 中添加端口

```
Switch1(config)#interface range fastethernet 0/1-5
Switch1(config-if-range)#switch  mode access
Switch1(config-if-range)#switchport access vlan 10
在 Switch2、Switch3 上创建 VLAN 的方法与此类似,这里就不再累述了。
```

(3) 对所有的设备配置 VTY,密码统一为 123,要求能实现远程管理。

(Switch1、Switch2、Switch3 的配置基本相同,但要注意 IP 地址不能冲突,这里只介绍 Switch1 的配置)

- 交换机实现远程管理的配置过程:

```
Switch1(config)#interface  vlan 1     (进入交换机的管理 VLAN)
Switch1(config-if)#ip address 192.168.1.2  255.255.255.0
(为交换机配置 IP 地址和子网掩码)
Switch(config-if)#no  shutdown    (激活该 VLAN)
Switch1(config-if)#exit    (从当前模式退到全局配置模式)
Switch1(config)#line  vty 0 4    (进入 Telnet 模式)
Switch1(config-line)#password 123    (设置 Telnet 登录密码为 123)
Switch1(config-line)#login    (登录时使用此验证方式)
Switch1#copy  running-config startup-config
(将正在运行的配置文件保存到系统的启动配置文件)
Destination filename [startup-config]?    (系统默认的文件名为 startup-config)
Building configuration...
[OK]    (系统显示保存成功)
```

- 路由器实现远程管理的配置过程(以路由器 1 为例):

```
Router>enable    (由用户模式转换为特权模式)
Router#configure terminal    (由特权模式转换为全局配置模式)
Router(config)#interface fastEthernet 0/0    (进入以太网接口模式)
Router(config-if)#ip address 192.168.1.62 255.255.255.192
(为此接口配置 IP 地址,此地址为计算机的默认网关)
Router(config-if)#no shutdown
(激活该接口,默认为关闭状态,与交换机有很大区别)
Router(config)#line vty 0 4
(进入路由器的 VTY 虚拟终端下,vty 0 4 表示 vty0 到 vty4,共 5 个虚拟终端)
Router(config-line)#password 123    (设置 Telnet 登录密码为 123)
Router(config-line)#login    (登录时进行密码验证)
Router(config-line)#exit    (由线路模式转换为全局配置模式)
```

(4) 在路由器 1 和路由器 2 之间配置静态路由或默认路由。

- 路由器 Router1 的配置:

```
Router1(config)#interface serial 0/0/0    (进入广域网 S0/0/0 接口)
Router1(config-if)#ip address 192.168.1.113 255.255.255.252
Router1(config-if)#clock rate 64000
(DCE 端需要在广域网接口配置时钟,时钟通常为 64000,DTE 端不需要配置时钟)
Router1(config-if)#no shutdown
%LINK-4-CHANGED: Interface Serial0/0/0, changed state to down
(系统显示该接口仍然处于关闭状态,此时属于正常状态,当路由器 Router2 的广域网接口配置好后,
该接口自动转换为 UP 的状态)
Router1(config-if)#exit    (只能在全局配置模式下配置路由)
Router1(config)#ip route 192.168.1.64 255.255.255.224192.168.1.114
(配置到达 192.168.1.64 网络的路由,下一跳段为 192.168.1.114)
Router1(config)#ip route 192.168.1.96 255.255.255.240192.168.1.114
(配置到达 192.168.1.96 网络的路由,下一跳段为 192.168.1.114)
```

- 或者只配置一条默认路由:

```
Router1(config)#ip route 0.0.0.0 0.0.0.0 192.168.1.114
Router1(config)#exit
Router1#    (只能在特权模式下对系统设置进行保存)
%SYS-4-CONFIG_I: Configured from console by console
Router1#copy  running-config  startup-config
(将正在配置的运行文件保存到系统的启动配置文件)
Destination filename [startup-config]? (系统默认文件名为 startup-config)
Building configuration...
[OK]
Router1#show ip route (只有当所有的路由器都配置完成后,才能查看到完整的路由表)
Codes: C - connected, S - static, I - IGRP, R - RIP, M - mobile, B - BGP
       D - EIGRP, EX - EIGRP external, O - OSPF, IA - OSPF inter area
N1 - OSPF NSSA external type 1, N2 - OSPF NSSA external type 2
E1 - OSPF external type 1, E2 - OSPF external type 2, E - EGP
       i - IS-IS, L1 - IS-IS level-1, L2 - IS-IS level-2, ia - IS-IS inter area
       * - candidate default, U - per-user static route, o - ODR
       P - periodic downloaded static route
Gateway of last resort is not set
C    1.0.0.0/8 is directly connected, Serial0/0/0    (C 表示直连路由)
C    192.168.1.0/24 is directly connected, FastEthernet0/0
C    192.168.2.0/24 is directly connected, FastEthernet0/1
S    192.168.1.64(目的网络)/27(子网掩码) [1/0] via(下一跳段)192.168.1.114
S    192.168.1.96/28 [1/0] via192.168.1.114    (S 表示静态路由)
```

- 路由器 Router2 的配置:

```
Router>enable    (由用户模式转到特权模式)
Router#configure terminal    (进入全局配置模式)
Router(config)#hostname Router2    (设置系统名为 Router2)
Router2(config)#interface fastEthernet 0/0    (进入 F0/0 接口)
Router2(config-if)#ip address 192.168.1.94  255.255.255.224    (为 F0/0 口指定
IP 地址)
```

```
Router2(config-if)#no shutdown    (激活该端口)
%LINK-4-CHANGED: Interface FastEthernet0/0, changed state to up
%LINEPROTO-4-UPDOWN: Line protocol on Interface FastEthernet0/0, changed
state to up    (系统显示该端口已被激活)
Router2(config-if)#exit    (由接口模式退到全局配置模式)
Router2(config)#interface serial 0/0/0(进入 S0/0/0 接口)
Router2(config-if)#ip  address 192.168.1.114  255.255.255.252(为 S0/0/0 口指
定 IP 地址)
Router2(config-if)#no shutdown    (激活该端口)
%LINK-4-CHANGED: Interface FastEthernet0/1, changed state to up
%LINEPROTO-4-UPDOWN: Line protocol on Interface FastEthernet0/1, changed
state to up    (系统显示该端口已被激活)
Router2(config-if)#exit
Router2(config)#interface serial 0/0/1    (进入广域网 S0/0/1 接口)
Router2(config-if)#ip address 192.168.1.117 255.255.255.252
Router2(config-if)#no shutdown
%LINK-4-CHANGED: Interface Serial0/0/0, changed state to up
Router2(config-if)#exit    (只能在全局配置模式下配置路由)
Router2(config)#ip route 192.168.1.0 255.255.255.192 192.168.1.113
(配置到达 192.168.1.0 网络的路由,下一跳段为 192.168.1.113)
```

（5）在路由器 2 和路由器 3 之间配置 RIP 路由协议。

● 路由器 2 的配置：

```
Router2(config)#router rip
Router2(config-rip)#network 192.168.1.64
Router2(config-rip)#network 192.168.1.116
```

● 路由器 3 的配置：

```
Router>enable    (由用户模式转到特权模式)
Router#configure terminal    (进入全局配置模式)
Router(config)#hostname Router3    (设置系统名为 Router2)
Router3(config)#interface fastEthernet 0/0    (进入 F0/0 接口)
Router3(config-if)#ip address 192.168.1.110  255.255.255.240    (为 F0/0 口指定
IP 地址)
Router3(config-if)#no shutdown    (激活该端口)
%LINK-4-CHANGED: Interface FastEthernet0/0, changed state to up
%LINEPROTO-4-UPDOWN: Line protocol on Interface FastEthernet0/0, changed
state to up    (系统显示该端口已被激活)
Router3(config-if)#exit    (由接口模式退到全局配置模式)
Router3(config)#interface serial 0/0/0    (进入 S0/0/0 接口)
Router3(config-if)#ip  address 192.168.1.118  255.255.255.252(为 S0/0/0 口指定
IP 地址)
Router1(config-if)#clock rate 64000
(DCE 端需要在广域网接口配置时钟,时钟通常为 64000,DTE 端不需要配置时钟)
Router3(config-if)#no shutdown    (激活该端口)
%LINK-4-CHANGED: Interface FastEthernet0/1, changed state to up
```

```
%LINEPROTO - 4 - UPDOWN：Line protocol on Interface FastEthernet0 / 1, changed
state to up    （系统显示该端口已被激活）
Router3（config-if）#exit    （只能在全局配置模式下配置路由）
Router3（config）#router rip
Router3（config-rip）#network 192.168.1.96
Router3（config-rip）#network 192.168.1.116
Router3#copy  running-config  startup-config
（将正在配置的运行文件保存到系统的启动配置文件）
Destination filename［startup-config］?    （系统默认文件名为 startup-config）。
Building configuration...
［OK］
```

（6）配置路由重分发，实现全网互通。

```
Router2（config）#router rip
Router2（config-rip）#redistribute static metric 3    （将静态路由在 RIP 中传播）
```

- 查看路由器 2 的路由表：

```
Router2#show ip route（只有当所有的路由器都配置完成后,才能查看到完整的路由表）
Codes：C - connected, S - static, I - IGRP, R - RIP, M - mobile, B - BGP
       D - EIGRP, EX - EIGRP external, O - OSPF, IA - OSPF inter area
N1 - OSPF NSSA external type 1, N2 - OSPF NSSA external type 2
E1 - OSPF external type 1, E2 - OSPF external type 2, E - EGP
       i - IS-IS, L1 - IS-IS level-1, L2 - IS-IS level-2, ia - IS-IS inter area
       * - candidate default, U - per-user static route, o - ODR
       P - periodic downloaded static route
Gateway of last resort is not set
C    192.168.1.64 /27 is directly connected, FastEthernet0 /0（C 表示直连路由）
C    192.168.1.112 /30 is directly connected, Serial0 /0 /0
C    192.168.1.116 /30 is directly connected, Serial0 /0 /1
S    192.168.1.0（目的网络）/26（子网掩码）［1/0］via（下一跳段）192.168.1.113
R    192.168.1.96 /28 ［1/0］via192.168.1.118（R 表示动态路由 RIP 协议）
```

- 查看路由器 3 的路由表：

```
Router3#show ip route（只有当所有的路由器都配置完成后,才能查看到完整的路由表）
Codes：C - connected, S - static, I - IGRP, R - RIP, M - mobile, B - BGP
       D - EIGRP, EX - EIGRP external, O - OSPF, IA - OSPF inter area
N1 - OSPF NSSA external type 1, N2 - OSPF NSSA external type 2
E1 - OSPF external type 1, E2 - OSPF external type 2, E - EGP
       i - IS-IS, L1 - IS-IS level-1, L2 - IS-IS level-2, ia - IS-IS inter area
       * - candidate default, U - per-user static route, o - ODR
       P - periodic downloaded static route
Gateway of last resort is not set
C    192.168.1.96 /28 is directly connected,FastEthernet0 /0（C 表示直连路由）
C    192.168.1.118 /30 is directly connected, Serial0 /0 /0
R    192.168.1.64（目的网络）/27（子网掩码）［1/0］via（下一跳段）192.168.1.117
R*   192.168.1.0 /26 ［1/0］via192.168.1.117（R* 表示是通过动态路由协议学习来的）
```

5. 网络连通性测试

（1）tracert 诊断程序：tracert 诊断实用程序通过向目的计算机发送具有不同生存时间的 ICMP（Internet 控制信息协议）回应报文，以确定至目的地的路由。也就是说，tracert 命令可以用来跟踪一个报文从一台计算机到另一台计算机所走的路径。它要求路径上的路由器在转发数据包之前，至少将数据包的 TTL 减 1，必需路径上的每个路由器，所以 TTL 是有效的跃点计数。数据包上的 TTL 到达 0 时，路由器应该将"ICMP 已超时"的消息发送回源系统。tracert 先发送 TTL 为 1 的回显数据包，并在随后的每次发送过程中将 TTL 递增 1，直到目标响应或 TTL 达到最大值，从而确定路由。路由通过检查中级路由器发送回的"ICMP 已超时"的消息来确定路由。不过，有些路由器悄悄地下传包含过期 TTL 值的数据包，而 tracert 看不到。

（2）语法详解：

```
tracert [ -d] [ -h maximum_hops] [ -j computer - list] [ -w timeout] target_name
```

（3）参数说明：

- d 指定不将地址解析为计算机名。
- h maximum_hops 指定搜索目标的最大跃点数。
- j computer - list 指定沿 computer - list 的稀疏源路由。
- w timeout 为每次应答等待 timeout 指定的微秒数。
- target_name 为目标计算机的名称。

本次工作任务从 PC1 出发跟踪 PC6，如图 4 - 34 所示。本次工作任务的结果是网络中的所有 PC 都能互相 ping 通，如图 4 - 35 所示。

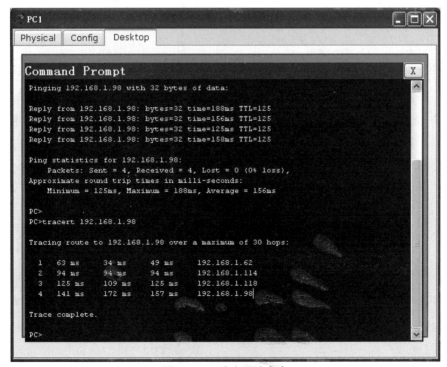

图 4 - 34　路由跟踪命令

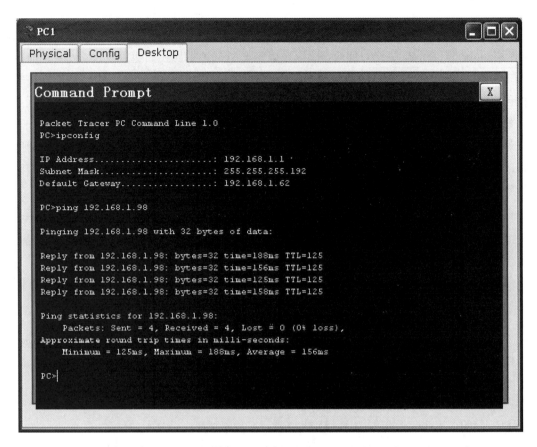

图 4 - 35 网络连通性测试

4.6.4 教学方法与任务结果

学生分组进行任务实施，可以 3 ~ 5 人一组，小组讨论，确定方案后进行讲解，教师给予指导，全体学生参与评价。方案实施完成后，首先要检查 IP 地址是否分配合理，再检测网络设备与计算机的连通性，确保每台计算机都可以远程登录到网络设备上进行配置与管理，最后确保全网互通。

模块 4.7 项目拓展

4.7.1 理论拓展

4 - 1 选择题

1. 为了满足子网寻径的需要，路由表中应包含的元素有 (　　　)。

A. 子网掩码　　　　　　　　　　　　　B. 源地址

C. 目的网络地址　　　　　　　　　　　D. 下一跳地址

2. 路由器作为网络互连设备，必须具备（　　）的特点。

A. 支持路由协议
B. 至少具备一个备份口

C. 至少支持两个网络接口
D. 协议至少要实现到网络层

E. 具有存储、转发和寻径功能

3. 国际上负责分配 IP 地址的专业组织划分了几个网段作为私有网段，可以供人们在私有网络上自由分配使用，以下属于私有地址的网段是（　　）。

A. 10. 0. 0. 0/8
B. 172. 16. 0. 0/12

C. 192. 168. 0. 0/16
D. 224. 0. 0. 0/8

4. 为了确定网络层所经过的路由器数目，应使用（　　）命令。

A. ping
B. arp – a

C. stack – test
D. tracert

E. telnet

5. 保留给自环测试的 IP 地址是（　　）。

A. 127. 0. 0. 0
B. 127. 0. 0. 1

C. 224. 0. 0. 9
D. 126. 0. 0. 1

4 – 2　填空题

1. 以太网利用_____协议获得目的主机 IP 地址与 MAC 地址的映射关系。

2. 在 IP 互联网中，路由通常可以分为_____路由和_____路由。

3. IP 路由表通常包括三项内容，它们是_____、_____和_____。

4. RIP 协议使用_____算法，OSPF 协议使用_____算法。

4.7.2　实践拓展

假定网络中的路由器 B 的路由表有"目的网络""距离"和"下一跳路由器"项目，具体见表 4 – 14。

表 4 – 14　路由器 B 的路由表

目的网络	距离	下一跳路由器
N_1	7	A
N_2	2	A
N_5	8	A
N_8	4	A
N_9	4	A

现在路由器 B 收到从路由器 C 发来的路由信息，包括"目的网络"和"距离"，具体见表 4 – 15。请写出路由器 B 经过刷新后的路由表。

表 4 – 15　路由器 C 的路由表

目的网络	距离
N_2	4
N_3	8
N_5	4
N_8	3
N_9	5

项目 5

无线局域网的组建

学习目标

◆ 了解无线网络的发展趋势、组成、分类、无线局域网标准与协议等。

◆ 了解常见的无线网络设备，能根据用户需求合理选型。

◆ 了解无线局域网的传输媒体、无线信道、天线等。

◆ 掌握无线传输技术与无线局域网的组网模式。

◆ 能够根据用户需求组建无线个人局域网、小型家庭无线局域网、企业无线局域网等。

思政目标

◆ 通过介绍全球5G中国领先，国内5G目前已经覆盖所有地级以上城市，激发学生的国家荣誉感、爱国情怀及自信心，鼓励学生学好计算机网络技术，并在这条道路上持之以恒地走下去。

◆ 能够根据用户需求组建无线个人局域网、小型家庭无线局域网、企业无线局域网等。

 思政视窗

全球5G中国领先

"截至8月底，我国累计开通5G基站超100万个，覆盖全国所有地级以上城市。"在中国国际信息通信展览会期间举办的第五届5G创新发展高峰论坛上，工业和信息化部正式对外披露了这样一组亮眼的数据，自2019年6月发牌以来，经过两年多的发展，我国坚持适度超前、建用结合原则，全力推进5G网络建设，在技术、标准、产业、应用等方面均实现突破并取得显著成效，我国的5G发展走在了世界前列。

近年来，社会加速迈向数字化、网络化、智能化，作为新基建"领头羊"的5G在助推各行各业数字化转型中发挥了强大赋能作用。工业和信息化部深入贯彻落实党中央、国务院决策部署，积极推动5G网络高质量发展，先后发布了多项政策文件，为我国5G网络建设及5G和千兆光网的协同发展指明了方向。

在全行业的协同努力下，我国的5G发展持续提速，网络建设取得显著成果。截至2021年8月底，全国累计开通5G基站数超100万，覆盖全国所有地级以上城市。全国县级行政

区已开通 5G 网络超过 2 900 个，29 个省份实现县县通 5G 网络，全国乡镇已有 14 万个开通 5G 网络。目前，我国 5G 基站数占全球比例超过 70%，5G 标准必要专利声明数量占比超过 38%，5G 终端连接数占全球比重超过 80%，均居全球首位。

为了更好地推进 5G 应用落地，我国提出了"以建促用、建用结合"的发展原则。两年多来，5G 融合应用如雨后春笋般涌现，尤其是新冠肺炎疫情发生后，以 5G 为代表的新一代信息通信技术在疫情防控及推动经济社会发展中作用凸显，5G + 远程医疗、5G + 远程教育、5G + 智慧家居等应用加速落地，云办公、云课堂、云医疗等备受青睐。与此同时，5G 加速融入工业、矿山、能源、交通、农业等传统行业，催生出各类融合应用和服务，助力企业及行业数字化转型。

当前，我国 5G 发展已迈入商用部署关键阶段。在全球各国加快 5G 战略布局的大背景下，持续完善 5G 网络覆盖，加速推动 5G 融入千行百业，全面赋能数字中国建设，助推经济社会高质量发展，已经成为全行业共同的使命和责任。

模块 5.1 无线个人局域网的组建

5.1.1 工作任务

小王和小李是邻居，两人都使用台式机，都有蓝牙适配器。小王申请了家庭宽带访问互联网，小李为了节省费用，想使用蓝牙通过小王的电脑访问互联网，于是需要构建一个 WPAN 网络来实现。

5.1.2 工作载体

网络拓扑如图 5 - 1 所示，需要 1 台服务器、1 台客户机、2 块 USB、蓝牙适配器。

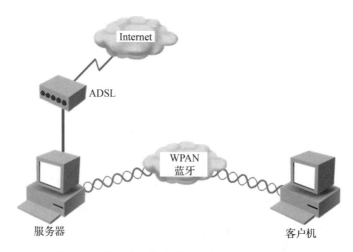

图 5 - 1　基于蓝牙技术的无线个人局域网拓扑图

5.1.3　教学内容

1. 无线网络的发展趋势

国家"十三五"规划明确要求："加快构建高速、移动、安全、泛在的新一代信息基础设施，推进信息网络技术广泛运用，形成万物互联、人机交互、天地一体的网络空间"，"在城镇热点公共区域推广免费高速无线局域网（WLAN）接入"。目前，无线网络在机场、地铁、客运站等公共交通领域、医疗机构、教育园区、产业园区、商城等公共区域实现了重点城市的全覆盖，下一阶段将实现城镇级别的公共区域全覆盖，无线网络规模将持续增长。

无线网络技术最近几年一直是一个研究的热点领域，新技术层出不穷，各种新名词也是应接不暇，从无线局域网、无线个域网、无线城域网到无线广域网；从移动 Ad Hoc 网络到无线传感器网络、无线 Mesh 网络；从 Wi-Fi 到 WiMedia、WiMAX；从 IEEE 802.11、IEEE 802.15、IEEE 802.16 到 IEEE 802.20；从固定宽带无线接入移动宽带无线接入；从蓝牙到红外、HomeRF；从 UWB 到 ZigBee；从 GSM、GPRS、CDMA 到 3G、超 3G、4G 等。如果说计算机方面的词汇最丰富，网络方面就是一个代表；如果说网络方面的词汇最丰富，无线网络方向就是一个代表。所有的这一切都是因为人们对无线网络的需求越来越大，对无线网络技术的研究也日益加强，从而导致无线网络技术也越来越成熟。

无线网络摆脱了有线网络的束缚，可以在家里、花园、户外、商城等任何一个角落，抱着笔记本电脑、Pad、手机等移动设备，享受网络带来的便捷。通过无线上网的用户超过 90%，可见，无线网络正改变着人们的工作、生活和学习习惯，人们对无线的依赖性越来越强。

2. 无线网络的分类

无线网络是采用无线通信技术实现的网络，根据网络覆盖范围、传输速率和启途的差异，无线网络大体可分为无线广域网、无线城域网、无线局域网和无线个域网。无线网络的传输距离与有线网络一样，可以分为几种不同类型，如图 5-2 所示。

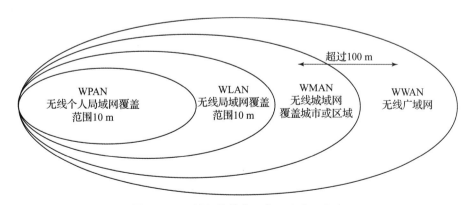

图 5-2　无线通信技术以范围分成四大类

（1）无线广域网（WWAN）：为了使用户通过远程公用网络或专用网络建立无线网络连接，从而出现了 WWAN 技术，其使用由无线服务提供商负责维护的若干天线基站或卫星系统。这些连接可以覆盖广大的地理区域，例如城市与城市之间、国家（地区）与国家（地区）之间。其目的是让分布较远的各局域网互连，它的结构分为末端系统（两端的用户集合）和通信系统（中间链路）两部分。目前的 WWAN 技术被称为第二代移动通信技术（2G）网络。代表技术有传统的 GSM 网络、GPRS 网络以及正在实现的 3G 网络和 4G LTE（Long Term Evolution）、5G 网络等类似系统，2G 网络主要包括移动通信全球系统（GSM）、蜂窝式数字分组数据（CDPD）和码分多址（CDMA）。由于系统容量、通信质量和数据传输速率的不断提高，以及在不同网络间无缝漫游需求情况下，第三代移动通信技术（3G）技术也就应运而生了。第三代移动通信技术（3G）技术执行全球标准，并提供全球漫游功能。ITU 积极促进 3G 全球标准的制定。2019 年 1 月，中国电信、中国移动、中国联通的 4G LTE 移动网络基本完成升级，进入了 5G 时代。随着 5G 牌照的发放，5G 热潮不断，从规划到部署到应用，5G 动态不断。

（2）无线城域网（WMAN）：WMAN 技术主要通过移动电话或车载装置进行移动数据通信，使用户可以在城区的多个场所之间创建无线连接（例如，在城市之内或学校校园的多个楼宇之间），可覆盖城市中的大部分地区，而不必花费高昂的线缆铺设费用。此外，当有线网络的主要租赁线路不能使用时，WMAN 还可以作备用网络使用。WMAN 使用无线电波或红外光波传送数据。随着网络技术的发展，用户需要宽带无线接入 Internet 网络的需求量正日益增长。尽管目前正在使用各种不同技术，例如多路多点分布服务（MMDS）和本地多点分布服务（LMDS），代表技术是 IEEE 802.20 标准，主要针对移动宽带无线接入（Mobile Broadband Wireless Access，MBWA）。该标准强调移动性（支持速度可高达时速 250 km），由 IEEE 802.16 宽带无线接入（Broadband Wireless Access，BWA）发展而来。另一个代表技术是 IEEE 802.16 标准体系，主要有 802.16、802 等。

（3）无线局域网（WLAN）：通信网络随着 Internet 的飞速发展，从传统的布线网络发展到了无线网络，作为无线网络之一的无线局域网（Wireless Local Area Network，WLAN），满足了人们实现移动办公的梦想，为我们创造了一个丰富多彩的自由天空。

在网络中应用日益增多，并且技术发展迅速的 WLAN 技术，由于其能够提供除了传统 LAN 技术的全部特点和优势外，在移动性上也带来巨大的便利性，因此迅速获得使用者的青睐。特别是在当前 WLAN 设备的价格进一步降低，同时其速度进一步提高达到 1 000 Mb/s 后，WLAN 技术在各行各业及家庭中得到了广泛的应用。

无线局域网是计算机网络与无线通信技术相结合的产物。所谓无线局域网，指允许用户使用红外线技术及射频技术建立远距离或近距离的无线连接，实现网络资源的共享。不需要铺设线缆，安装简单、使用灵活、易于扩展，能够实现现代人"随时保持网络连接"的状态，如企业经理在会议室临时开会，需要联网；员工在外地出差，需要接收邮件；乘客在车上连接到 Internet 的高清电视上观看流媒体电影，这些功能是有线网络无法实现的。

无线网络与有线网络的用途十分类似，其两者最大的差别在于传输媒介的不同，利用无线电技术取代网线，可以和有线网络互为备份。无线局域网特点如下：

①灵活性和移动性：在有线网络中，网络设备的安放位置受网络位置的限制，而无线局域网在无线信号覆盖区域内的任何一个位置都可以接入网络。无线局域网另一个最大的优点

在于其移动性，连接到无线局域网的用户可以移动且能同时与网络保持连接。

②安装便捷：无线局域网可以免去或最大限度地减少网络布线的工作量，一般只要安装一个或多个接入点设备，就可建立覆盖整个区域的局域网络。

③易于进行网络规划和调整：对于有线网络来说，办公地点或网络拓扑的改变通常意味着重新建网。重新布线是一个昂贵、费时、浪费和琐碎的过程，无线局域网可以避免或减少以上情况的发生。

④故障定位容易：有线网络一旦出现物理故障，尤其是由于线路连接不良而造成的网络中断，往往很难查明，而且检修线路需要付出很大的代价。无线网络则很容易定位故障，只需更换故障设备即可恢复网络连接。

⑤易于扩展：无线局域网有多种配置方式，可以很快从只有几个用户的小型局域网扩展到上千用户的大型网络，并且能够提供结点间"漫游"等有线网络无法实现的特性。由于无线局域网有以上诸多优点，因此其发展十分迅速。最近几年，无线局域网已经在企业、医院、商店、工厂和学校等场合得到了广泛的应用。

无线局域网在能够给网络用户带来便捷和实用的同时，也存在着一些缺陷。无线局域网的不足之处体现在以下几个方面：

①性能：无线局域网是依靠无线电波进行传输的。这些电波通过无线发射装置进行发射，而建筑物、车辆、树木和其他障碍物都可能阻碍电磁波的传输，所以会影响网络的性能。

②速率：无线信道的传输速率与有线信道相比要低得多。无线局域网的最大传输速率为 1 Gb/s，只适合个人终端和小规模网络应用。

③安全性：本质上无线电波不要求建立物理的连接通道，无线信号是发散的。从理论上讲，很容易监听到无线电波广播范围内的任何信号，造成通信信息泄露。

（4）无线个人局域网（WPAN）：WPAN 技术通常指近距离范围内的设备建立无线连接，是为了实现活动半径小、业务类型丰富、面向特定群体、无线无缝的连接提出的新兴无线通信网络技术。WPAN 能够有效地解决"最后的几米电缆"的问题，进而将无线联网进行到底。在网络构成上，WPAN 位于整个网络链的末端，用于实现同一地点终端与终端间的连接，如连接手机和蓝牙耳机等。WPAN 所覆盖的范围一般在 10 m 半径以内，必须运行于许可的无线频段。WPAN 使用户能够为个人操作空间（POS）设备（如 PDA、移动电话和笔记本电脑等）创建临时无线通信。POS 指的是以个人为中心，最大距离为 10 m 的一个空间范围。目前，两个主要的 WPAN 技术是"蓝牙技术"和红外线。"蓝牙技术"是一种电缆替代技术，可以在 10 m 以内使用无线电波传送数据。蓝牙传输的数据可以穿过墙壁、口袋和公文包进行传输。"蓝牙技术特别兴趣小组（SIG）"推动着"蓝牙"技术的发展，于 1999 年发布了 Bluetooth 版本 1.0 规范。作为替代方案，要近距离（1 m 以内）连接设备，用户还可以创建红外链接。为了规范 WPAN 技术的发展，1998 年，IEEE 802.15 工作组成立，专门从事 WPAN 标准化工作。

WPAN 被定位于短距离无线通信技术，但根据不同的应用场合，又分为高速 WPAN（HR - WPAN）和低速 WPAN（LR - WPAN）两种。

①高速 WPAN（HR – WPAN）：发展高速 WPAN 是为了连接下一代便携式电子设备和通信设备，支持各种高速率的多媒体应用，包括高质量声像、音乐和图像传输等。其可以提供 20 Mb/s 以上的数据速率以及服务质量（QoS）功能来优化传输带宽。

②低速 WPAN（LR – WPAN）：在我们的日常生活中并不是都需要高速应用，所以发展低速 WPAN 更为重要。例如在家庭、工厂与仓库自动化控制，安全监视、保健监视、环境监视、军事行动、消防队员操作指挥、货单自动更新、库存实时跟踪以及游戏和互动式玩具等方面都可以开展许多低速应用，有些低速 WPAN 甚至能够挽救我们的生命。例如，当你忘记关掉煤气灶或者睡前忘锁门的时候，有了低速 WPAN 就可以使你获救或免于财产损失。

3. 无线局域网的传输介质

无线传输介质利用空间中传播的电磁波传送数据信号。无线局域网常用的传输技术包括扩频技术和红外技术。扩频技术的主要工作原理是在比正常频带宽的频带上扩展信号，目的是提高系统的抗干扰能力和可用性。红外传输技术通常采用曼散射方式，发送方和接收方不必互相对准，也不需要清楚地看到对方。

无线传输介质是一种人的肉眼看不到的传输介质，它不需要铺设线缆，不受结点布局的限制，既能使用固定网络结点的接入，也能适应移动网络结点的接入，具有安装简单、使用灵活、易于扩展的特点。

但是，与有线介质中传输信息相比，无线介质中传输信息的出错率要高，因为空间中的电磁波不但在穿过墙壁、家具等物体时强度将有所减弱，而且容易受到同一频段其他信号源的干扰。

随着无线局域网技术的广泛应用和普及，用户对数据传输速率的要求越来越高。但是在室内这个较为复杂的电磁环境中，多径效应、频率选择性衰落和其他干扰源的存在使得实现无线信道中的高速数据传输比有线信道中更加困难，WLAN 需要采用合适的调制技术。

扩频通信技术是一种信息传输方式，其信号所占有的频带宽度远大于所传信息必需的最小带宽。频带的扩展是通过一个独立的码序列来完成的，用编码及调制的方法来实现，与所传信息数据无关。在接收端，则用同样的码进行相关同步接收、解扩及恢复所传信息数据。

4. 无线局域网标准与协议

在 1997 年，IEEE 发布了 802.11 协议，这也是在无线局域网领域内的第一个国际上被认可的协议。该标准定义了物理层和媒体访问控制（MAC）协议的规范，允许无线局域网及无线设备制造商在一定范围内建立互操作网络设备。

在 1999 年 9 月，IEEE 又提出了 802.11b "High Rate" 协议，用来对 802.11 协议进行补充，802.11b 在 802.11 的 1 Mb/s 和 2 Mb/s 速率下又增加了 5.5 Mb/s 和 11 Mb/s 两个新的网络吞吐速率。利用 802.11b，移动用户能够获得同以太网一样的性能、网络吞吐率、可用性。这个基于标准的技术使得管理员可以根据环境选择合适的局域网技术来构造自己的网络，满足他们的商业用户和其他用户的需求。802.11 协议主要工作在 OSI 七层模型的最低两层上，并在物理层上进行了一些改动，加入了高速数字传输的特性和连接的稳定性。

（1）IEEE 802.11a：IEEE 802.11a 采用 OFDM 调制技术并使用 5 GHz 频段。802.11a 设

备的运行频段是5 GHz，由于使用5 GHz频段的电器较少，因此与运行频段为2.4 GHz的设备相比，802.11a设备出现干扰的可能性更小。此外，由于频率更高，因此所需的天线也更短。

然而，使用5 GHz频段也有一些严重的弊端。首先，无线电波的频率越高，也就越容易被障碍物（例如墙壁）所吸收，因此，在障碍物较多时，802.11a很容易出现性能不佳的问题。其次，这么高的频段，其覆盖范围会略小于802.11b或802.11g。此外，包括俄罗斯在内的部分国家禁止使用5 GHz频段，这也导致802.11a的应用受到限制。

使用2.4 GHz频段也有一些优势。与5 GHz频段的设备相比，2.4 GHz频段设备的覆盖范围更广。此外，此频段发射的信号不像802.11a那样容易受到阻碍。然而，使用2.4 GHz频段有一个严重的弊端：许多电器也使用2.4 GHz频段，从而导致802.11b和802.11g设备容易相互干扰。

（2）IEEE 802.11b：IEEE 802.11b是最基本、应用最早的无线局域网标准，它支持的最大数据传输率为11 Mb/s，基本上能够满足办公用户的需要，因此得到了广泛的应用。802.11b使用DSSS，其指定的数据传输速度为1 Mb/s、2 Mb/s、5.5 Mb/s和11 Mb/s（2.4 GHz ISM频段）。

（3）IEEE 802.11g：IEEE 802.11g支持的最大数据传输速率为54 Mb/s。802.11g通过使用OFDM调制技术可在该频段上实现更高的数据传输速度。为了向后兼容IEEE 802.11b系统，IEEE 802.11g也规定了DSSS的使用。支持的DSSS数据传输速度为1 Mb/s、2 Mb/s、5.5 Mb/s和11 Mb/s，而OFDM数据传输速度为6 Mb/s、9 Mb/s、12 Mb/s、18 Mb/s、24 Mb/s、48 Mb/s和54 Mb/s。

（4）IEEE 802.11n：IEEE 802.11n草案标准旨在不增加功率或RF频段分配的前提下提高WLAN的数据传输速度，并扩大其覆盖范围。802.11n在终端使用多个无线电发射装置和天线，每个装置都以相同的频率广播，从而建立多个信号流。多路输入/多路输出（MIMO）技术可以将一个高速数据流分割为多个低速数据流，并通过现有的无线电发射装置和天线同时广播这些低速数据流。这样，使用两个数据流时的理论最大数据传输速度可达248 Mb/s。

通常根据数据传输速度来选择使用何种WLAN标准。例如，802.11a和802.11g至多支持54 Mb/s，而802.11b至多支持11 Mb/s，这让802.11b成为"慢速"标准，而802.11a和802.11g则成为首选的标准。

（5）IEEE 802.11ac：IEEE 802.11ac是802.11家族的一项无线网上标准，由IEEE标准协会制定，通过5 GHz频带提供高通量的无线局域网（WLAN），俗称5G WiFi（5th Generation of WiFi）。理论上它能够提供最少1 Gb/s带宽进行多站式无线局域网通信，或是最少500 Mb/s的单一连线传输带宽。2008年年底，IEEE 802标准组织成立新小组，目的是创建新标准来改善802.11—2007标准。

802.11ac是802.11n的继承者。它采用并扩展了源自802.11n的空中接口（air interface）概念，包括更宽的RF带宽，提升至160 MHz；更多的MIMO空间流，下行多用户的MIMO最多至4个；高密度的调制，达到256QAM。

5.1.4 任务实施

第一步：准备工作。

需要两个蓝牙适配器，市场上的蓝牙适配器品种多样，一定要选择带有 WIDCOMM 的驱动程序，用来设置服务器。

第二步：安装服务器 WIDCOMM 的驱动程序。

把驱动准备好，将买蓝牙时附带的驱动盘放入光驱，开始安装。放入光盘到光驱后，一般会自动运行安装程序，如果没有运行，则自行运行安装程序，如图 5-3 所示。

图 5-3 安装蓝牙驱动

第三步：设置 Bluetooth。

右击系统托盘处的蓝牙图标，启动蓝牙设备。弹出"初始 Bluetooth 配置向导"对话框，如图 5-4 和图 5-5 所示。

图 5-4 "初始 Bluetooth 配置向导"对话框

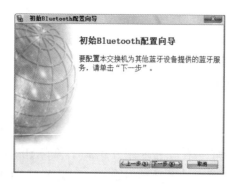

图 5-5 配置蓝牙设备

单击"下一步"按钮，设置设备名称和类型，如图 5-6 所示。

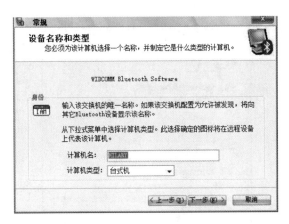

图 5-6　蓝牙设备名称和类型

设置服务器的服务，这里选择"网络接入"，如图 5-7 所示。

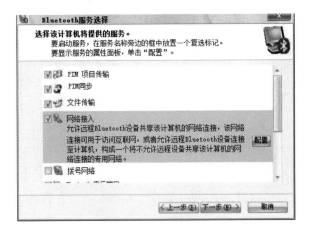

图 5-7　蓝牙服务选择

配置"网络接入"服务，单击"配置"按钮，弹出如图 5-8 所示对话框。

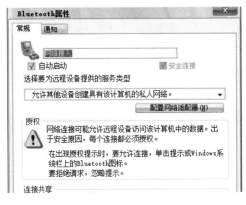

图 5-8　蓝牙属性

然后单击"选择要为远程设备提供的服务类型"的下拉按钮，在列表中选择"允许其他设备创建具有该计算机的私人网络"，如图5-9所示。

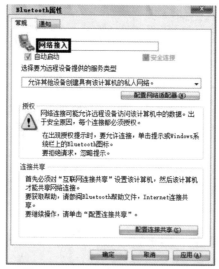

图5-9　远程设备提供的服务类型

再单击"连接共享"中的"配置连接共享"按钮。此时系统会检测到新网卡，并且自动安装驱动程序，如图5-10所示。

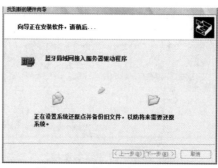

图5-10　蓝牙设备硬件向导

安装完驱动程序之后，"网络连接"出现在最前面，也就是配置共享上网的网络连接，如图5-11所示。

图5-11　蓝牙网络连接

小王家里使用中国电信宽带接入，所以右击"中国电信"，在弹出的快捷菜单中选择"属性"，弹出其"属性"对话框，然后单击"高级"选项卡，如图 5-12 所示。

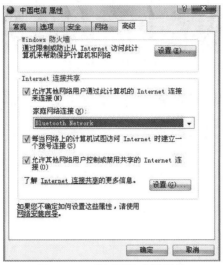

图 5-12　蓝牙网络连接属性

选中"Internet 连接共享"中的"允许其他网络用户通过此计算机的 Internet 连接来连接"。单击"家庭网络连接"中的下拉按钮，选择"Bluetooth Network"连接。也就是刚才发现的新网络连接，就是蓝牙的网络连接，单击"确定"按钮，弹出如图 5-13 所示对话框。

图 5-13　确定蓝牙连接配置

单击"确定"按钮，回到"Bluetooth 配置向导"，然后进行开始客户机的配置。首先安装驱动程序，使用 BlueSoleil 驱动，如图 5-14 所示。

图 5-14　安装蓝牙设备驱动

安装好之后，插上蓝牙适配器，双击桌面上的蓝牙图标，将其启动，如图 5-15 所示。

出现"欢迎使用蓝牙"对话框，设置好设备名称和设置类型，单击"确定"按钮，如图 5-16 所示。

图 5 – 15　启动蓝牙

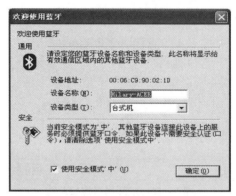

图 5 – 16　设置蓝牙设备名称和设备类型

然后显示 BlueSoleil 主窗口，如图 5 – 17 所示。

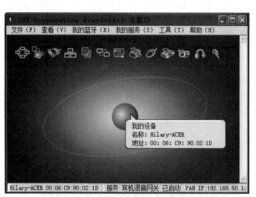

图 5 – 17　BlueSoleil 主窗口

单击图 5 – 17 中的球体，开始搜索附近的蓝牙设备，如图 5 – 18 所示。

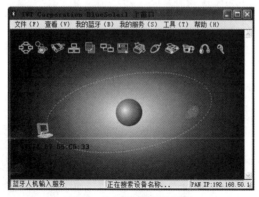

图 5 – 18　搜索蓝牙设备

搜索到服务器上的蓝牙设备，双击此设备开始刷新服务，如图 5 – 19 所示。

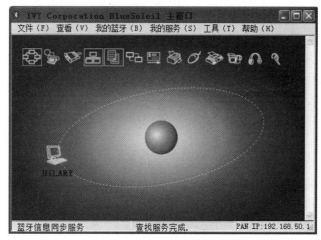

图 5 – 19　刷新服务

图 5 – 19 中出现黄色图标即为服务器已开启服务，然后返回服务器的蓝牙配置向导，如图 5 – 20 所示。

图 5 – 20　初始蓝牙配置向导

单击"下一步"按钮，设置检测到客户机，如图 5 – 21 所示。

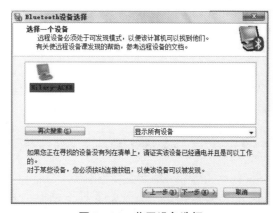

图 5 – 21　蓝牙设备选择

选中该设备，单击"下一步"按钮，此时向导要求配对设备，如图 5 – 22 所示。

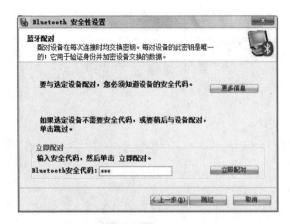

图 5 – 22　配对设备

图 5 – 22 中"Bluetooth 安全代码"后输入口令后单击"立即配对"按钮，在回到客户机前，输入刚才的口令，如图 5 – 23 所示。

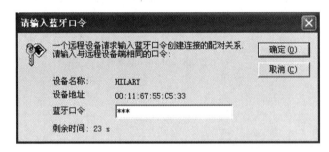

图 5 – 23　输入口令

回到服务器，又会出现如图 5 – 24 所示的配置向导，此时单击"跳过"按钮即可。

图 5 – 24　蓝牙配置向导

双击桌面"我的 Bluetooth 位置"图标，弹出如图 5 – 25 所示对话框，证明配对成功。

图 5 – 25　查看蓝牙连接状态

再回到客户机，双击"服务器"（服务器名为"HILARY"），即可刷新服务，如图 5 – 26 所示。

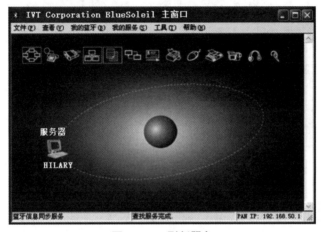

图 5 – 26　刷新服务

右键单击"HILARY"服务器，在弹出的快捷菜单中选择"连接"→"蓝牙网络接入服务"或者"蓝牙个人局域网服务"都可以，如图 5 – 27 所示。

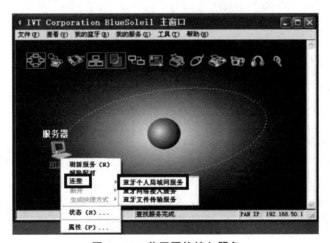

图 5 – 27　蓝牙网络接入服务

这里选择的是后者，然后回到服务器，单击"确定"按钮，如图 5 – 28 所示。

此时返回客户机，出现如图 5 – 29 所示窗口，表明客户机已经与服务器正确连通。

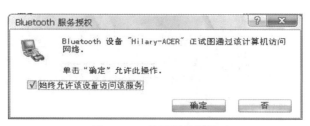

图 5 - 28　蓝牙服务授权

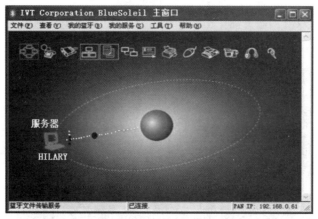

图 5 - 29　蓝牙连接

第四步：验证测试。

在服务器上使用命令 ipconfig/all 查看网络连接状态，如图 5 - 30 所示。

图 5 - 30　查看本地网络连接

在控制面板中打开网络连接，查看网络连接状态，如图 5 - 31 所示。

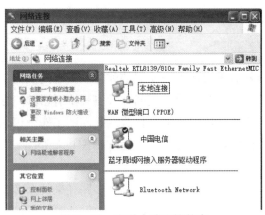

图 5 - 31　查看本地连接状态

5.1.5　教学方法与任务结果

学生分组进行任务实施，可以 3~5 人一组，小组讨论，确定方案后进行讲解，教师给予指导，全体学生参与评价。方案实施完成后，检查无线用户的连接情况。

模块 5.2　小型家庭无线局域网的组建

5.2.1　工作任务

工程师小王搬了新家，家里有 2 台笔记本、1 台台式机、3 部手机，还有一些智能家电需要接入网络进行管理，为了布线美观，考虑组建家庭无线局域网。

5.2.2　工作载体

网络拓扑如图 5 - 32 所示。

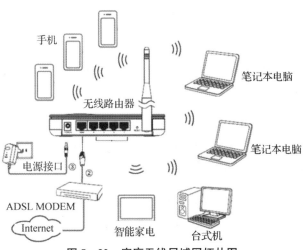

图 5 - 32　家庭无线局域网拓扑图

5.2.3 教学内容

1. 无线局域网传输信道

无线局域网传输信道是对无线通信中发送端和接收端之间通路的一种形象比喻，对于无线电波而言，它从发送端传送到接收端，其间并没有一个有形的连接，它的传播路径也有可能不是只有一条，为了形象地描述发送端与接收端之间的工作，可以想象两者之间有一个看不见的道路衔接，把这条衔接通路称为信道，无线信道也就是常说的无线的"频段（Channel）"。

无线信道中电波的传播不是单一路径，而是许多路径来的众多反射波的合成。由于电波通过各个路径的距离不同，因而各个路径来的反射波到达时间不同，也就是各信号的时延不同。当发送端发送一个极窄的脉冲信号时，移动台接收的信号由许多不同时延的脉冲组成，称为时延扩展。

由于各个路径来的反射波到达时间不同，相位也就不同。不同相位的多个信号在接收端叠加，有时叠加而加强（方向相同），有时叠加而减弱（方向相反），导致接收信号的幅度急剧变化，即产生了快衰落。这种衰落是由多种路径引起的，所以称为多径衰落。接收信号除瞬时值出现快衰落之外，场强中值（平均值）也会出现缓慢变化，主要是由地区位置的改变以及气象条件变化造成的，以致电波的折射传播随时间变化而变化，多径传播到达固定接收点的信号的时延随之变化。这种由阴影效应和气象原因引起的信号变化，称为慢衰落。

无线信道也是常说的"通道（Channel）"，是以无线信号作为传输媒体的数据信号传送通道，工作在 2.4 GHz 和 5 GHz 频段。每个信道的无线频宽为 20 MHz，每两个相邻的信道间有 5 MHz 的保护间隔。2.4 GHz 频段为 2.4 ~ 2.483 5 GHz，共有 14 个信道，美国使用 11 个信道，欧洲使用 13 个信道，日本使用 14 个信道，中国使用 13 个信道，如图 5 - 33 所示，其中独立信道（非重叠）有 3 个，分别为 1、6、11。

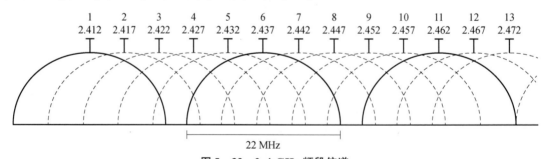

图 5 - 33   2.4 GHz 频段信道

以中国为例，2.4 GHz 能用的范围仅有 2.4 ~ 2.483 5 GHz，以 5 MHz 区分一个信道，共有 13 个信道，见表 5 - 1。

表 5 - 1   中国 2.4 GHz 信道

信道	1	2	3	4	5	6	7	8	9	10	11	12	13
频率/MHz	2 412	2 417	2 422	2 427	2 432	2 437	2 442	2 447	2 452	2 457	2 462	2 467	2 472

5 GHz 频段为 5.15~5.35 GHz、5.470~5.725 GHz、5.725~5.850 GHz，中国 5 GHz 频段为 5.725~5.850 GHz，其中独立信道（非重叠）有 5 个，分别为 149、153、157、161、165，如图 5-34 和图 5-35 所示。

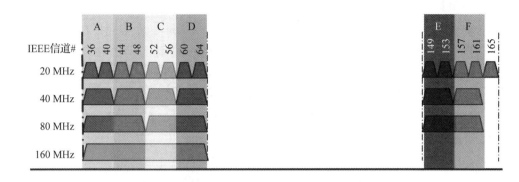

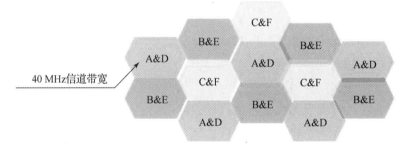

图 5-34　IEEE WiFi 5G 信道分布图

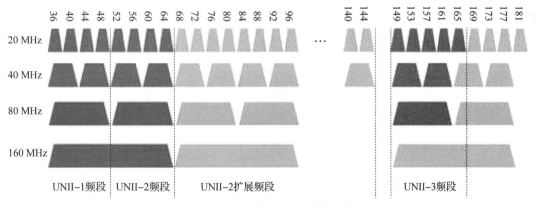

图 5-35　中国 5 GHz 频段信道

以中国为例，5 GHz 能用的范围仅有 5.725~5.850 GHz，以 5 MHz 区分一个信道，共有 5 个信道，见表 5-2。

表 5-2　中国 5 GHz 信道

信道	149	153	157	161	165
频率/MHz	5 745	5 765	5 785	5 805	5 825

虽然可供通信用的无线频谱从数十 MHz 到数十 GHz，但由于无线频谱在各个国家都是一种被严格管制使用的资源，因此对于某个特定的通信系统来说，频谱资源是非常有限的。而且目前移动用户处于快速增长中，因此必须精心设计移动通信技术，以使用有限的频谱资源。无线信道具有以下特点：

（1）传播环境复杂：前面已经说明了电磁波在无线信道中传播会存在多种传播机制，这会使得接收端的信号处于极不稳定的状态，接收信号的幅度、频率、相位等均可能处于不断变化之中。

（2）存在多种干扰：电磁波在空气中的传播处于一个开放环境之中，而很多的工业设备或民用设备都会产生电磁波，这就对相同频率的有用信号的传播形成了干扰。此外，由于射频器件的非线性还会引入互调干扰，同一通信系统内不同信道间的隔离度不够还会引入邻道干扰。

（3）网络拓扑处于不断的变化之中：无线通信产生的一个重要目的是使用户可以自由地移动。同一系统中处于不同位置的用户，以及同一用户的移动行为，都会使得在同一移动通信系统中存在着不同的传播路径，并进一步会产生信号在不同传播路径之间的干扰。此外，近年来兴起的自组织（Ad－Hoc）网络，更是具有接收机和发射机同时移动的特点，也会对无线信道的研究产生新的影响。

2. 无线局域网天线

在无线网络中，天线可以达到增强无线信号的目的，可以把它理解为无线信号的放大器。无线天线分类多种多样，可分为定向天线、全向天线、单极化、双极化天线、常规天线、隐蔽天线、普通天线和特殊天线等。

天线两个最重要的参数就是天线增益和方向性。方向性指的是天线辐射和接收是否有指向，即天线是否对某个角度过来的信号特别灵敏和辐射能量是否集中在某个角度上。天线根据水平面方向性的不同，可以分为全向天线和定向天线等。

增益表示天线功率放大倍数，数值越大，表示信号的放大倍数就越大，也就是说，当增益数值越大，信号越强时，传输质量就越好。目前市场中销售的无线路由大多都是自带 2 dBi 或 3 dBi 的天线，用户可以按不同需求更换 4 dBi、5 dBi 甚至是 9 dBi 的天线。

（1）定向天线和全向天线：根据天线辐射方向不同，可分为定向天线和全向天线。有一个或多个辐射与接收能力最大方向的天线称为定向天线。定向天线能量集中，增益相对全向天线要高，适用于远距离点对点通信。同时，由于具有方向性，抗干扰能力比较强。比如一个小区里，需要横跨几幢楼建立无线连接时，就可以选择这类天线，如图 5－36 所示。

全向天线安装起来比较方便，可以将信号均匀分布在中心点周围 360°全方位区域，不需要考虑两端天线安装角度的问题。全向天线的特点是覆盖面积广、承载功率大、架设方便、极化方式（水平极化或垂直极化）可灵活选择。室外全向天线和室内全向天线如图 5－37 所示。

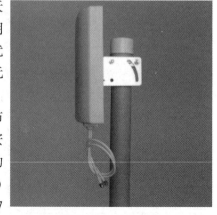

图 5－36　定向天线

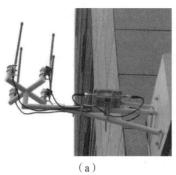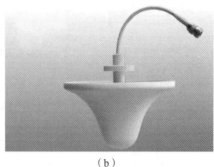

（a）　　　　　　　　　　　　　　（b）

图 5 – 37　全向天线

（a）室外全向天线；（b）室内全向天线

（2）单极子、双极子天线：根据天线极化方式不同，可分为单极子、双极子天线。现在市面上买到的天线多为双极子天线，双极子天线由两根粗细和长度都相同的导线构成，中间为两个馈电端。双极子天线性能要比单极子天线好很多，如图 5 – 38 所示。

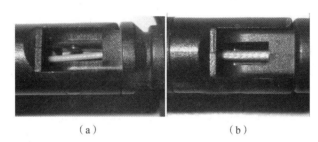

（a）　　　　　　　　　　　　（b）

图 5 – 38　单极子（a）和双极子天线（b）

（3）常规天线和隐式天线：根据天线架构的不同，可分为常规天线和隐式天线。无线设备的标志性特点就具有一根或多根天线，高增益天线和多天线多发多收 MIMO 等技术都能有效增大信号覆盖范围，但随着无线设备的不断演变，出于便携性、美观性等方面的考虑，一些厂商采用内置天线设计，通过牺牲性能来换取更小的体积和更时尚的外观，如图 5 – 39 所示。

图 5 – 39　内隐式天线

常规天线就不用多介绍了，一般普通无线路由器背后都配有1根或多根无线天线，如图5-40所示。

（4）普通天线和特殊天线：实际上，特殊天线的分类不是特别严格，毕竟特殊天线所具备的功能和作用是多方位的。特殊天线如图5-41所示。

图5-40　常规天线　　　　　　　　　图5-41　特殊天线

3. 无线传输技术

（1）FHSS技术：FHSS是一种利用频率捷变将数据扩展到频谱的83 MHz以上的扩频技术。频率捷变是无线设备可在RF频段内快速改变发送频率的一种能力。跳频技术是依靠快速地转换传输的频率来实现的，每一个时间段内使用的频率和前后时间段的都不一样，所以发送者和接收者必须保持一致的跳变频率，这样才能保证接收的信号正确。

在FHSS系统中，载波根据伪随机序列来改变频率或跳频，有时它也称为跳码。伪随机序列定义了FHSS信道，跳码是一个频率的列表。载波以指定的时间间隔跳到该列表中的频率上，发送器使用这个跳频序列来选择它的发射频率。载波在指定的时间内保持频率不变。接着，发送器花少量的时间跳到下一个频率上，当遍历了列表中的所有频率时，发送器就会重复这个序列。这种方式的缺点是速度慢，只能达到1 Mb/s，如图5-42所示。

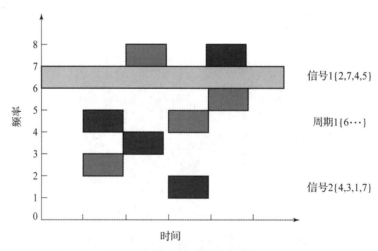

图5-42　跳频技术FHSS

（2）DSSS技术：基于DSSS的调制技术有三种。最初IEEE 802.11标准制定在1 Mb/s数据速率下采用DBPSK。若提供2 Mb/s的数据速率，要采用DQPSK，这种方法每次处理两个比特码元，称为双比特。第三种是基于 CCK 的 QPSK，是 802.11b 标准采用的基本数据调制方式。它采用了补码序列与直序列扩频技术，是一种单载波调制技术，通过 PSK 方式传输数据，传输速率分为 1 Mb/s、2 Mb/s、5.5 Mb/s 和 11 Mb/s。CCK 通过与接收端的 Rake 接收机配合使用，能够在高效率地传输数据的同时有效地克服多径效应。IEEE 802.11b 使用了 CCK 调制技术来提高数据传输速率，最高可达 11 Mb/s。但是传输速率超过 11 Mb/s，CCK 为了对抗多径干扰，需要更复杂的均衡及调制，实现起来非常困难。因此，802.11 工作组为了推动无线局域网的发展，又引入新的调制技术，如图 5-43 所示。

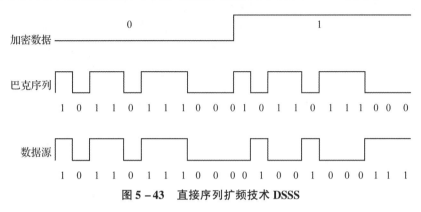

图 5-43　直接序列扩频技术 DSSS

（3）PBCC 调制技术：PBCC 调制技术已作为 802.11g 的可选项被采纳。PBCC 也是单载波调制，但它与 CCK 不同，它使用了更多复杂的信号星座图。PBCC 采用 8PSK，而 CCK 使用 BPSK/QPSK；另外，PBCC 使用了卷积码，而 CCK 使用区块码。因此，它们的解调过程是不同的。PBCC 可以完成更高速率的数据传输，其传输速率为 11 Mb/s、22 Mb/s 和 33 Mb/s。

（4）OFDM 技术：OFDM 技术是一种无线环境下的高速多载波传输技术。无线信道的频率响应曲线大多是非平坦的，而 OFDM 技术的主要思想就是在频域内将给定信道分成许多正交子信道，在每个子信道上使用一个子载波进行调制，并且各子载波并行传输，从而有效地抑制无线信道的时间弥散所带来的 ISI（符号间干扰）。这样就减少了接收机内均衡的复杂度，有时甚至可以不采用均衡器，仅通过插入循环前缀的方式消除 ISI 的不利影响，如图 5-44 所示。

OFDM 技术有非常广阔的发展前景，已成为第 4 代移动通信的核心技术。IEEE 802.11a/g 标准为了支持高速数据传输，都采用了 OFDM 调制技术。目前，OFDM 结合时空编码、分集、干扰（包括符号间干扰 ISI 和邻道干扰 ICI）抑制以及智能天线技术，最大限度地提高物理层的可靠性。若再结合自适应调制、自适应编码以及动态子载波分配、动态比特分配算法等技术，可以使其性能进一步优化。

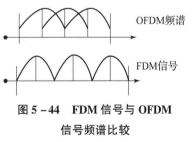

图 5-44　FDM 信号与 OFDM
信号频谱比较

5.2.4　任务实施

将其中一台电脑通过网线与无线路由器相连，然后根据路由器背面的登录地址和账号信息登录路由器管理界面，如图 5 – 45 所示。在 IE 地址栏中输入 "http://192.168.1.1"，按 Enter 键后输入用户名和密码，默认为 "admin"，登录后可以修改路由器的用户名和密码。

图 5 – 45　无线路由器

在无线路由器管理界面中，首先根据 Internet 运营商所提供的上网方式进行设置。切换至 "WAN 接口" 项，根据服务商所提供的连接类型来选择 WLAN 口连接类型，如果服务商提供的是静态 IP 地址登录方式，则根据所提供的 IP 相关信息进行设置。

开启 DHCP 服务器，以满足无线设备的任意接入。如图 5 – 46 所示，选中 DHCP 服务器选项中的 "开"，即开启 DHCP 服务器功能。同时，设置地址池的开始地址和结束地址，可以根据与当前路由器所连接的电脑数量进行设置，例如范围为 192.168.1.100 ~ 192.168.1.199，地址租期为 120 min，最后单击 "保存" 按钮。

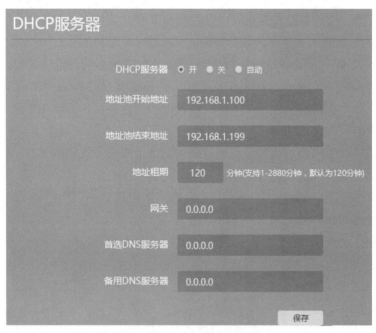

图 5 – 46　DHCP 服务器设置

最后开启无线共享热点，如图 5 – 47 所示，切换至 "无线设置" 选项卡，然后设置 SSID 号，同时勾选 "开启无线功能" 选项，最后单击 "确定" 按钮来完成设置。当然，还可以对无线共享安全方面进行更为详细的设置，例如设置登录无线路由热点的密码等。

图 5 – 47 开启无线共享热点

5.2.5 教学方法与任务结果

学生分组进行任务实施，可以 3～5 人一组，小组讨论，确定方案后进行讲解，教师给予指导，全体学生参与评价。方案实施完成后，按照如下步骤检查无线用户的连接情况。

打开手机、笔记本电脑、台式机、智能家电的 WLAN 开关，如果此时存在无线路由器发出的无线热点，则终端就会搜索到该信号，即 SSID 为 "TP – LINK_841_B"，如图 5 – 48 所示，可以进行连接操作。

图 5 – 48 终端连接 WiFi

模块 5.3 企业无线局域网的组建

5.3.1 工作任务

由于该无线网络中只有一台无线 AP，不需要花费太多时间和精力去管理与配置 AP，可以让 AP 工作于胖模式。工作于胖模式的无线 AP 类似于一台二层交换机，担任有线和无线数据转换的角色，没有路由和 NAT 功能。网络中接入层没有可网管型交换机，要在有线网的基础上添加一个 AP 来实现无线覆盖。

5.3.2 工作载体

网络拓扑如图5-49所示。

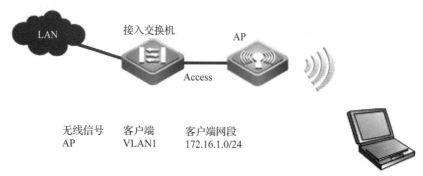

图5-49 胖AP单SSID无线局域网拓扑图

5.3.3 教学内容

1. 无线网络设备

WLAN可独立存在，也可与有线局域网共同存在并进行互联。在WLAN中最常见的组件如下：

- 工作站；
- 无线网卡；
- 无线接入点（AP）；
- 无线交换机。

（1）工作站（Station，STA）：工作站是一个配备了无线网络设备的网络结点。具有无线网络适配器的个人计算机称为无线客户端。无线客户端能够直接相互通信或通过AP进行通信。

笔记本电脑和工作站作为无线网络的终端接入网络中。笔记本电脑、掌上电脑、个人数字助理和其他小型计算设备正变得越来越普及，笔记本电脑和台式机最主要的区别是笔记本电脑的组件体积小，而且用PCMCIA（个人计算机存储卡国际协会）插槽取代了扩展槽，从而可以接入无线网卡、调制解调器以及其他设备。使用WiFi标准的设备的一个明显优势就是，目前很多笔记本电脑和PDA都预装了无线网卡，可以直接与其他无线产品或者其他符合WiFi标准的设备进行交互。

（2）无线网卡（Wireless LAN Card）：无线网卡一般有PCMCIA、USB、PCI等几种，主要有用于便携机的PCMCIA无线网卡和用于台式机的USB无线终端。无线网卡作为无线网络的接口，实现与无线网络的连接，作用类似于有线网络中的以太网网卡。无线网卡根据接口类型的不同，主要分为三种类型，即PCMCIA无线网卡、PCI无线网卡和USB无线网卡。

PCMCIA无线网卡仅适用于笔记本电脑，支持热插拔，可以非常方便地实现移动式无线接入。PCI接口无线网卡适用于台式计算机使用，安装起来相对要复杂些。USB接口无线网卡适用于笔记本电脑和台式机，支持热插拔，而且安装简单，即插即用。目前USB接口的

无线产品的
典型应用

无线网卡得到了大量用户的青睐。

　　无线网卡的主要功能就是通过无线设备透明地传输数据包，工作在 OSI 参考模型的第 1 层和第 2 层。除了用无线连接取代线缆连接外，这些适配器就像标准的网络适配器那样工作，不需要其他特别的无线网络功能。RG – WG54U 是锐捷网络推出的基于标准 802.11g 协议的无线局域网外置 USB 接口网卡产品，如图 5 – 50 所示。

　　图 5 – 51 所示为 LINKSYS USB 无线网卡 WUSB54GC。

图 5 – 50　RG – WG54U
无线局域网 USB 网卡

图 5 – 51　WUSB54GC
无线局域网 USB 网卡

　　（3）无线接入点（Wireless Access Point）：AP 相当于基站，AP 的主要作用是将无线网络接入以太网，其次要将各无线网络客户端连接到一起，相当于以太网的集线器，使装有无线网卡的 PC 可以通过 AP 共享有线局域网络甚至广域网络的资源，一个 AP 能够在几十至上百米的范围内连接多个无线用户。

　　①什么是 AP：无线接入点（AP）的作用是提供无线终端的接入功能，类似于以太网中的集线器。当网络中增加一个无线 AP 之后，即可成倍地扩展网络覆盖直径。另外，也可使网络中容纳更多的网络设备。通常情况下，一个 AP 最多可以支持 30 台计算机的接入，推荐数量为 25 台以下。锐捷 RG – AP220 – E 无线 AP 如图 5 – 52 所示，锐捷 RG – P – 720 双路双频三模室内型无线 AP 如图 5 – 53 所示。

图 5 – 52　锐捷 RG – AP220 – E

图 5 – 53　RG – P – 720 双路双频三模室内型无线 AP

　　无线 AP 基本上都拥有一个以太网接口，用于实现与有线网络的连接，从而使无线终端能够访问有线网络或 Internet 的资源。单纯性无线 AP 就是一个无线的交换机，仅仅是提供一个无线信号发射的功能。单纯性无线 AP 的工作原理是将网络信号通过双绞线传送过来，经过 AP 产品的编译，将电信号转换成无线电信号发送出去。根据不同的功率，可以实现不同程度、不同范围的网络覆盖，一般无线 AP 的最大覆盖距离可达 300 m。此外，一些 AP 还具有高级的功能，以实现网络接入控制，例如 MAC 地址过滤、DHCP 服务器等。

无线 AP 主要用于宽带家庭、大楼内部以及园区内部，典型距离覆盖几十米至上百米。大多数无线 AP 还带有接入点客户端模式（AP Client），可以和其他 AP 进行无线连接，延展网络的覆盖范围。

②AP 工作模式：WLAN 可以根据用户的不同网络环境的需求，实现不同的组网方式。AP 可支持以下六种组网方式。

● AP 模式：又被称为基础架构（Infrastructure）模式，由 AP、无线工作站以及分布式系统（DSS）构成，覆盖的区域称为基本服务集（BSS）。其中 AP 用于在无线 STA 和有线网络之间接收、缓存与转发数据，所有的无线通信都经过 AP 完成。

● 点对点桥接模式：两个有线局域网间，通过两台 AP 将它们连接在一起，实现两个有线局域网之间通过无线方式的互联和资源共享，也可以实现有线网络的扩展。

● 点对多点桥接模式：点对多点的无线网桥能够把多个离散的远程网络连成一体，通常以一个网络为中心点发送无线信号，其他接收点进行信号接收。

● AP 客户端模式：该模式看起来比较特别，中心的 AP 设置成 AP 模式，可以提供中心有线局域网络的连接和自身无线覆盖区域的无线终端接入，远端有线局域网络或单台 PC 所连接的 AP 设置成 AP Client 客户端模式，远端无线局域网络便可访问中心 AP 所连接的局域网络了。

● 无线中继模式：无线中继模式可以实现信号的中继和放大，从而延伸无线网络的覆盖范围。无线分布式系统（WDS）的无线中继模式提供了全新的无线组网模式，可适用于那些场地开阔、不便于铺设以太网线的场所，像大型开放式办公区域、仓库、码头等。

● 无线混合模式：无线分布式系统（WDS）的无线混合模式可以支持在点对点、点对多点、中继应用模式下的 AP，同时工作在两种工作模式状态，即桥接模式 + AP 模式。这种无线混合模式充分体现了灵活、简便的组网特点。

（4）无线交换机（Wireless Switch）：在商用领域，为了使运作更方便、快捷，企业中导入的个人移动设备（如 Notebook、PDA、WiFi Phone 等具备无线上网功能的移动装置）也日益渐多。当无线技术在企业中广泛应用，面临大量设置、集中管理的问题时，企业用户呼唤着新技术、新产品的出现，于是以无线网路控制器作为集中管理机制的无线交换机就产生了。锐捷 RG – MXR – 8 无线交换机如图 5 – 54 所示。

图 5 – 54　RG – MXR – 8 无线交换机

早期的无线网络通信是以 Access Point 为平台实现的，这种传统意义上的 AP 是最早构成无线网络的结点，当然，它很稳定，并且遵循 802.11 系列无线协议。但是在越来越多的使用环境下，第一代无线产品 Access Point 已经开始在很多方面变得弱小起来，甚至出现了一些问题，最明显的就是不好管理，在这种趋势下，Symbol 于 2002 年的 9 月提出了一个全新的无线网络理念——无线交换机系统。

无线交换机系统摒除了以 AP 为基础传输平台的传统方法，转而采用 back end – front end 方式。所谓 back end – front end 方式，是指将一台无线交换机置于用户的机房内，称为 back – end，而将若干类似于天线功能的 Access Port 置于前端，称为 front – end。

（5）无线路由器（Wireless Router）：无线路由器是带有无线覆盖功能的路由器，它主要应用于用户上网和无线覆盖。市场上流行的无线路由器一般都支持专线 XDSL、CABLE、动态 XDSL、PPTP 四种接入方式，它还具有其他一些网络管理的功能，如 DHCP 服务、NAT 防火墙、MAC 地址过滤等。

根据 IEEE 802.11 标准，一般无线路由器所能覆盖的最大距离通常为 300 m，不过覆盖的范围主要与环境的开放与否有关，在设备不加外接天线的情况下，在视野所及之处约 300 m；若属于半开放型空间，或有隔离物的区域，传输距离为 35～50 m；如果借助外接天线（做链接），传输距离则可以达到 30～50 km，甚至更远，这要视天线本身的增益而定。因此，需视用户的需求而加以应用。

无线路由器也像其他无线产品一样，属于射频（RF）系统，需要工作在一定的频率范围之内，才能够与其他设备相互通信，这个频率范围叫作无线路由器的工作频段。但不同的产品由于采用不同的网络标准，故采用的工作频段也不太一样。目前无线路由器主要遵循 IEEE 802.11b、IEEE 802.11a、IEEE 802.11g 等网络标准。

2. 无线局域网的组网模式

802.11 定义了两种类型的设备：一种是无线终端站，通常是通过一台 PC 机加上一块无线网卡构成；另一个称为无线接入点（Access Point，AP），它的作用是提供无线和有线网络之间的桥接。一个无线接入点（AP）通常由一个无线输出口和一个有线的网络接口构成。桥接软件符合 802.1d 桥接协议。无线接入点（AP）就像是无线网络的一个无线基站，将多个无线的接入站聚合到有线的网络上。无线的终端可以是 802.11 PCMCIA 卡、PCI 接口、ISA 接口的，也可以是在非计算机终端上的嵌入式设备（例如 802.11 手机）。

认识 WLAN

802.11 定义了两种模式：Ad – Hoc 模式和 Infrastructure 模式。Infrastructure（基础架构）模式中，无线网络至少有一个和有线网络连接的无线接入点，以及一系列无线终端站，这种配置称为一个 BSS（Basic Service Set，基本服务集）。一个 ESS（Extended Service Set，扩展服务集）是由两个或多个 BSS 构成的单一子网。

（1）Ad – Hoc 模式：该模式又称为点对点模式（Peer to Peer）或 IBSS（Independent Basic Service Set），是一种简单的系统构成方式。以这种方式连接的设备之间可直接通信，而不用经过一个无线接入点来和有线网络连接。

在 Ad – Hoc 模式里，每一个客户机都是点对点的，只要在信号可达的范围内，都可以进入其他客户机获取资源而不需要连接 Access Point。对 SOHO 建立无线网络来说，这是最简单而且最实惠的方法。Ad – Hoc 模式是点对点的对等结构，相当于有线网络中的两台计算机直接通过网卡互联，中间没有集中接入设备（AP），信号是直接在两个通信端点对点传输的，如图 5 – 55 所示。

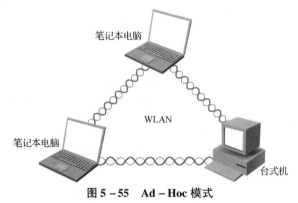

图 5 – 55 Ad – Hoc 模式

（2）Infrastructure（基础结构）模式：该模式具有在网络中易于扩展、便于集中管理、能提供用户身份验证等方面的优势。另外，数据传输性能也明显高于 Ad – Hoc 模式。在 Infrastructure 模式中，可以通过速率的调整来发挥相应网络环境下的最佳连接性能，AP 和无线网卡还可针对具体的网络环境来调整网络连接速率。

这种 Infrastructure 模式要求使用无线接入点（AP）。在这种模式里，两台电脑间的所有无线连接都必须通过 AP，不管 AP 是有线连接在以太网还是独立的。AP 可以扮演中继器的角色来扩展独立无线局域网的工作范围，这样可以有效地使无线工作站间的距离翻倍。

Infrastructure（基础结构）模式属于集中式结构，其中无线 AP 相当于有线网络中的交换机或集线器，起着集中连接无线结点和数据交换的作用。通常无线 AP 都提供了一个有线以太网接口，用于与有线网络设备的连接，例如以太网交换机。Infrastructure 模式网络如图 5 – 56 所示。

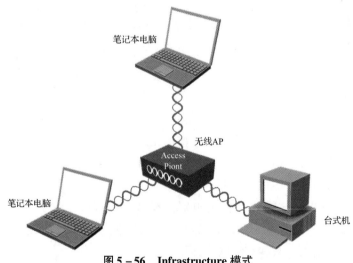

图 5 – 56 Infrastructure 模式

Infrastructure 模式具有在网络中易于扩展、便于集中管理、能提供用户身份验证等方面的优势，另外，数据传输性能也明显高于 Ad－Hoc 模式。在 Infrastructure 模式中，可以通过速率的调整来发挥相应网络环境下的最佳连接性能。AP 和无线网卡还可针对具体的网络环境调整网络连接速率，如 11 Mb/s 的 IEEE 802.11b 的速率可以调整为 1 Mb/s、2 Mb/s、5.5 Mb/s 和 11 Mb/s。

在实际的网络应用环境中，网络连接性能往往受到许多方面因素的影响，所以实际连接速率要远低于理论速率。由于上述原因，所以 AP 和无线网卡可针对特定的网络环境动态调整速率。由于无线网络部署的场景不同、应用不同的要求，需要对连接 AP 的无线结点的数量进行控制。如果应用对带宽要求较高（如多媒体教学、电话会议和视频点播等），单个 AP 所连接的无线结点数要少些；对带宽要求较低的应用，单个 AP 所连接的无线结点数可以适当多些。如果是支持 IEEE 802.11a 或 IEEE 802.11g 的 AP，因为它的速率可达到 54 Mb/s，理论上单个 AP 的理论连接结点数在 100 以上，但实际应用中所连接的用户数最好在 20 以内。同时，要求单个 AP 所连接的无线结点要在其有效的覆盖范围内，这个距离通常为室内 100 m 左右，室外则可达 300 m 左右。BSS（Basic Service Set，基本服务集）是一个基本的 WLAN 单元网络，是由一台 AP 及数台工作站（结点）所组成的局域网，如图 5－57 所示。

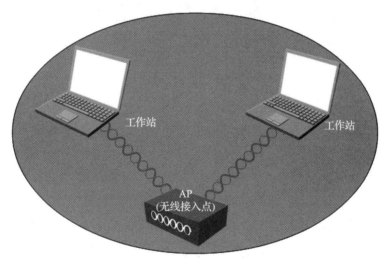

图 5－57 基本服务集 BSS

一个 BSS 可以通过 AP 来进行扩展。当超过一个 BSS 连接到有线 LAN 时，就称为 ESS（Extended Service Set，扩展服务集），一个或多个以上的 BSS 即可被定义成一个 ESS。用户可以在 ESS 上漫游及存取 BSS 系统中的任何资源。在 Infrastructure 模式的网络中，每个 AP 必须配置一个 ESSID，每个客户端必须与 AP 的 ESSID 匹配才能接入无线网络中，如图 5－58 所示。

如果单个 AP 不满足覆盖范围，可以增加任意多的单元来扩展，建议相互邻接的 BSS 单元存在 10% ~ 15% 的重叠，如图 5－59 所示，这样可以允许远程用户进行漫游而不丢失 RF 连接。为了确保最好的性能，位于边缘的单元应该使用不同的信道。

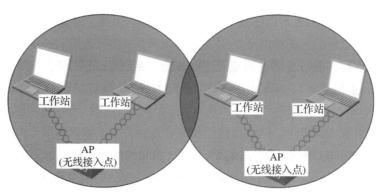

图 5 − 58　扩展服务集 ESS

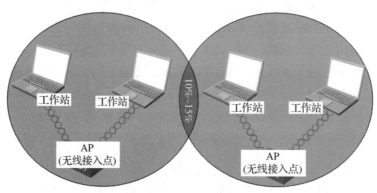

图 5 − 59　扩展服务集

　　另外，Infrastructure 模式的 WLAN 不仅可以应用于独立的无线局域网中，如小型办公室无线网络、SOHO 家庭无线网络，也可以作为基本网络结构单元组建庞大的 WLAN 系统，如 ISP 在"热点"位置为各移动办公用户提供的无线上网服务，在宾馆、酒店、机场为用户提供的无线上网区等。图 5 − 60 所示为一家宾馆的无线网络方案，宾馆中各楼层的无线用户通过接入该楼层的与有线网络相连接的无线 AP 来实现与 Internet 的连接。

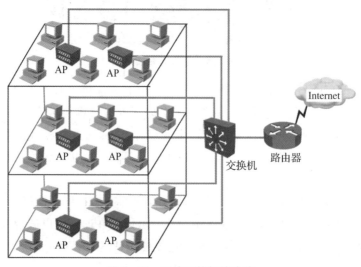

图 5 − 60　无线网络解决方案

（3）无线分布式系统（WDS）：WDS 是 Wireless Distribution System，即无线网络部署延展系统的简称，是指用多个无线网络相互连接的方式构成一个整体的无线网络。简单地说，WDS 就是利用两个（或以上）无线 AP 通过相互连接的方式将无线信号向更深远的范围延伸。

WDS 把有线网络的信息通过无线网络传送到另外一个无线网络环境，或者是另外一个有线网络。因为通过无线网络形成虚拟的网络线，所以有人认为这是无线网络桥接功能。严格说来，无线网络桥接功能通常是一对一的，但是 WDS 架构可以做到一对多，并且桥接的对象可以是无线网络卡或者是有线系统。所以 WDS 最少要有两台同功能的 AP，最多数量则由厂商设计的架构来决定。

IEEE 802.11 标准将分布式系统定义为用于连接接入点的基础设施。要建立分布式无线局域网，需要在两个或多个接入点配置相同的服务集标识符（SSID）。配置有相同 SSID 的接入点在二层广播域中组成了一个单一逻辑网络，这意味着它们都必须能通信。分布式系统就是用来连接它们，使它们能够通信的。

当两座建筑物之间需要搭建无线局域网时，经常会部署无线分布式系统。最基本的无线分布式系统（WDS）由两个接入点组成，它们能互相转发信息。

在使用 WDS 来规划网络时，首先所有 AP 必须是同品牌、同型号才能很好地工作在一起。WDS 工作在 MAC 物理层，两个设备必须相互配置对方的 MAC 地址。WDS 可以被链接在多个 AP 上，但对等的 MAC 地址必须配置正确，并且对等的两个 AP 须配置相同的信道和相同的 SSID。

WDS 具有无线桥接（Bridge）和无线中继（Repeater）两种不同的应用模式。

①桥接（Bridge）模式用于连接两个不同的局域网。桥接两端的无线 AP 只与另一端的 AP 沟通，不接受其他无线网络设备的连接。

②中继（Repeater）模式的目的是扩大无线网络的覆盖范围，通过在一个无线网络覆盖范围的边缘增加无线 AP，达到扩大无线网络覆盖范围的目的。

中继模式和桥接模式最大的区别是，中继模式中的 AP 除了接收其他 AP 的信号外，还会接收其他无线网络设备的连接。

支持 WDS 技术的无线 AP 还可以工作在混合的无线局域网工作模式，可以支持点对点、点对多点、中继应用模式下的无线访问点（AP）。同时，工作在两种工作模式状态，即中继桥接模式 + AP 模式。

在大型商业区或企业用户的无线组网环境中，选用无线 WDS 技术的解决方案，可以在本区域做到无线覆盖，又能通过可选的定向天线来连接远程支持 WDS 的同类设备。这样就大大提高了整个网络结构的灵活性和便捷性，只要更换天线，就可以随意扩展无线网络为覆盖或者桥接，使无线网络建设者可以购买尽可能少的无线设备，达到无线局域网的多种连接组网工程，实现组网成本的降低。WDS 的应用如图 5 - 61 所示。

图 5 - 62 所示为 WDS 的点对点（一对一）的应用。

图 5 - 63 所示为 WDS 的一对多的应用。

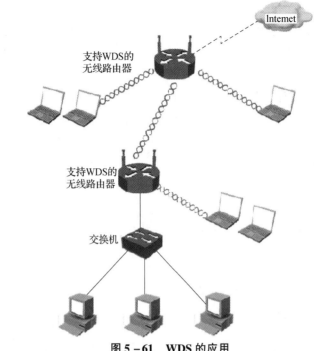

图 5 – 61　WDS 的应用

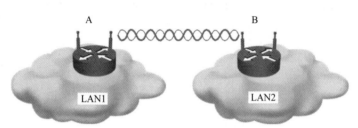

图 5 – 62　WDS 一对一应用

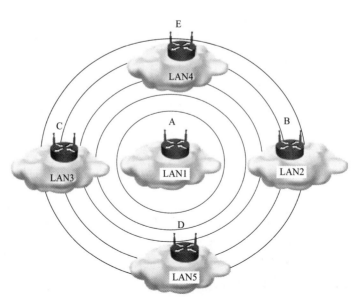

图 5 – 63　WDS 一对多应用

　　两种模式的主要不同点在于：对于中继模式，从某一接入点接收的信息包可以通过 WDS 连接转发到另一个接入点，然而桥接模式通过 WDS 连接接收的信息包只能被转发到有线网络或无线主机。换句话说，只有中继模式可以进行 WDS 到 WDS 信息包的转发。图 5 - 64 所示显示了 WDS 桥接功能。

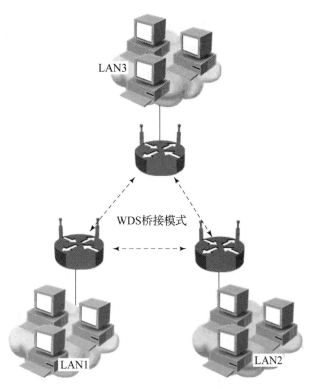

图 5 - 64　WDS 桥接功能

　　图 5 - 65 所示显示了 WDS 的中继功能。

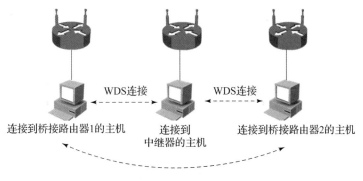

图 5 - 65　WDS 中继功能

　　合理设计和选择无线分布式系统（WDS）的无线网络，能更好地支持及满足企业、电信热点覆盖的应用，从而达到扩大覆盖区域的目标，轻松地在这个区域内漫游。

5.3.4 任务实施

1. 配置要点

- 连接好网络拓扑，保证 AP 能被供电，能正常开机。
- 保证要连接 AP 的网线接在电脑上，电脑可以使用网络，使用 ping 测试。
- 完成 AP 基本配置后，验证无线 SSID 能否被无线用户端正常搜索发现到。
- 配置无线用户端的 IP 地址为静态 IP，并验证网络连通性。
- AP 其他可选配置有 DHCP 服务、无线的认证及加密方式。
- 第一次登录 AP 配置时，需要切换 AP 为胖模式工作，切换命令：ruijie > ap − mode fat。

2. 配置步骤

- AP 只做接入模式：

步骤 1：配置无线用户 VLAN 和 DHCP 服务器（给连接的 PC 分配地址，如果网络中已经存在 DHCP 服务器，可跳过此配置）。

```
Ruijie > enable
Ruijie#configure terminal
Ruijie(config)#vlan 1(创建无线用户 VLAN)
Ruijie(config − vlan)#exit
Ruijie(config)#service dhcp(开启 DHCP 服务)
Ruijie(config)#ip dhcp excluded − address 172.16.1.253 172.16.1.254    (不下发地
址范围)
Ruijie(config)#ip dhcp pool test    (配置 DHCP 地址池,名称是 test)
Ruijie(dhcp − config)#network 172.16.1.0 255.255.255.0    (下发 172.16.1.0 地
址段)
Ruijie(dhcp − config)#dns − server 218.85.157.99    (下发 DNS 地址)
Ruijie(dhcp − config)#default − router 172.16.1.254    (下发网关)
Ruijie(dhcp − config)#exit
如果 DHCP 服务器配置在上连设备上,需在全局配置无线广播转发功能,否则会出现 DHCP 获取不稳定
现象。
Ruijie(config)#data − plane wireless − broadcast enable
```

步骤 2：配置 AP 的以太网接口，让无线用户的数据可以正常传输。

```
Ruijie(config)#interface GigabitEthernet 0/1
Ruijie(config − if − GigabitEthernet 0/1)#encapsulation dot1Q 1    (指定 AP 有线口
vlan)
要封装相应的 VLAN,否则无法通信。
Ruijie(config − if − GigabitEthernet 0/1)#exit
```

步骤 3：创建指定 SSID 的 WLAN，在指定无线子接口绑定该 WLAN，从而发出无线信号。

```
Ruijie(config)#dot11 wlan 1
Ruijie(dot11-wlan-config)#ssid AP    （SSID 名称为 AP）
Ruijie(dot11-wlan-config)#exit
Ruijie(config)#interface Dot11radio 1/0.1
Ruijie(config-if-Dot11radio 1/0.1)#encapsulation dot1Q 1    （指定 AP 射频子接口
VLAN）
Ruijie(config-if-Dot11radio 1/0.1)#wlan-id 1    （在 AP 射频子接口使能 WLAN）
Ruijie(config-if-Dot11radio 1/0.1)#exit
Ruijie(config)#interface Dot11radio 2/0.1
Ruijie(config-if-Dot11radio 2/0.1)#encapsulation dot1Q 1    （指定 AP 射频子接口
VLAN）
Ruijie(config-if-Dot11radio 2/0.1)#wlan-id 1    （在 AP 射频子接口使能 WLAN）
Ruijie(config-if-Dot11radio 2/0.1)#exit
```

步骤 4：配置 interface vlan 地址和静态路由。

```
Ruijie(config)#interface BVI 1    （配置管理地址接口）
Ruijie(config-if-BVI 1)#ip address 172.16.1.253 255.255.255.0    （该地址只能用
于管理，不能作为无线用户网关地址）
Ruijie(config-if-BVI 1)#exit
Ruijie(config)#ip route 0.0.0.0 0.0.0.0 172.16.1.254
Ruijie(config)#end
Ruijie#write    （确认配置正确，保存配置）
```

- AP 做路由模式（NAT 模式，只有部分 AP 支持）：

步骤 1：配置无线用户 VLAN 和 DHCP 服务器（给连接的 PC 分配地址，NAT 模式，无线用户的网关和 DHCP 都配置在 AP 上）。

```
Ruijie>enable
Ruijie#configure terminal
Ruijie(config)#vlan 1    （创建无线用户 VLAN）
Ruijie(config-vlan)#exit
Ruijie(config)#service dhcp    （开启 DHCP 服务）
Ruijie(config)#ip dhcp excluded-address 172.16.1.253 172.16.1.254    （不下发地
址范围）
Ruijie(config)#ip dhcp pool test    （配置 DHCP 地址池，名称是 test）
Ruijie(dhcp-config)#network 172.16.1.0 255.255.255.0    （下发 172.16.1.0 地
址段）
Ruijie(dhcp-config)#dns-server 218.85.157.99    （下发 DNS 地址）
Ruijie(dhcp-config)#default-router 172.16.1.254    （下发网关）
Ruijie(dhcp-config)#exit
```

步骤 2：创建指定 SSID 的 WLAN，在指定无线子接口绑定该 WLAN，以使能发出无线信号。

```
Ruijie(config)#dot11 wlan 1
Ruijie(dot11-wlan-config)#ssid AP    （SSID 名称为 AP）
```

```
Ruijie(dot11-wlan-config)#exit
Ruijie(config)#interface Dot11radio 1/0.1
Ruijie(config-if-Dot11radio 1/0.1)#encapsulation dot1Q 1      (指定 AP 射频子接口
VLAN)
Ruijie(config-if-Dot11radio 1/0.1)#wlan-id 1     (在 AP 射频子接口使能 WLAN)
Ruijie(config-if-Dot11radio 1/0.1)#exit
Ruijie(config)#interface Dot11radio 2/0.1
Ruijie(config-if-Dot11radio 2/0.1)#encapsulation dot1Q 1      (指定 AP 射频子接口
VLAN)
Ruijie(config-if-Dot11radio 2/0.1)#wlan-id 1     (在 AP 射频子接口使能 WLAN)
Ruijie(config-if-Dot11radio 2/0.1)#exit
```

步骤3：配置 ACL，允许内网用户通过配置 NAT 转换访问外网。

```
Ruijie(config)#access-list 1 permit any
```

步骤4：配置 AP 的以太网接口，指定 G0/1 口为上连口，在接口上配置公网地址，并设置为 outside 方向。

```
Ruijie(config)#interface GigabitEthernet 0/1
Ruijie(config-if-GigabitEthernet 0/1)#ip address 100.168.12.200 255.255.255.0
Ruijie(config-if-GigabitEthernet 0/1)#ip nat outside
Ruijie(config-if-GigabitEthernet 0/1)#exit
```

步骤5：BVI 1 配置地址作为内网用户的网关，并且设置为 inside 方向。

```
Ruijie(config)#interface vlan 1
Ruijie(config-if-BVI 1)#ip address 172.16.2.1 255.255.255.0
Ruijie(config-if-BVI 1)#ip nat inside
Ruijie(config-if-BVI 1)#exit
```

步骤6：配置 NAT 转换列表。

```
Ruijie(config)#ip nat inside source list 1 interface GigabitEthernet 0/1 over-
load
```

步骤7：配置默认路由指向出口网关。

```
Ruijie(config)#ip route 0.0.0.0 0.0.0.0 100.168.12.1
Ruijie(config)#end
Ruijie#write    (确认配置正确,保存配置)
```

5.3.5 教学方法与任务结果

学生分组进行任务实施，可以 3~5 人一组，小组讨论，确定方案后进行讲解，教师给予指导，全体学生参与评价。方案实施完成后，检查无线用户的连接情况。使用 show run 命令查看配置信息，检验用户能否通过无线获取到 IP 地址，并能正常上网。

模块 5.4　项目拓展

5.4.1　理论拓展

选择题

1. 无线局域网技术相对于有线局域网的优势有（　　）。

A. 可移动性　　　　　　　　　　B. 临时性

C. 降低成本　　　　　　　　　　D. 传输速度快

2. 下列设备中不会对 WLAN 产生电磁干扰的是（　　）。

A. 微波炉　　　　　　　　　　　B. 蓝牙设备

C. 无线接入点　　　　　　　　　D. GSM 手机

3. WLAN 技术使用了（　　）介质。

A. 无线电波　　　　　　　　　　B. 双绞线

C. 光波　　　　　　　　　　　　D. 沙浪

4. 将双绞线制作成交叉线（一端按 EIA/TIA 568A 线序，另一端按 EIA/TLA 568B 线序），该双绞线连接的两个设备可为（　　）。

A. PC 与交换机

B. 交换机与路由器

C. 服务器与路由器

D. 服务器与交换机

5. 以下障碍物对信号衰减影响最大的是（　　）。

A. 混凝土　　　　　　　　　　　B. 人体

C. 金属　　　　　　　　　　　　D. 玻璃

6. 无线局域网的最初协议是（　　）。

A. IEEE 802.11　　　　　　　　　B. IEEE 802.5

C. IEEE 802.3　　　　　　　　　 D. IEEE 802.1

7. 中国的 2.4 GHz 标准共有 13 个频点，互不重叠的频点有（　　）。

A. 11 个　　　　　　　　　　　　B. 13 个

C. 3 个　　　　　　　　　　　　 D. 5 个

8. 下列属于合法的 IPv4 地址的为（　　）。

A. 192:168:1:6　　　　　　　　　B. 192,168,1,6

C. 192.168.1.6　　　　　　　　　D. 192 168 1 6

9. 当同一区域使用多个 AP 时，工作于 2.4 GHz 通常使用（　　）信道。

A. 1、2、3　　　　　　　　　　　B. 1、6、11

C. 1、5、10　　　　　　　　　　　D. 以上都不是

5.4.2 实践拓展

　　利用无线路由器组建家庭无线局域网，对无线路由器进行相应的设置，用户接入无线局域网的 SSID 为"Student"，密码为自己的班级学号。对无线局域网进行相关的测试与验证，在手机上开启 WiFi 信号分析仪或 WiFi 魔盒，截取自己组建的无线局域网 WiFi 信号信息，利用计算机的 Wirelessmon 软件中的 Summary 视图截取无线信息，包括 SSID 名称、无线信道、信号强度、加密方式等相关信息。

项目 6

维护网络安全

学习目标

◆ 掌握无线局域网的安全机制与安全协议，合理配置无线网络安全。

◆ 掌握访问控制列表的作用、分类与实现原理。

◆ 能够根据用户需求合理配置标准访问控制列表、扩展访问控制列表、基于时间的访问控制列表。

◆ 掌握防火墙的工作原理与相关技术，能够通过图形界面配置防火墙，维护网络安全。

思政目标

◆ 正确认识和应对计算机技术所带来的专业伦理问题，以经典的计算机领域违背专业伦理的案例为例，使学生明确计算机类专业应用中的伦理原则，从而遵守行业规范。

◆ 倡导学生增强自身守法意识，在使用网络空间资源时，严格遵守国家法律法规，争做一个文明守法的网民。

◆ 通过举例描述，使学生了解网络安全对于国家、社会和个人的重要性，引导学生树立国家安全意识，勇担维护网络安全的时代使命。

思政视窗

提高网络安全意识，预防网络诈骗

近年来，随着我国电信网络、金融的快速发展，手机、互联网等电信网络平台极大地便利了人们的日常生活，但同样也滋生了许多利用电信网络平台实施的电信诈骗犯罪活动，并迅速蔓延，甚至成为几种主要新型犯罪之一。当前犯罪分子利用网络电话、改号软件等实施电信诈骗的案件越来越多，作案手段具有高度的隐蔽性和欺诈性，诈骗金额巨大，社会危害性极深，给广大人民群众造成了巨大的财产损失。下面来了解以下几个涉及 QQ、微信、邮箱诈骗的案例。

案例1：2021 年 5 月，某公司财务叶某的微信接到自称其领导"王总"的好友申请（该微信好友的头像、名字及资料信息与其老板的微信是一样的），叶某便同意添加。接着，

"王总"将王某拉进一个工作群，叶某发现工作群成员均为×××部门主管（经核实，群里的所有人都是冒充的假微信号）。"王总"在群里说与别的公司谈成了一宗非常重要的生意，需要马上支付 500 000 元定金，并提供一个账号给叶某，要求叶某立即向对方转账付款。而且"王总"警告如果由于支付定金有误导致这宗生意失败，由叶某负全责，并称由于事情紧急，事后再补签字。叶某信以为真，立即向"王总"提供的账号转账，转账后，叶某没有打电话向王总汇报，也没有告知其他领导，直到后来找王总本人签字时才发现被诈骗。

案例 2：×××市某生物科技公司财务倪女士发现自己的 QQ 被盗后，通过腾讯客服申请找回了 QQ 号码并修改了密码。当其重新登录 QQ 后，发现有一个好友请求弹了出来，头像和个人信息跟其老板 QQ 一模一样，因倪女士在原本好友分组内找不到老板的 QQ，于是便同意添加对方为好友。"老板"QQ 问倪女士公司目前还有多少可用资金，并称立即要支付一笔 58 万元的款项。由于平时处理过类似的情况，倪女士毫不怀疑地将 58 万元通过网银汇入了该 QQ 提供的个人银行账号。不一会儿，该 QQ 要求再汇 62 万元，由于网银每日交易上限为 100 万元，倪女士在汇出 42 万元后，当面向老板本人汇报时，才发现自己遭遇了网络诈骗，立即报了警。

案例 3：2022 年 3 月中旬，某公司财务张某收到冒充客户甲工厂的邮箱 ×××@ yahoo. com（真正客户邮箱是 ×××. ×××@ yahoo. com）发来的一封邮件，内容是甲工厂的收款账户已经更改为 ×××，以前的账户不再使用，并要求此公司尽快付清本月款项。张某没有看出邮箱名字的不同，而且内容没有可疑之处，便按内容要求转账至指定账户。直到月底，甲工厂向某公司发邮件催款时，张某通过电话联系甲工厂确认甲工厂并没有更改账户，也没有收到付款，张某经认真比对才发现上述电子邮箱的细微差别，方知被骗。

模块 6.1 无线网络的安全配置

6.1.1 工作任务

在家庭无线局域网中，用户只设置了 SSID，没有设置密码，这种情况下，邻居或外来访客只要搜到 SSID，就可以接入无线网络中，即出现蹭网的现象。既不安全，又影响网速。为了解决此问题，建议采用 WEP 加密的方式来对家庭无线网进行加密及接入控制，只有输入正确密钥的用户才可以接入无线网络，并且数据传输也是加密的。这种设置主要防止非法用户连接进来及防止无线信号被窃听。本任务要求采用共享密钥的接入认证，进行数据加密，防止非法窃听。

6.1.2 工作载体

网络拓扑如图 6-1 所示，需要 2 台电脑、1 块无线网卡、1 台智能无线 AP、1 台智能无线交换机、RingMaster 服务器 1 台。

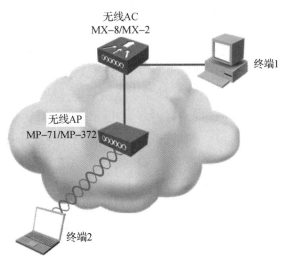

图 6 - 1　基于 WEP 加密的企业无线局域网拓扑图

教学内容

1. 无线局域网安全

　　有线网络存在的安全隐患在无线网络中都会存在，如网络泄密、黑客入侵、病毒袭击、垃圾邮件、流氓插件等。在一些公共场合，使用无线局域网接入 Internet 的用户会担心邻近的其他用户获取自己的信息，公司、企业以及家庭用户会担心自己的无线网络被陌生人非法访问。然而这些问题对于有线网络来说，却是无须考虑的。目前安全问题已成为无线网络进一步扩大市场的最大阻碍。据有关资料统计，在不愿部署无线局域网的理由中，安全问题高居第一位。

WLAN 安全

　　在有线网络中，一般通过防火墙来隔断外部的入侵。因为有线网络是有边界的，而无线网络属于无边界的网络。在有线网络中可以利用防火墙将可信任的内部网络与不可信任的外部网络在边界处隔离开来。在无线网络中，无线信号扩散在大气中，没有办法像有线网络那样进行物理上的有效隔离，只要在内部网络中存在无线 AP 或安装有线网卡的客户端，外部的黑客就可以通过监听无线信号并对其解密的方法来攻击无线局域网。虽然黑客利用有线网络的入侵行为在防火墙处被隔断，但黑客可以绕过防火墙，通过无线方式入侵内部网络。

　　黑客对无线局域网采用的攻击方式大体上可以分为两类：被动式攻击和主动式攻击。其中，被动式攻击包括网络窃听和网络通信量分析；主动式攻击包括身份假冒、重放攻击、中间人攻击、信息篡改和拒绝服务攻击等。

　　（1）网络窃听和网络通信量分析：由于无线信号的发散性，网络窃听已经成为无线网络面临的最大问题之一。例如，利用很多商业的或免费的软件，都能够对 IEEE 802.11b 协议进行抓包和解码分析，从而知道应用层传输的数据。有些软件工具能够直接对 WEP 加密数据进行分析和破解。

网络通信量分析是指入侵者通过分析无线客户端之间的通信模式和特点来获取所需的信息，或为进一步入侵创造条件。

（2）身份假冒：在无线局域网中，非法用户的身份假冒分为两种：假冒客户端和假冒无线 AP。在每一个 AP 内部都会设置一个用于标示该 AP 的身份认证 ID（即 AP 的名字），每当无线终端设备（如安装有无线网卡的笔记本电脑）要连上 AP 时，无线终端设备必须向无线 AP 出示正确的 SSID（Service Set Identifier，服务集标示符）。只有出示的 SSID 与 AP 内部的 SSID 相同时，才能访问该 AP；如果出示的 SSID 与 AP 内部的 SSID 不同，那么 AP 将拒绝该无线终端设备的接入。利用 SSID，可以很好地进行用户群体分组，避免任意漫游带来的安全和访问性能的问题。因此可以将 SSID 看作一个简单的 AP 名称，从而提供名称认证机制，实现一定的安全管理。SSID 通常由 AP 广播出来，通过无线信号扫描软件（如 Windows XP 自带的扫描功能）可以查看当前区域内的 SSID。假冒客户端是最常见的入侵方式，使用该方法入侵时，入侵者通过非法获取（例如分析广播信息）AP 的 SSID，并利用已获得的 SSID 接入 AP。

如果 AP 设置了 MAC 地址过滤，入侵者可以首先通过窃听授权客户端的 MAC 地址，然后篡改自己计算机上无线网卡的 MAC 地址来冒充授权客户端，从而绕过 MAC 地址过滤。

（3）重放攻击：重放攻击是通过截获授权客户端对 AP 的验证信息，然后通过验证过程信息的重放而达到非法访问 AP 的目的。假设用户 A 向用户 W 进行身份认证，用户 W 要求用户 A 提供验证其身份的密码，当用户 W 已知道了用户 A 的相关信息后，将用户 A 作为授权用户，并建立了与用户 A 之间的通信连接。同时，用户 B 窃听了用户 A 与用户 W 之间的通信，并记录了用户 A 提交给用户 W 的密码。在用户 A 和用户 W 完成一次通信后，用户 B 联系用户 W，假装自己为用户 A，当用户 W 要求提供密码时，用户 B 将用户 A 的密码发出，用户 W 认为与自己通信的是用户 A。对于重放攻击，即使采用了 VPN 等安全保护措施，也难以避免。

（4）中间人攻击：中间人攻击对授权客户端和 AP 进行双重欺骗，进而对信息进行窃取和篡改。

（5）拒绝服务攻击：拒绝服务攻击是利用无线网在频率、宽带、认证方式上的弱点，对无线网络进行频率干扰、宽带消耗或是耗尽安全服务设备的资源。通过和其他人入侵方式的结合，这种攻击行为具有强大的破坏性。例如，将一台计算机伪装成 AP 或者利用非法放置的 AP，发出大量终止连接的命令，就会使周边所有的无线网客户端无法接入网络。

（6）劫持服务攻击：劫持服务攻击是一种窃取网络中用户信息方法。黑客监视数据传输，当正常用户端与访问结点（AP）之间建立会话后，黑客将冒充 AP 向客户端发送一个虚假的数据包，称本会话结束。客户端在接收到此信息后，只好与 AP 之间重新连接。这时，真正的 AP 却以为上次会话还在进行中，而将本来要发给客户端的数据发给黑客，这样黑客可以从容地利用原来由客户端和 AP 之间建立的通信连接获取所有的通信信息。

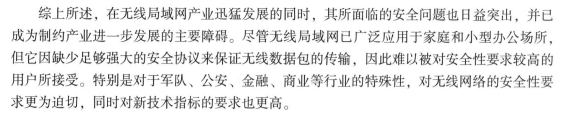

综上所述，在无线局域网产业迅猛发展的同时，其所面临的安全问题也日益突出，并已成为制约产业进一步发展的主要障碍。尽管无线局域网已广泛应用于家庭和小型办公场所，但它因缺少足够强大的安全协议来保证无线数据包的传输，因此难以被对安全性要求较高的用户所接受。特别是对于军队、公安、金融、商业等行业的特殊性，对无线网络的安全性要求更为迫切，同时对新技术指标的要求也更高。

2. 无线局域网安全机制

无线网络（主要为无线局域网）的安全性定义包括数据的机密性、完整性和真实性三个方面，所有的保护和加密技术都是围绕这三个方面进行的。机密性是指无线网络中传输的信息不会被未经授权的用户获取，这主要通过各种数据加密方式来实现；完整性是指数据在传输的过程中不会被篡改或删除，这主要通过数据校验技术来实现；真实性是指数据来源的可靠性，用于保证合法用户的身份不会被非法用户冒充。

（1）MAC 地址过滤和 SSID 匹配：早期的无线局域网信息安全技术主要采用物理地址过滤（MAC 地址过滤）和服务集标识符（SSID）匹配技术，这两项技术至今仍是无线局域网的基本安全措施，也是广大的普通用户（如家庭用户和小型办公室用户）普遍使用的一种安全保护方式。

① MAC 地址过滤技术：MAC 地址过滤技术又称 MAC 认证。由于每个无线客户端都有唯一的物理地址标识，即该客户端无线网卡的物理地址（MAC 地址），因此，可以在无线 AP 中维护一组允许访问的 MAC 地址列表，实现物理地址过滤。MAC 地址过滤技术通过检查用户数据包 MAC 地址来认证用户的可信度，只有当无线客户端的 MAC 地址和 AP 中可信的 MAC 地址列表中的地址匹配时，无线 AP 才允许无线客户端与之建立通信。

无线网络中的 MAC 地址过滤功能与交换机上的 MAC 地址绑定功能类似。在局域网中，可以在交换机上通过配置来实现某一端口与下连设备 MAC 地址之间的绑定。当设置了 MAC 地址与交换机上对应端口的绑定后，只有被绑定 MAC 的设备才能够接入交换机，其他设备通过该端口接入时，将被交换机拒绝。

MAC 地址过滤属于硬件认证而非用户认证，它要求无线 AP 中的 MAC 地址列表必须随时更新，并且都是手工操作，扩展能力较差，增加无线接入用户时比较麻烦，适用于在小型网络。另外，非法用户利用网络监听手段很容易窃取合法的 MAC 地址并进行修改，进而达到非法接入的目的。再有，当用户的无线网卡或是用于接入无线网络的笔记本电脑丢失时，MAC 地址过滤技术将不攻自破，无法保证网络的安全性。

② SSID 匹配技术：SSID 提供了一种标志无线网络边界的方法，即所有 SSID 相同的无线设备处于同一个无线网络范围内。SSID 匹配技术要求无线客户端必须配置正确的 SSID 才能访问无线 AP，并且提供口令认证机制，为无线网络提供了一定的安全性。利用 SSID 可以很好地进行用户群体分组，避免任意漫游带来的安全和访问性能的问题。

但是制造商为了使无线 AP 安装简便，在默认设置下会让无线 AP 对外广播自己的 SSID，并且允许具有正确 SSID 的所有客户端进行连接，这会使安全程度下降。另外，一般都是由用户自己配置客户端系统，所以很多人都会知道该 SSID，很容易被非法用户获知。再有，有些产品支持 ANY 方式，只要无线客户端在无线 AP 范围内，就会自动搜索到该无线 AP 发送的信号，并清楚地显示 AP 的 SSID，从而连接到无线 AP，这将绕过 SSID 的安全功能。

（2）WEP 协议：由于 MAC 地址过滤和 SSID 匹配技术解决无线局域网安全问题的能力较弱，1997 年，IEEE 推出了第一个真正意义上的无线局域网安全措施 WEP（Wired Equivalent Privacy，有线等效加密）协议，旨在提供与有线网络等效的数据机密性。

WEP 协议的设计初衷是使用无线网络协议为网络业务流提供安全保证，使得无线网络的安全性达到与有线网络同样的等级。WEP 采用的是一种对称的加密方式，即对于数据的加密和解密都是使用同样的密钥和算法，这样做主要是为了达到以下两个目的。

① 访问控制：阻止那些没有正确 WEP 密钥并且未经授权的用户（也可能是黑客）访问网络。

②保密：仅仅允许具备正确 WEP 密钥的用户通过加密来保护在 WLAN 中传输的数据流。

对于设备制造商来说，尽管是否使用 WEP 是可以选择的，但是如果使用 WEP，那么无线网络产品必须支持具有 40 位加密密钥的 WEP。因此 WEP 只是 IEEE 802.11 标准中指定的一种保密协议，但不是必需的，它的作用是保护 WLAN 用户，防止偶然偷听。

WEP 是 IEEE 802.11 标准安全机制的一部分，用来对在空中传输的 IEEE 802.11 数据帧进行加密，在数据层提供保密性和数据完整性。但由于设计上的缺陷，该协议存在安全漏洞，主要表现在以下几个方面。

● RC4 算法的安全问题：WEP 中使用的 RC4 加密算法存在弱密钥性，大大减少了搜索 RC4 密钥空间所需的工作量。

● WEP 本身缺陷：WEP 本身的缺陷主要反映在两个方面：一是使用了静态的 WEP 密钥管理方式。由于在 WEP 协议中不提供密钥管理，所以对于许多无线网络用户而言，如果长时间使用同一个密钥，则会增加安全隐患。WEP 协议的共享密钥为 40 位，用来加密数据显得太短，不能抵抗某些具有较强计算能力的穷举攻击或字典攻击。二是 WEP 没有对加密的完整性提供保护。与 IEEE 802.3 以太网一样，IEEE 802.11 的数据链路层协议中使用了未加密的循环冗余校验码（CRC）来检验数据的完整性，带来了安全隐患，降低了系统的安全性。

（3）WPA 协议：为了解决 WEP 存在的安全问题，提高 WLAN 的安全性，WiFi 联盟提出了 WPA（WiFi Protected Access，WiFi 保护访问）协议。

WEP 协议是 IEEE 802.11i 标准中的一项安全功能。针对 WEP 在加密强度和数据完整性方法方面仍存在的问题，IEEE 提供的具体解决方案为 IEEE 802.11i，但由于 IEEE 802.11g 存在一定的安全问题，WECA（无线以太网兼容性联盟）便将 IEEE 802.11i 草案中的 WPA 机制独立出来，并应用到 IEEE 802.11g 中。

WPA 本质上是 IEEE 802.11i 的一个子集。WPA 的核心内容是临时密钥完整协议（Temporal Key Integrity Protocol，TKIP）。

① WPA 的应用功能：WPA 的主要应用功能包括以下几个部分。

● 增强无线网络的安全性。在 WPA 协议的实现中，要通过 IEEE 802.1x 身份验证、加密以及单播和全局加密密钥管理来实现无线网络的安全性。

● 通过软件升级来解决 WEP 存在的安全问题。WEP 中的 RC4 流密码容易收到已知的明文攻击。另外，WEP 提供的数据完整性也相对较弱。WPA 解决了 WEP 中存在的安全问题，用户只需要更新无线设备中的固件和无线客户端，即可使用 WPA 所拥有的安全性，而不需要更换现有的无线设备。

● 为家庭和办公用户提供安全的无线网络解决方案。WPA 提供了一个用于家庭和办公用户配置的预共享密钥选项。预共享密钥在无线 AP 和每个无线客户端上配置，通过验证无线客户端和无线 AP 是否具有预共享密钥，来提高无线网络接入的安全性。

● 兼容 IEEE 802.11i 标准。WPA 是 IEEE 802.11i 标准中安全功能的一个子集。

② WPA 的安全功能：WPA 在用户身份认证、加密及数据完整性方面均有所增强，具体表现在以下三点。

● 认证：在 IEEE 802.11 中，IEEE 802.1x 身份验证是可选的。而在 WPA 中，IEEE 802.1x 身份验证是必需的。WPA 中的身份验证是开放系统认证和 IEEE 802.1x 身份认证的结合，它包括以下两个阶段。

第一阶段：使用开放系统认证，指示身份验证客户端可以将帧发送到无线 AP。

第二阶段：使用 IEEE 802.1x 执行用户级别的身份认证。

对于没有 RADIUS 基础结构的环境，WPA 支持使用预共享密钥。对于具有 RADIUS 基础结构的环境，WPA 支持 EAP 和 RADIUS。

● WPA 加密：对于 IEEE 802.1x，单播加密密钥的重新加密操作是可选的。另外，IEEE 802.11 和 IEEE 802.1x 没有提供任何机制来更改多播和广播通信所使用的全局加密密钥。对于 WPA，必须对单播和全局加密重新加密。临时密钥完整性协议（TKIP）会更改每一帧的单播加密密钥，以便使更改后的密钥公布到连接的无线客户端。

WPA 必须使用 TKIP 进行加密。TKIP 与 WEP 一样，基于 RC4 加密算法，但相比 WEP 算法，TKIP 将密钥的长度由 40 位加长到 128 位。

● WPA 数据完整性：在 WPA 中，通过使用新的算法，增强了数据在网络中传输时的安全性。

③ WPA 存在问题：WPA 沿用了 WEP 的基本原理，同时又采用了新的加密算法以及身份认证机制。事实证明，WPA 的安全性比 WEP 的高。WEP 的加密机制可以提供 64 位或 128 位的加密模式，有些产品甚至提供了 256 位 WEP 加密。虽然从理论上说 128 位加密模式已经非常难以破解，但由于 WEP 使用的静态密钥，这使得密钥很容易被破解。由于 WPA 加强了生成加密密钥的算法，即使黑客收集到分组信息并对其进行分析，也很难计算出通用密钥，弥补了 WEP 加密密钥的安全缺陷。

WPA 的缺点主要表现在三个方面：一是不能向后兼容某些早期的设备和操作系统；二是对硬件要求较高，除非无线产品继承了具有运行 WPA 和加快该协议处理速度的硬件，否则 WPA 将降低网络性能；三是 TKIP 并非最终解决方案，WiFi 联盟和 IEEE 802 委员会都认为，TKIP 只能作为一种临时的过渡方案，最终将被 IEEE 802.11i 标准所取代。

（4）IEEE 802.11i 标准：2004 年 6 月，IEEE 正式通过了 IEEE 802.11i 标准，使无线局

域网拥有了更为广阔的应用空间。专门致力于推广 IEEE 802.11 系列产品的 WiFi 联盟将 IEEE 802.11i 的商用名称定为 WEP2。

① IEEE 802.11i 网络框架：IEEE 802.11i 标准规定了两种网络框架，即过渡安全网络（Transition Security Network，TSN）和强健安全网络（Robust Security Network，RSN）。

● 过渡安全网络：TSN 规定在其网络中可以兼容现有的使用 WEP 方式的工作设备，使现有的无线局域网络系统可以向 IEEE 802.11i 网络平稳过渡。WiFi 联盟制定了 WPA 标准，这是一个向 IEEE 802.11i 过渡的中间标准，是 IEEE 802.11i 安全性的一个子集。

● 强健安全网络：RSN 支持全新的 IEEE 802.11i 安全标准，并且针对 WEP 加密机制中各种缺陷做了多方面改进，增强了无线局域网中的数据加密和认证性能。

② IEEE 802.11i 协议结构：整个 IEEE 802.11i 引入了以 EAP（Extensible Authentication Protocol，可扩展认证协议）为核心的用户审核机制，可以通过服务器审核接入用户的 ID，在一定程度上可避免黑客非法接入。

6.1.4 任务实施

1. 配置无线交换机的 DHCP 服务器

单击"System"→"VLANS"选项，选择"default"，进入属性配置页面，如图 6 - 2 所示。

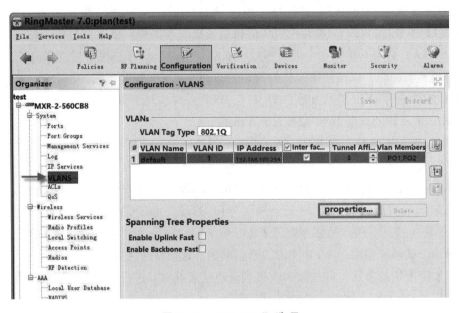

图 6 - 2 "VLANS"选项

单击"Properties"→"DHCP Server"选项，激活 DHCP 服务器，设置地址池和 DNS，然后保存，如图 6 - 3 所示。

单击"System"→"Port"选项，将无线交换机的端口 PoE 打开，并保存，如图 6 - 4 所示。

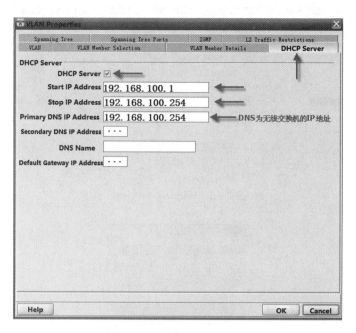

图 6 - 3　激活 DHCP 服务器

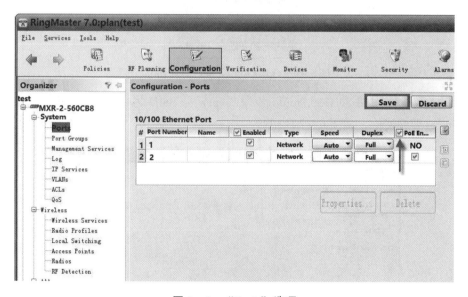

图 6 - 4　"Ports" 选项

2. 配置 Wireless Services

在菜单 "Configuration" 下，单击 "Wireless" → "Wireless Services"，如图 6 - 5 所示。

创建一个 "Service Profile"：在管理页面的右边，选择 "Create" 下面的 "Open Access Service Profile"，如图 6 - 6 所示。

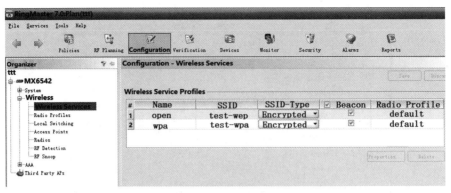

图 6 - 5　Wireless Services

图 6 - 6　Open Access Service Profile

然后输入实验使用的 Service Profile 名为"open"，SSID 为"test – wep"，SSID 类型为"Encrypted"，即加密的，如图 6 - 7 所示。

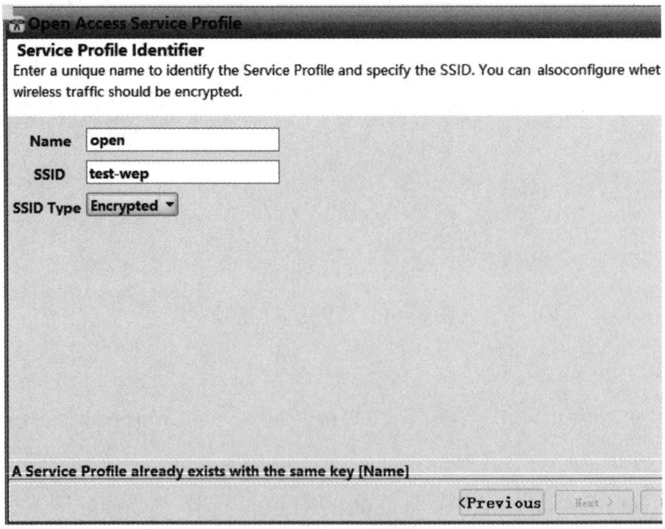

图 6 - 7　SSID 类型

选择使用静态的 WEP 加密方式，如图 6 - 8 所示。

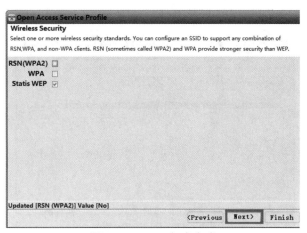

图 6 – 8 WEP 加密方式

输入密钥 "1234567890"，接入的无线客户端都需要输入正确的密钥才能接入进来，如图 6 – 9 所示。

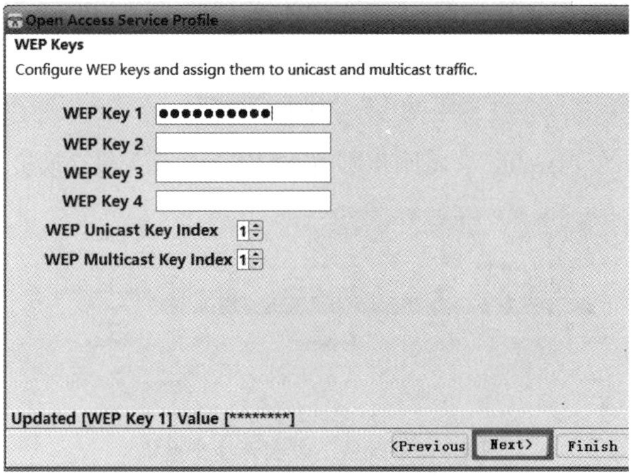

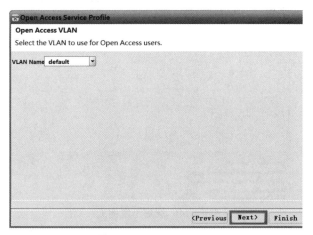

图 6 – 9 输入正确的密钥

VLAN Name 为 "default"，如图 6 – 10 所示。

图 6 – 10 VLAN Name

Radio Profile 使用 "default"，然后单击 "Finish" 按钮，如图 6 – 11 所示。

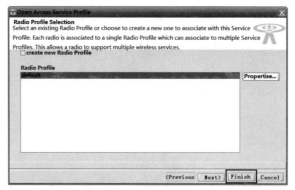

图 6 – 11　Radio Profiles

成功创建一个名字为 "open" 的 Service Profile，如图 6 – 12 所示。

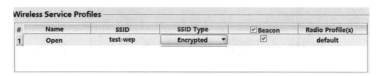

图 6 – 12　Service Profile

然后单击窗口右边的 "Deploy"，将刚才所做的配置下发到无线交换机，如图 6 – 13 所示。

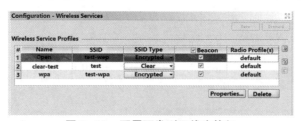

图 6 – 13　配置下发到无线交换机

当弹出的窗口出现如图 6 – 14 所示的 "Deploy completed" 时，配置下发完成。

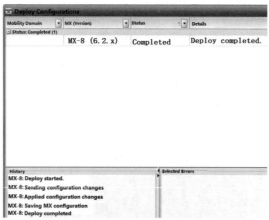

图 6 – 14　配置下发完成

此时配置完成，无线网络便会广播出采用 WEP 加密方式的 SSID "test – wep"。

6.1.5　教学方法与任务结果

学生分组进行任务实施，可以 3~5 人一组，小组讨论，确定方案后进行讲解，教师给予指导，全体学生参与评价。方案实施完成后，进行如下检测。

打开无线网卡，搜寻无线网络，会发现名为"test‑wep"的 SSID，并连入该 SSID，如图 6‑15 所示。

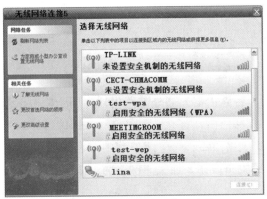

图 6‑15　测试无线客户端连接

选中该 SSID，单击"连接"按钮，此时会提示输入 WEP 密钥，输入密钥"1234567890"，如图 6‑16 所示。

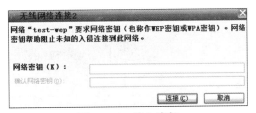

图 6‑16　输入密钥

单击"连接"按钮之后，无线客户端便可以正确连接到无线网络了，如图 6‑17 所示。无线客户端可以 ping 通无线交换机地址。

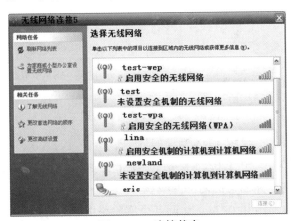

图 6‑17　连接状态

模块 6.2　使用访问控制列表维护网络安全

6.2.1　工作任务

随着大连东软公司网络建设的开展，对网络的安全性要求越来越高，因此需要在路由器上应用访问控制列表进行控制，作为网络管理员，需要设计具体的控制条件，并在路由器上应用，以满足公司的要求。

6.2.2　工作载体

如图 6 - 18 所示，有一台路由器充当外部路由器，用于模拟该公司外部网络，一台路由器充当公司内部路由器，外部路由器连接了网段 1 （10.10.1.0/24）和网段 2 （10.10.2.0/24）。外部路由器连接了 5 个路由器，每个路由器内部有一网段，其中实验路由器 1 连接的网络为 172.16.1.0/24，实验路由器 2 连接的网络为 172.16.2.0/24，依此类推。

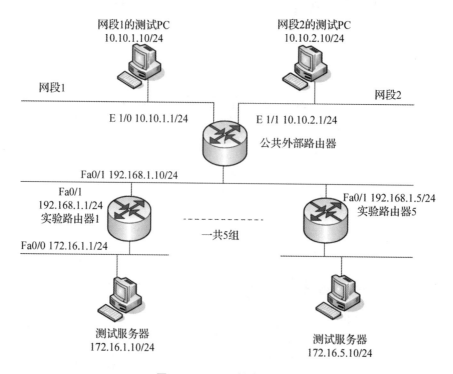

图 6 - 18　ACL 综合任务图

公司为了提高网络的安全性，具体要求如下：

（1）允许网段 1 （10.10.1.0/24）访问各个路由器的内部网段；不允许网段 2 （10.10.2.0/24）访问各个路由器的内部网段。

（2）允许网段 1 （10.10.1.0/24）访问各个实验路由器的内部服务器上的 WWW 服务和 ping 服务，拒绝服务该服务器上的其他服务。

（3）允许网段 2（10.10.2.0/24）访问各个实验路由器的内部服务器上的 TFTP 服务和 ping 服务，拒绝服务该服务器上的其他服务。

（4）网段 172.16.1.0/24 在每天的 9:00—18:00 时间不能访问 Internet，下班时间可以访问 Internet 的 Web 服务。

（5）允许网段 172.16.2.0/24 在每天的 9:00—18:00 时间访问 Internet，下班时间不能访问 Internet 的 Web 服务。

6.2.3 教学内容

在前面我们已经学习了如何使网络连通，而实际环境中网络管理员经常面对让他们左右为难的问题，他们必须设法拒绝那些不希望的访问连接，同时又要允许正常的访问连接。虽然其他一些安全工具，例如设置密码、回叫信号设备以及硬件的保密装置等可以提供帮助，但它们通常缺乏基本流量过滤的灵活性和特定的扩展手段，不过这正是许多网络管理员所需要的。如网络管理员允许局域网的用户访问互联网，但同时却不愿意局域网以外的用户通过互联网使用 Telnet 服务登录到本局域网。

下面将通过在路由器上配置访问控制列表（Access Control List，ACL）来提供基本的通信流量过滤能力，从而满足工作任务要求。

1. 访问控制列表的定义

访问控制列表（ACL）是应用在路由器接口的指令列表（即规则）。具有同一个服务列表编号或名称的 access – list 语句便组成了一个逻辑序列或者指令列表。这些指令列表用来告诉路由器，哪些数据包可以接收，哪些**OSI 参考模型**数据包需要拒绝。其原理是 ACL 使用包过滤技术，在路由器上读取 OSI 7 层模型的第 3 层及第 4 层包头中的信息，如源地址、目的地址、源端口、目的端口等，根据预先定义好的规则，对包进行过滤，从而达到访问控制的目的。

ACL 可分为两种基本类型：

（1）标准访问控制列表：检查被路由数据包的源地址。其结果基于源网络/子网/主机 IP 地址，来决定是允许还是拒绝转发数据包。它使用 1~99 之间的数字作为编号。

（2）扩展访问控制列表：对数据包的源地址与目标地址均进行检查。它也能检查特定的协议、端口号以及其他参数。它使用 100~199 之间的数字作为编号。

在过去的几年中，CISCO 公司大大增强了访问控制列表的能力，开发了诸如基于时间的访问控制列表、动态访问控制列表等新的类型，我们将在后面逐一介绍。

ACL 的定义是基于协议的。换言之，如果想控制某种协议的通信数据流，就要对该接口处的这种协议定义单独的 ACL。例如，如果路由器接口配置为支持 3 种协议（IP、IPX 和 AppleTalk），那么，至少要定义 3 个访问控制列表。通过灵活地配置访问控制，ACL 可以作为网络控制的有力工具来过滤流入、流出路由器接口的数据包。图 6-19 所示是使用 ACL 实现网络的控制。

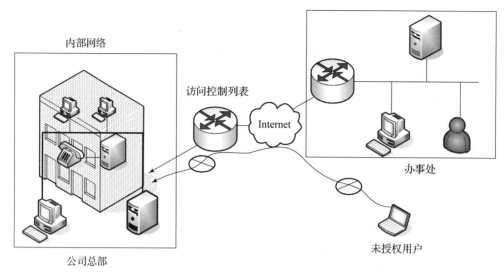

图 6 – 19　使用 ACL 根据判断条件拒绝数据包

2. 访问控制列表的分类

在此将学习四类的访问控制列表：标准访问控制列表、扩展访问控制列表、命名访问控制列表和基于时间的访问控制列表。标准 IP 访问控制列表只对源 IP 地址进行过滤。扩展访问控制列表不仅可以过滤源 IP 地址，还可以对目的 IP 地址、源端口、目的端口等进行过滤。当使用命名的访问控制列表时，还可以用名字来创建访问控制列表。

在实际应用中，访问控制列表的种类要丰富得多，包括按照时间对内或对外的流量进行控制，根据第二层的 MAC 地址进行控制等新功能，以及增加了在标准和扩展访问控制列表中插入动态条目的能力，还可以通过访问控制列表来防止黑客攻击 Web 服务器和其他网络设备。

（1）标准访问控制列表：当管理员想要阻止来自某一特定网络的所有通信流量，或允许来自某一特定网络的所有通信流量时，可以使用标准访问列表实现这一目标。

标准访问控制列表根据数据包的源 IP 地址来允许或拒绝数据包，如图 6 – 20 所示。标准 IP 访问控制列表的访问控制列编号是 1 ~ 99。

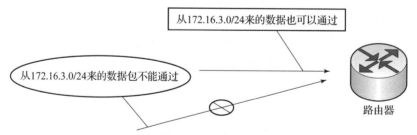

图 6 – 20　标准访问控制列表只基于源地址进行过滤

标准访问控制列表是针对源 IP 地址而应用的一系列允许和拒绝条件。路由器逐条测试数据包的源 IP 地址与访问控制列表的条件是否相符。一旦匹配，就将决定路由器是接收还是拒绝数据包。因为只要匹配了某一个条件之后，路由器就停止继续测试剩余的条件，所

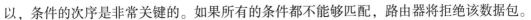

以，条件的次序是非常关键的。如果所有的条件都不能够匹配，路由器将拒绝该数据包。

对于单独的一个ACL，可以定义多个条件判断语句。每个条件判断语句都指向同一个固定的ACL，以便把这些语句限制在同一个ACL之内。另外，ACL中条件判断语句的数量是无限的。其数量的大小只受内存的限制。当然，条件判断语句越多，该ACL的执行和管理就越困难。因此，合理地设置这些条件判断语句将有效地防止出现混乱。

当访问控制列表中没有剩余条目时，所采取的行动是拒绝数据包，这非常重要，访问控制列表中的最后一个条目是众所周知的隐含拒绝一切，所有没有明确被允许的数据流都将被隐含拒绝。图6-21说明了标准访问控制列表的处理过程。

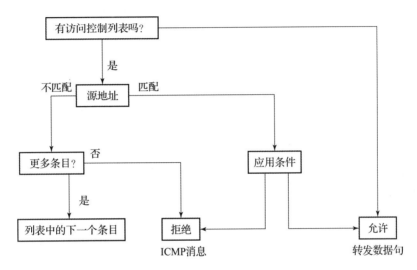

图6-21　标准访问控制列表处理过程

当配置访问控制列表时，顺序很重要。要确保按照从具体到普遍的次序来排列条目。例如，如果想要拒绝一个具体的主机地址并且允许所有其他主机地址，那么，要确保有关这个具体主机的地址条目最先出现。

①标准访问控制列表的应用与配置：标准ACL检查可以被路由的数据包的源地址，从而允许或拒绝基于网络、子网和主机IP地址以及某一协议簇的数据包通过路由器。

配置和显示访问列表：

可以使用全局配置命令access-list来定义一个标准的访问控制列表，并给它分配一个数字编号。详细语法如下：

```
Router(config)#access-list  access-list-number  {permit  |deny} source
[source-wildcard]{log}
```

另外，可以通过在access-list命令前加no的形式，来消除一个已经建立的标准ACL。语法如下：

```
Router(config)#no access-list access-list-number
```

下面是 access – list 命令参数的详细说明：

● access – list – number 访问控制列表编号，用来指出属于哪个访问控制列表（对于标准 ACL 来说，是 1~99 中的一个数字）。

● permit/deny 如果满足测试条件，则允许/拒绝该通信流量。

● source 数据包的源地址，可以是主机地址，也可以是网络地址。可以有两种不同的方式指导数据包的源地址：

采用不同十进制的 32 位数字表示，每 8 位为一组，中间用点号隔开。例如，数据包的源地址为 168.123.23.23。

使用关键字 any 作为一个源地址和反码（如 0.0.0.0 255.255.255.0）的缩写。

● source – wildcard 用来跟源地址一起采用，用于标识哪些位需要进行匹配操作。有两种方式用来指点 source – wildcard：

采用不同十进制的 32 位数字表示，每 8 位为一组，中间用点号隔开。如果某位为 1，表明这一位不需要进行匹配操作；如果为 0，则表明这一位需要严格匹配。

使用关键字 any 作为一个源地址和反码（如 0.0.0.0 255.255.255.0）的缩写。

● log（可选项）生成相应的日志信息。

● 使用 show access – list 命令来显示所有访问控制列表的内容，也可以使用这个命令显示一个访问控制列表的内容。

在下面的例子中，一个标准 ACL 允许 3 个不同网络的流量通过：

```
Access – list l permit 192.5.34.0 0.0.255.255
Access – list l permit 128.88.0.0 0.0.255.255
Access – list 1 permit 36.0.0.0 0.255.255.255
```

提示：所有其他的访问都隐含地被拒绝了。

在这个例子中，反码位作用于网络地址的相应位，从而决定哪些主机可以相匹配。对于那些源地址与 ACL 条件判断语句不匹配的流量，将被拒绝通过。

向访问列表中加入语句时，这些语句加入列表末尾。对于使用编号的访问控制列表，编号列表的单个语句是无法删除的。如果管理员要改变访问列表，必须先要删除整个访问列表，然后重新输入改变的内容。建议在 TFTP 服务器上用文本编辑器生成访问控制列表，然后下载到路由器上。也可以使用终端仿真器或 PC 上的 Telnet 会话来将访问列表剪切、粘贴到处于配置模式的路由器上。

② access – group 命令：将访问控制列表与出站口联系起来。

Access – group 命令把某个现存的访问控制列表与某个出站接口联系起来。对于该命令，要记住，在每个端口、每个协议、每个方向上只能有一个访问控制列表。下面是 access – group 命令的语法格式：

```
Router(config – if)#ip access – group access – list – number{ in | out }
```

其中，各个参数的说明如下：

- access – list – number 访问控制列表编号，用来指出链接到这一接口的 ACL 编号。
- in/out 用来指示该 ACL 是应用到流入接口（in）还是流出接口（out）。

（2）扩展访问控制列表：扩展访问控制列表通过启用基于源和目的地址、传输层协议和应用端口号的过滤来提供更高程度的控制。利用这些特性，可以基于网络的应用类型来限制数据流。

如图 6 – 22 所示，扩展访问控制列表行中的每个条件都必须匹配才认为该行被匹配，才会施加允许或拒绝条件。只要有一个参数或条件匹配失败，就认为该行不被匹配，并立即检查访问控制列表中的下一行。

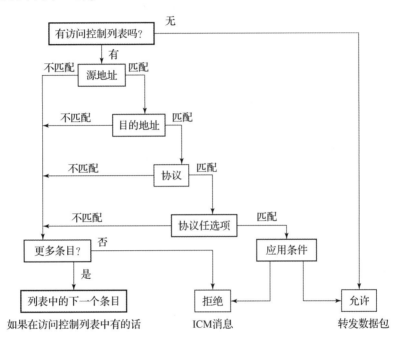

图 6 – 22　扩展 IP 访问控制列表处理流程图

扩展 ACL 比标准 ACL 提供了更广阔的控制范围，因而更受网络管理员的偏爱。例如，要是只想允许外来的 Web 通信量通过，同时又要拒绝外来的 FTP 和 Telnet 等通信量时，就可以通过使用扩展 ACL 来达到目的。这种扩展后的特性给网络管理员提供了更大的灵活性，可以灵活多变地设置 ACL 的测试条件。数据包是否被允许通过该端口，既可以基于它的源地址，也可以基于它的目的地址。例如，要求一边允许从 F0/0 来的 E – mail 通信流量抵达目的地 S0，一边又拒绝远程登录和文件传输。要实现这种控制，可以在接口 F0/0 绑定一个扩展 ACL，也就是使用一些精确的逻辑条件判断语句创建的 ACL。一旦数据包通过该接口，绑定在该接口的 ACL 就检查这些数据包，并且进行相应的处理。

使用扩展 ACL 可以实现更加精确的流量控制。扩展 ACL 的测试条件即可检查数据包的源地址，也可以检查数据包的目的地址。此外，在每个扩展 ACL 条件判断语句的后面部分，还通过一个特定参数字段来指定一个可选的 TCP 或 UDP 的端口号。这些端口号通常为 TCP/IP 中的"著名"端口号。常见的"著名"端口号见表 6 – 1。

表6-1 常见的"著名"端口号

端口号	关键字	描述	TCP/UDP
20	FTP-DATA	（文件传输协议）FTP（数据）	TCP
21	FTP	（文件传输协议）FTP	TCP
23	TELNET	终端连接	TCP
25	SMTP	简单邮件传输协议	TCP
42	NAMESERVER	主机名字服务器	UDP
53	DOMAIN	域名服务器（DNS）	TCP/UDP
69	TFTP	普通文件传输协议（TFTP）	UDP
80	WWW	万维网	TCP

基于这些扩展 ACL 的测试条件，数据包要么被允许，要么被拒绝。对入站接口来说，意味着被允许的数据包将继续进行处理；对出站接口来说，意味着被允许的数据包将直接转发，如果满足了参数是 deny 的条件，就简单地丢弃该数据包。

路由器的这种 ACL 实际上提供了一种防火墙控制功能，用来拒绝通信流量通过端口。一旦数据包被丢弃，某些协议将返回一个数据包到发送端，以表明目的地址是不可到达的。

① 扩展访问控制列表的配置与应用：

在扩展 ACL 中，命令 access-list 的完全语法格式如下：

```
Router(config)#access-list access-list-number{permit I deny} protocol
[source source-wildcard                 destination destination-wildcard][operator operan][established][log]
```

下面是该命令有关参数的说明：

● access-list-number：访问控制列表编号。使用 100~199 之间的数字来标识一个扩展访问控制列表。

● permit/deny：用来表示在满足测试条件的情况下，该入口是允许还是拒绝后面指定地址的通信流量。

● protocol：用来指定协议类型，如 IP、TCP、UDP、ICMP、GRE 以及 IGRP。

● source、destination：源和目的，分别用来标识源地址和目的地址。

● source-wildcard、destination-wildcard：反码，source-wildcard 是源反码，与源地址相对应；destination-wildcard 是目的反码，与目的地址对应。

● operator operan：lt（小于）、gt（大于）、eq（等于）、neq（不等于）和一个端口号。

● established：如果数据包使用一个已建立的连接（例如该数据包的 ACK 位已被设置了），便可以允许 TCP 信息量通过。

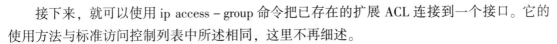

接下来，就可以使用 ip access – group 命令把已存在的扩展 ACL 连接到一个接口。它的使用方法与标准访问控制列表中所述相同，这里不再细述。

② 扩展访问控制列表的应用：

下面介绍扩展 ACL 配置的实例。第一个例子将拒绝 FTP 通信流量通过 F0/0 接口。第二个例子只拒绝 Telnet 通信流量经过 F0/0，而允许其他所有流量经过 F0/0。

① 拒绝所有从 172.16.4.0 到 172.16.3.0 的 FTP 通信流量通过 F0/0。

第一步：创建拒绝来自 172.16.4.0 网络的所有主机访问 172.16.3.0 网络的 ftp 流量。

```
Router(config)#access – list  101  deny  tcp  172.16.4.0  0.0.0.255
172.16.3.0  0.0.0.255  eq 21
Router(config)#access – list  101  permit ip any any
```

第二步：应用到接口 F0/0 的出口方向。

```
Router(config)#interface  fastthernet  0/0
Router(config – if)#ip  access – group  101  out
```

在此将访问控制列表（ACL 101）绑定到一个出站接口 F0/0 上。注意，该 ACL 并没有完全拒绝 FTP 服务类型的通信流量，它仅仅拒绝了端口 21 上的通信流量。因为 FTP 服务可以容易地通过配置到别的端口来实现。

提示：要记住，所谓的著名端口也仅仅是"著名"而已，并不能保证特定服务一定与特定的端口相绑定，尽管它们往往是绑在一起的。

②拒绝来自指定子网的 Telnet 通信流量。

只拒绝所有通过 F0/0 从 172.16.4.0 到 172.16.3.0 的 Telnet 通信流量通过，而允许其他的通信流量。

第一步：创建拒绝来自 172.16.4.0 网络的所有主机访问 172.16.3.0 网络的 telnet 流量。

```
Router(config)#access – list  101  deny  tcp  172.16.4.0  0.0.0.255
172.16.3.0  0.0.0.255  eq 23
Router(config)#access – list  101  permit ip any any
```

第二步：应用到接口 F0/0 的出方向。

```
Router(config)#interface  fastethernet  0/0
Router(config – if)#ip  access – group  101  out
```

查看和验证访问控制列表的命令与标准 ACL 的命令相同。

（3）命名访问控制列表。

在标准 ACL 和扩展 ACL 中，可以使用一个字母和数字组合的字符串（名字）代替前面所使用的数字（1~199）来表示 ACL 的编号，称为命名 ACL。命名 ACL 还可以用来从某一特定的 ACL 中删除个别的控制条目，这样可以让网络管理员方便地修改 ACL，而不用必须完全删除一个 ACL，然后再重新建立一个 ACL。

可以在下列情况下使用命名 ACL：

① 需要通过一个字母和数字组成的名字来直观地表示特定的 ACL。

② 对于某一给定的协议，在同一路由器上，有超过 99 个的标准 ACL 或者有超过 100 个的扩展 ACL 需要配置。

另外，在使用命名 ACL 的过程中，需要注意：

① ISO 11.2 以前的版本不支持命名 ACL。

② 不能以同一个名字命名多个 ACL。另外，不同类型的 ACL 也不能使用相同的名字。

③ 命名 IP 访问列表允许从指定的访问列表删除单个条目。但条目无法有选择地插入列表中的某个位置。如果添加一个条目到列表中，那么该条目添加到列表末尾。

④ 在命名的访问控制列表下，permit 和 deny 命令的语法格式与前述有所不同。

ACL 命名的命令语法如下：

```
Router(config)#ip access-list {standard |extended} name
```

在 ACL 配置模式下，通过指定一个或多个 permit（允许）及 deny（拒绝）条件，来决定一个数据包是允许通过还是被丢弃。

注意，在命名的访问控制列表下，permit 和 deny 命令的语法格式与前述有所不同：

```
Router(config{std |ext}-nacl)#{permit |deny  } {source  [source-wildcard] |
any} {test conditions }[log]
```

可以使用带 no 形式的对应 permit 或 deny 命令，来删除一个 permit 或 deny 命令：

```
Router(config{std |ext}-nacl)#no {permit |deny  } {source  [source-wildcard] |
any} {test conditions }
```

这里 test conditions 的使用可参考标准和扩展访问控制列表中相应的内容。

下面的例子说明了如何建立一个命名扩展 ACL，以便只拒绝通过 F0/0 端口从 172.16.4.0 到 172.16.3.0 的 telnet 通信流量，而允许其他的通信流量。实现步骤如下：

第一步：创建名为 network 的命名访问控制列表。

```
Router(config)#ip access-list extended network
```

第二步：指定一个或多个 permit 及 deny 条件。

```
Router(config-ext-nacl)#deny tcp 172.16.4.0 0.0.0.255 172.16.3.0 0.0.0.255
eq 23
Router(config-ext-nacl)#permit ip any any
```

第三步：应用到接口 F0/0 的出方向。

```
Router(config)#interface fastethernet 0/0
Router(config-if)#ip access-group network out
```

查看 ACL 列表：

· 命令 show ip interface 用来显示 IP 接口信息，并显示 ACL 是否正确设置。

· 命令 show access – list 用来显示所有 ACL 的内容。如果输入一个 ACL 的名字和数字作为该命令的可选项，网络管理员可以查看特定的列表。

· 命令 show running – config 也可以用来查看 ACL 的具体配置条目，以及如何应用到某个端口上。

（4）基于时间的访问控制列表。

基于时间的访问控制列表可以规定内网的访问时间。目前几乎所有的防火墙都提供了基于时间的控制对象，路由器的访问控制列表也提供了定时访问的功能，用于在指定的日期和时间范围内应用访问控制列表。

它的语法规则如下：

① 为时间段起名：

```
Router(config)#time – range time – range – name
```

② 配置时间对象：

· 配置绝对时间：

```
Router(config – time – range)#absolute { starttime date [ endtime date ] | endtime date }
```

· starttime date：表示时间段的起始时间。time 表示时间，格式为"hh:mm"。date 表示日期，格式为"日 月 年"。

· endtime date：表示时间段的结束时间，格式与起始时间相同。

示例：absolute start 08:00 1 Jan 2010 end 10:00 1 Feb 2010（即从 2010 年 1 月 1 日 08:00点开始到 2010 年 2 月 1 日 10:00 点结束）

· 配置周期时间：

```
Router(config – time – range)#periodic          day – of – the – week          hh:mm
to[ day – of – the – week ] hh:mm
   periodic { weekdays | weekend | daily } hh:mm to hh:mm
```

· day – of – the – week：表示一个星期内的一天或者几天，Monday，Tuesday，Wednesday，Thursday，Friday，Saturday，Sunday。

· hh:mm：表示时间。

· weekdays：表示周一到周五。

· weekend：表示周六到周日。

· daily：表示一周中的每一天。

示例：periodic weekdays 09:00 to 18:00（即周一到周五每天的 09:00—18:00）

在 ACL 规则中，使用 time – range 参数引用时间段，只有配置了 time – range 的规则才会在指定的时间段内生效，其他未引用时间段的规则将不受影响，但要确保设备的系统时间正确。

③ 配置实例：

假设规定上班期间早八点到晚八点启用规则、周末全天启用规则，具体配置如下：

```
Router(config)#time-range worktime
Router(config-time-range)#periodic weekends 00:00 to 23:59
Router(config-time-range)#periodic monday 08:00 to friday 20:00
```

6.2.4 任务实施

1. 标准访问控制列表的任务要求与实施过程

允许网段 1（10.10.1.0/24）访问各个路由器的内部网段；不允许网段 2（10.10.2.0/24）访问各个路由器的内部网段。

（1）公共外部路由器的配置：

```
Router(config)#interface  fastethernet  1/0    （进入 F1/0 端口）
Router(config-if)#ip address 10.10.1.1 255.255.255.0
（设置端口 IP 地址 10.10.1.1/24）
Router(config)#interface  fastethernet  1/1    （进入 F1/1 端口）
Router(config-if)#ip address 10.10.2.1 255.255.255.0
（设置端口 IP 地址 10.10.2.1/24）
Router(config)#interface  fastethernet  0/1    （进入 F0/1 端口 Router）
Router(config-if)#ip address 192.168.1.10 255.255.255.0
（设置端口 IP 地址 192.168.1.10/24）
Router(config)#ip route  172.16.1.0  255.255.255.0  192.168.1.1
（设置到达内部子网 172.16.1.0 的静态路由,下一跳地址为 192.168.1.1）
Router(config)#ip route  172.16.2.0  255.255.255.0  192.168.1.2
（设置到达内部子网 172.16.2.0 的静态路由,下一跳地址为 192.168.1.2）
Router(config)#ip route  172.16.3.0  255.255.255.0  192.168.1.3
（设置到达内部子网 172.16.3.0 的静态路由,下一跳地址为 192.168.1.3）
Router(config)#ip route  172.16.4.0  255.255.255.0  192.168.1.4
（设置到达内部子网 172.16.4.0 的静态路由,下一跳地址为 192.168.1.4）
Router(config)#ip route  172.16.5.0  255.255.255.0  192.168.1.5
（设置到达内部子网 172.16.5.0 的静态路由,下一跳地址为 192.168.1.5）
Router#show interface    （查看路由器端口信息）
Router#show ip route    （查看路由表的显示）
```

（2）对每一组路由器进行配置（以第一小组为例，其余各组依此类推）：

```
Router(config)#interface f 0/0
Router(config)#ip address 172.16.1.1  255.255.255.0
Router(config)#no shutdown
Router(config)#interface f 0/1
Router(config)#ip address 192.168.1.1  255.255.255.0
Router(config)#no shutdown
Router(config)#ip route 0.0.0.0 0.0.0.0  192.168.1.10
Router# show interface    （查看路由器端口信息）
Router#show ip route    （查看路由表的显示）
```

```
Router(config)#access-list 1 permit  10.10.1.0  0.0.0.255
Router(config)#access-list 1 permit  10.10.2.0  0.0.0.255
Router(config)#interface f 0/1
Router(config-if)#ip access-group 1 in
Router(config-if)#end
Router#show ip interface
Router#show running-config
```

（3）对标准 ACL 配置进行验证：

- 在网段 1 的测试 PC 上测试网络连通性，ping 172.16.1.10 是否 ping 通（可以）。
- 在网段 2 的测试 PC 上测试网络连通性，ping 172.16.1.10 是否 ping 通（不通）。

2. 扩展访问控制列表的任务要求与实施过程

- 允许网段 1（10.10.1.0/24）访问各个实验路由器内部服务器上的 WWW 服务和 ping 服务，拒绝服务该服务器上的其他服务。

- 允许网段 2（10.10.2.0/24）访问各个实验路由器内部服务器上的 TFTP 服务和 ping 服务，拒绝服务该服务器上的其他服务。

（1）公共外部路由器的配置（与标准访问控制列表配置相同）：

```
Router(config)#interface  fastethernet  1/0
Router(config-if)#ip address 10.10.1.1 255.255.255.0
Router(config)#interface  fastethernet  1/1
Router(config-if)#ip address 10.10.2.1 255.255.255.0
Router(config)#interface  fastethernet  0/1
Router(config-if)#ip address 192.168.1.10 255.255.255.0
Router(config)#ip route  172.16.1.0  255.255.255.0  192.168.1.1
Router(config)#ip route  172.16.2.0  255.255.255.0  192.168.1.2
Router(config)#ip route  172.16.3.0  255.255.255.0  192.168.1.3
Router(config)#ip route  172.16.4.0  255.255.255.0  192.168.1.4
Router(config)#ip route  172.16.5.0  255.255.255.0  192.168.1.5
Router#show interface
Router#show ip route
```

（2）对每一组路由器进行配置（以第一小组为例，其余各组依此类推）：

```
Router(config)#interface f 0/0
Router(config-if)#ip address  172.16.1.1  255.255.255.0
Router(config-if)#no shutdown
R Router(config)#interface f 0/1
Router(config-if)#ip address  192.168.1.1  255.255.255.0
Router(config-if)#no shutdown
Router(config)#ip route 0.0.0.0 0.0.0.0  192.168.1.10
Router#show interface    （查看路由器端口信息）
Router#show ip route    （查看路由表的显示）
Router(config)#access-list 101 permit icmp any any echo
Router(config)#access-list 101 permit icmp any any echo-replay
```

```
Router(config)#access - list 101 permit tcp 10.10.1.0  0.0.0.255  172.16.1.0
0.0.0.255 eq 80
```
（允许网段 1：10.10.1.0/24 访问各个实验路由器的内部服务器上的 WWW 服务和 ping 服务）
```
Router(config)#access - list 101 permit tcp 10.10.2.0  0.0.0.255  172.16.1.0
0.0.0.255 eq 69
```
（允许网段 2：10.10.2.0/24 访问各个实验路由器的内部服务器上的 TFTP 服务和 ping 服务）
```
Router(config)#interface f 0/1
Router(config - if)#ip access - group 101 in
```
（在 F0/1 口入方向应用编号为 101 的列表）
```
Router(config - if)#end
Router#show ip interface
Router#show running - config
```

（3）对扩展 ACL 配置进行验证：

• 在网段 1 的测试 PC 上测试网络连通性，ping 172.16.1.10 是否 ping 通（可以）。

• 在网段 1 的测试 PC 上访问内部服务器的 WWW 服务，是否打开测试页面（可以）。

• 在网段 1 的测试 PC 上访问内部服务器的 TFTP 服务，是否连接到 TFTP 服务器（不可以）。

• 在网段 2 的测试 PC 上测试网络连通性，ping 172.16.1.10 是否 ping 通（可以）。

• 在网段 2 的测试 PC 上访问内部服务器的 WWW 服务，是否打开测试页面（不可以）。

• 在网段 2 的测试 PC 上访问内部服务器的 TFTP 服务，是否连接到 TFTP 服务器（不可以）。

3. 基于时间的访问控制列表的任务要求与实施过程

• 不允许网段 172.16.1.0/24 在每天的 9：00—18：00 访问 Internet，下班时间可以访问 Internet 的 Web 服务。

• 允许网段 172.16.2.0/24 在每天的 9：00—18：00 访问 Internet，下班时间不能访问 Internet 的 Web 服务。

```
Router(config)#time - range worktime
Router(config - time - range)#periodic weekdays  09：00 to 18：00
Router(config)#time - range off - work
Router(config - time - range)#periodic weekdays  18：00 to 09：00
Router(config)#access - list 100 deny ip 172.16.1.0 0.0.0.255 any time - range
worktime    (不允许网段 172.16.1.0/24 在每天的 9：00—18：00 访问 Internet)
Router(config)#access - list 100 permit tcp 172.16.1.0 0.0.0.255 any time - range
off - work eq  WWW    (允许网段 172.16.1.0/24 在下班时间访问 Internet 的 Web 服务)
Router(config)#access - list 100 permit ip 172.16.2.0 0.0.0.255 any time - range
worktime    (允许网段 172.16.2.0/24 在每天的 9：00—18：00 访问 Internet)
Router(config)#access - list 100 deny tcp 172.16.2.0 0.0.0.255 any time - range
off - work eq  WWW    (网段 172.16.1.0/24 在下班时间不能访问 Internet 的 Web 服务)
Router(config)# access - list 100 permit ip any any
Router(config)#interface f 0/1
Router(config - if)#ip access - group 101 in(在 F0/1 口入方向上应用该列表)
Router(config - if)#end
```

6.2.5 教学方法与任务结果

学生分组进行任务实施，可以 3~5 人一组，小组讨论，确定方案后进行讲解，教师给予指导，全体学生参与评价。方案实施完成后，检测是否根据要求限制用户访问。

模块 6.3 项目拓展

6.3.1 理论拓展

选择题

1. 为了配置管理方便，内部网中需要向外提供服务的服务器往往放在一个单独的网段与防火墙相连，通常连接防火墙的（　　）接口。

　A. LAN　　　　　　　　　　　B. WAN

　C. DMZ　　　　　　　　　　　D. CONSOLE

2. 计算机通过超级终端配置防火墙，设置波特率为（　　）。

　A. 115 200 b/s　　　　　　　　B. 9 600 b/s

　C. 2 400 b/s　　　　　　　　　D. 19 200 b/s

3. 下列不属于网络防火墙的类型的有（　　）。

　A. 入侵检测技术　　　　　　　B. 包过滤

　C. 电路层网关　　　　　　　　D. 应用层网关

4. 关于防火墙说法，错误的是（　　）。

　A. 防火墙能隐藏内部的 IP 地址　　B. 防火墙能提供 VPN 功能

　C. 防火墙能阻止来自内部的威胁　　D. 防火墙能控制进出内网的信息流向和信息包

5. 加密系统至少包括（　　）部分。

　A. 加解密密钥　　　　　　　　B. 明文

　C. 加解密算法　　　　　　　　D. 密文

6.3.2 实践拓展

某企业从事某高科技产品的生产和销售，随着业务的发展，企业原有网络已经不能满足需要，网络安全对生产和经营的影响也越来越明显，企业经常遭到来自互联网络的攻击或入侵，为了更好地服务企业，企业网络需要改造，需要在原网络基础上进行网络设备扩容和提高网络的冗余能力，达到提高网络性能和质量的目的，加强网络安全建设。网络拓扑结构规划如图 6-23 所示。

为了提高网络的安全性、可靠性、可用性，需要配置 NAT、IP 映射、端口映射、IPSec VPN、安全策略、VLAN、路由等功能。具体要求如下：

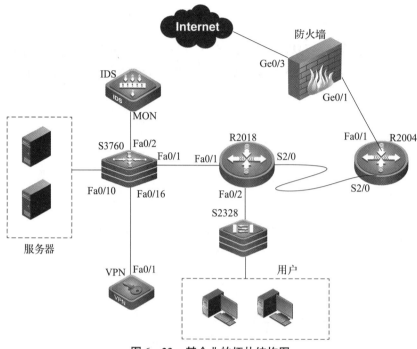

图 6-23　某企业的拓扑结构图

（1）在 S3760 上配置 DHCP 服务，实现办公 VLAN 的 IP 自动分配，指定 DNS 服务器地址为 202.103.96.112；域名为 office.com，租期为 1 天，网关为 192.168.5.1；保留 192.168.5.1～192.168.5.100 这些 IP 地址，不分配给用户使用。

（2）R2004 和 R2018 之间运营商链路配置 PPP 协议。

（3）为了保证公司总部的服务器资源的安全，需要在交换机端口上开启端口安全，将服务器的 MAC 进行静态绑定，并且服务器上同样实现网关的 MAC 静态绑定；在开启端口安全的交换机上，每个接口的最大连接数为 1，如违规，则关闭接口。

（4）R2004、R2018、SS3760 之间运行 RIP 动态路由协议。

学习目标

◆ 掌握常见的几款网管软件的使用，包括 Sniffer 和 Wireshark 的工作界面与工作流程，能够通过抓包软件对数据包进行分析，维护网络安全。

◆ 了解网络故障诊断和排除的一般步骤，能够利用常见的网络故障诊断命令排除故障。

思政目标

◆ 通过介绍工匠案例，培养学生严谨、认真、实事求是的学习态度，树立精益求精的工匠精神。

◆ 培养学生树立对职业敬畏、对工作执着、对技能精益求精的精神，以及一以贯之的工作态度，不断追求卓越。

思政视窗

精益求精，锤炼"大国工匠"

胡双钱是中国商飞上海飞机制造有限公司数控机加车间钳工组组长，是一位本领过人的飞机制造师。在30年的航空技术制造工作中，他经手的零件上千万，没有出过一次质量差错。"每个零件都关系着乘客的生命安全。确保质量是我最大的职责。"核准、划线，锯掉多余的部分，拿起气动钻头依线点导孔，握着锉刀将零件的锐边倒圆、去毛刺、打光这样的动作，他整整重复了30年。额头上的汗珠顺着脸颊滑落，和着空气中飘浮的铝屑凝结在头发、脸上、工服上……这样的"铝人"，他一当就是30年。

胡双钱读书时，技校老师是位修军机的老师傅，经验丰富、作风严谨。"学飞机制造技术是次位，学做人是首位，干活要凭良心。"这句话对他影响颇深。一次，胡双钱按流程给一架正在修理的大型飞机上螺丝、上保险、安装外部零部件。"我每天睡前都喜欢放电影，想想今天做了什么，有没有做好。"那天回想工作，胡双钱对"上保险"这一环节感到非常不踏实。保险对螺丝起固定作用，确保飞机在空中飞行时不会因震动过大而导致螺丝松动。思前想后，胡双钱不踏实，凌晨3点，他又骑着自行车赶到单位，拆去层层外部零部件，保险醒目出现，一颗悬着的心落了下来。从此，每做完一步，他都会盯看几秒再进入下道工序，"再忙也不缺这几秒，质量最重要。"一切都是为了让中国人自己的新支线飞机早日安全地飞行在蓝天上。从 2003 年参与 ARJ21 新支线飞机项目后，胡双钱对质量有了更高的要求。他深知 ARJ21 是民用飞机，承载着全国人民的期待和梦想，又是"首创"，风险和要求都高了很多。胡双钱让自己的"质量弦"绷得更紧了。不管是多么简单的加工，他都会在干活前认真核校图纸，操作时小心谨慎，加工完后多次检查，"慢一点、稳一点，精一点、准一点"。并凭借多年积累的丰富经验和对质量的执着追求，胡双钱在 ARJ21 新支线飞机零件制造中大胆进行工艺技术攻关创新。

模块 7.1　Sniffer 网管软件的使用

7.1.1　工作任务

假如你是某公司的一位网络管理员，公司要求你能够学会较多的网络管理软件，学会 Sniffer 抓包软件的使用，同时，在了解本公司网络结构和设置配置的前提下，充分利用所学网络知识及网络工具。当网络出现故障时，能在最短时间内找到网络故障原因，并能顺利拿出解决方案排除故障，保证网络畅通。

7.1.2　教学内容

1. 网络管理软件的功能

局域网查看工具是一款非常方便、实用的对局域网各种信息进行查看的工具，采用多线程技术，搜索速度很快。它可以实现以下主要功能：

（1）搜索所有工作组。

（2）搜索指定网段内的计算机，并显示每台计算机的 IP 地址、工作组、MAC 地址和用户。

（3）搜索所有工作内或是选定的一个或几个工作组内的计算机，并显示每台计算机的计算机、IP 地址、工作组、MAC 地址和用户。

（4）搜索所有计算机的共享资源。

（5）将指定共享资源映射成本地驱动器。

（6）搜索所有共享资源内的共享文件。

（7）搜索选定的一个或几个共享资源内的共享文件。

（8）在搜索共享文件时，可选择搜索所需的一种或几种文件类型的共享文件。

（9）打开指定的计算机。

（10）打开指定的共享目录。

（11）打开指定的共享文件。

（12）消息发送功能强大。可以给选定的一台或几台计算机发消息、给指定工作组内的所有计算机发消息、给所有计算机发消息。

（13）扫描功能强大。可以扫描出局域网内或指定网段内所有提供 FTP、WWW、Telnet

等服务的服务器，也可以扫描出局域网内或指定网段内所有开放指定端口的计算机。

（14）ping 指定的计算机，查看指定计算机的 MAC 地址、所在的工作组以及当前用户等。

任务要求：以最快的速度搜索出局域网中一些计算机的名称、IP 地址、MAC 地址及共享文件等相关信息，来学习本软件的使用方法。

（1）打开局域网查看工具，进入操作界面，如图 7 - 1 所示。

图 7 - 1　局域网查看工具操作界面

（2）执行"设置"菜单命令，打开"设置"对话框，单击选中"指定网段搜索计算机设置"选项卡，在起始地址输入框中输入起始 IP，在终止地址输入框中输入终止 IP，如图 7 - 2 所示，起始 IP 地址为"192.168.3.1"，终止 IP 地址为"192.168.3.255"，单击"关闭"按钮保存设置，返回软件界面。

（3）再次单击"搜索计算机"便可搜索此网段内计算机，一旦搜索到网段内计算机，软件便会以列表的形式显示出来。这时得到的计算机列表会将其 IP 地址、计算机名、工作组、MAC 地址等详细信息全部显示，这对于需要批量获取网络中所有计算机 MAC 地址的管理员来说非常实用。如果需要将列表保存，只要在列表上右击，执行"保存计算机列表内的信息"命令即可，如图 7 - 3 所示。

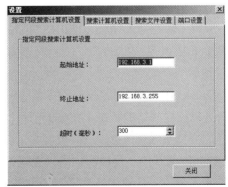

图 7 - 2　设置搜索范围

图7-3　计算机列表及保存信息

保存为"＊.TXT"文件，将搜索的计算机主机名、IP 地址、MAC 地址等信息保存为文本文件，如图 7-4 所示。

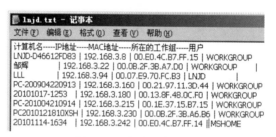

图7-4　查看文件内容

（4）搜索局域网中各个共享文档，做到局域网网内资源尽快查找。其操作只需要同上步一样，先确定好要搜索的网段区间，然后再单击工具栏上的"搜索共享资源"和"搜索共享文件"按钮，就可以快速将网上邻居所有共享文档搜索出来，无论这些共享资源是设置为隐藏还是正常显示，如图 7-5 所示。当查找到这些共享文档后，Windows 会自动将其添加到"网上邻居"中，需要复制这些文件时，复制就可以。

2．Sniffer 简介

Sniffer 软件是 NAI 公司推出的功能强大的协议分析软件。Sniffer 支持的协议更丰富，例如 PPPoE 协议等，在 Sniffer 上能够进行快速解码分析。Sniffer Pro 4.6 可以运行在各种 Windows 平台上。

Sniffer 中文翻译过来就是嗅探器，Sniffer 是一种威胁性极大的被动攻击工具。使用在各攻击可以监视网络的状态。数据流动情况以及网络上传输的信息，便可以用网络监听方式来进行攻击，并截获信息。所以黑客常常喜欢用它来截获用户口令。

Sniffer 属于第二层次的攻击。也就是说，只有在攻击者已经进入了目标系统的情况下，才能使用 Sniffer 这种攻击手段，以便得到更多的信息。Sniffer 除了能得到口令或用户名外，还能得到更多的其他信息，几乎能得到任何在以太网上传送的数据包。

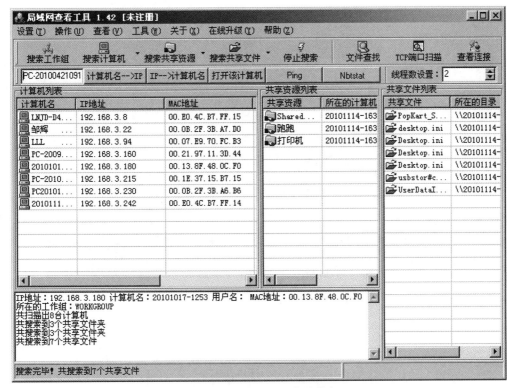

图 7-5　搜索局域网中的共享

3. Sniffer 的工作环境

Sniffer 可运行在局域网的任何一台机器上，网络连接最好用 Hub 且在一个子网，这样能抓到连到 Hub 上每台机器传输的数据包。如果中心交换机有 monitor，可以更方便地使用这个软件，只要把安装 Sniffer Pro 的机器接到 monitor 口即可。当然，首先要配置 monitor 口，让所有的包都复制到 monitor 才行。

Sniffer 工作在网络环境中的底层，它会拦截所有的正在网络上传送的数据，并且通过相应的软件处理，可以实时分析这些数据的内容，进而分析所处的网络状态和整体布局。值得注意的是，Sniffer 是极其安静的，它是一种消极的安全攻击。

7.1.3　任务实施

1. Dashboard（网络流量表）

单击图标，出现三个表，第一个表显示的是网络的使用率（Utilization），第二个表显示的是网络每秒钟通过的包数量（Packets），第三个表显示的是网络每秒错误率（Errors）。通过这三个表可以直观地观察到网络的使用情况。

选择如图 7-6 所示的 **Network** 和 **Size Distribution** 选项，将显示更为详细的网络相关数据的曲线图，如图 7-7 所示。

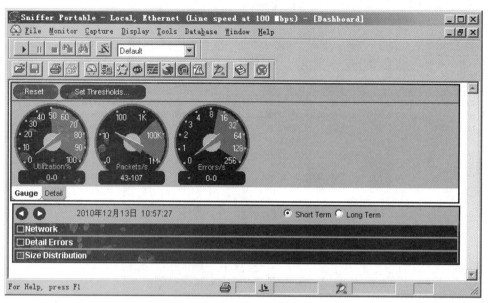

图 7 - 6　网络流量表

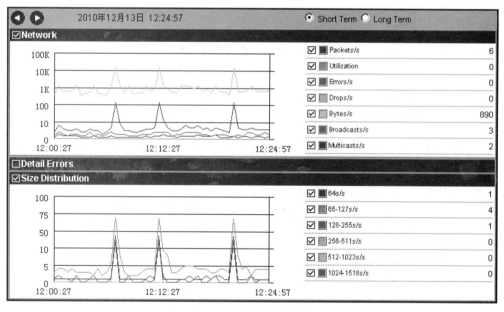

图 7 - 7　数据的曲线图

在 TCP/IP 协议中，数据被分成若干个包（Packets）进行传输，包的大小跟操作系统和网络带宽都有关系，一般为 64、128、256、512、1 024、1 460 等，包的单位是字节。很多初学者对 Kb/s、KB、Mb/s 等单位不太明白，B 和 b 分别代表 Byte（字节）和 bit（位），1 位就是 0 或 1。1 B = 8 bit，1 Mb/s（megabits per second，兆比特每秒），也即 1 × 1 024/8 = 128 KB/s（字节/秒），我们常用的 ADSL 下行 512K 指的是每秒 512 Kb，也就是每秒 512/8 = 64（KB）。

2. Host table（主机列表）

单击 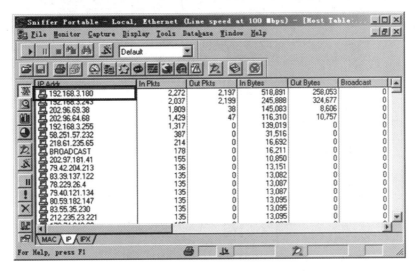 图标，出现图 7-8 中显示的界面，选择图下方的 IP 选项，界面中出现的是所有在线的本网主机地址及连到外网的外网服务器地址，此时若需查看 192.168.3.180 这台机器的上网情况，只需在图 7-8 所示的 IP 地址栏的第一行上双击即可。

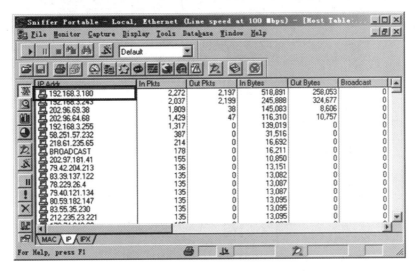

图 7-8 主机 IP 列表

显示该主机连接的地址，如图 7-9 所示，单击左栏中其他的图标，都会弹出该机器连接情况的相关数据的界面，从图中可以清楚地看出与本机进行通信的各个主机，以及随时的变化情况。

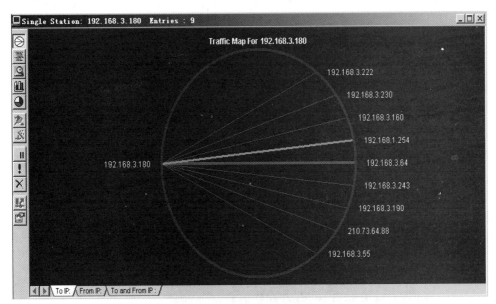

图 7-9 连接其他 IP 的地址

3. Detail（协议列表）

单击图 7 – 10 所示的"Detail"图标，图中显示的是整个网络中的协议分布情况，可清楚地看出哪台机器运行了哪些协议。

Protocol	Address	In Packets	In Bytes	Out Packets	Out Bytes
DNS	202.96.64.68	32	2,598	0	0
	192.168.3.232	0	0	1	80
	192.168.3.101	0	0	37	3,053
	202.96.69.38	68	5,503	0	0
	192.168.3.168	0	0	3	225
	192.168.3.34	0	0	39	3,139
	192.168.3.68	0	0	13	1,053
	192.168.3.154	0	0	7	551
HTTP	72.14.213.139	5	332	0	0
	61.145.203.80	3	246	0	0
	192.168.3.127	0	0	5	332
	61.135.189.178	1	66	0	0
	192.168.3.180	11	1,762	19	4,547
	210.73.64.88	19	4,547	11	1,762
	192.168.3.232	0	0	1	66
	192.168.3.34	0	0	3	246
ICMP	192.168.3.165	5	370	0	0
	192.168.3.180	11	858	13	1,014
	192.168.3.190	2	156	2	156
	192.168.3.20	2	156	0	0
	192.168.3.160	4	312	4	312
	192.168.3.68	0	0	3	234

Host Table: 213 stations

MAC / IP / IPX

图 7 – 10　协议列表

4. Bar（流量列表）

单击"Bar"图标，显示整个网络中的机器所用带宽前 10 名的情况。以柱状图的方式显示，如图 7 – 11 所示。

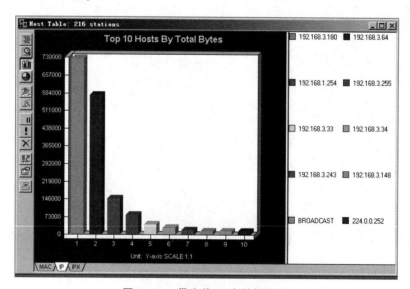

图 7 – 11　带宽前 10 名的柱状图

5. Matrix（网络连接）

单击 图标，出现全网的连接示意图，如图 7 – 12 所示。将鼠标放到线上可以看出连接情况。

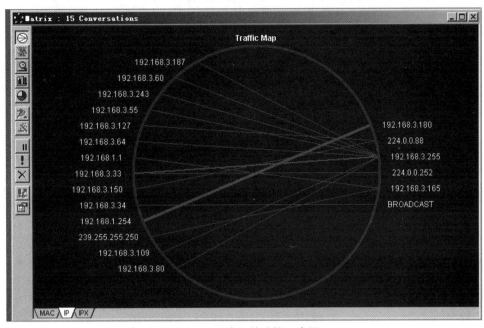

图 7 – 12　全网的连接示意图

6. 抓包实例

通过数据包的抓取和 Telnet 密码的抓取，学会对本软件的基本应用。

（1）抓取 IP 地址为 192.168.3.180 的主机的所有数据包，操作过程如下：

① 如图 7 – 13 所示，打开主机 IP 列表，找到并选中 IP 地址为 192.168.3.180 的主机。

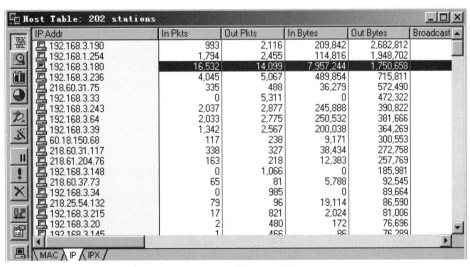

图 7 – 13　主机 IP 列表

② 单击  图标开始抓包，出现如图 7 – 14 所示的界面，等到图中望远镜图标变红时，表示已捕捉到数据。

图 7 – 14　等待抓包窗口

③ 单击 🔍 图标，出现如图 7 – 15 所示的界面，选择 "Decode" 选项即可看到捕捉到的所有数据包。

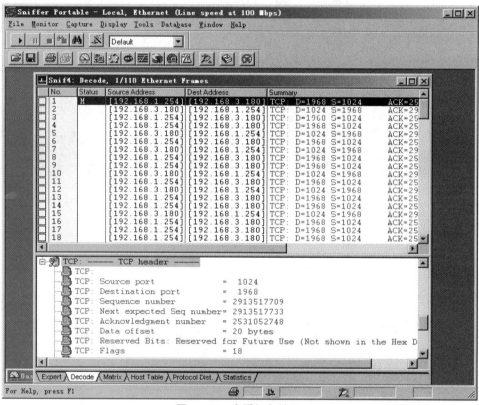

图 7 – 15　查看抓包结果

（2）捕获 Telnet 密码的操作过程：本例从 192.168.3.180 这台机器 telnet 到 192.168.3.165，捕获到用户名和密码。

① 设置规则：如图 7 – 16 所示，选择 "Capture" 菜单中的 "Define Filter"，进入设置，出现如图 7 – 17 所示的界面，选择图中的 "Address" 选项，在 Station 1 和 Station 2 中分别填写两台机器的 IP 地址，如图 7 – 18 所示。选择 "Advanced" 选项对数据包类型进行设置，选择 "IP" "TCP" "TELNET"，将 Packet Size 设置为 "Equal 55"，Packet Type 设置为 "Normal"。

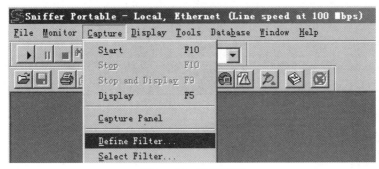

图 7 – 16　设置选项

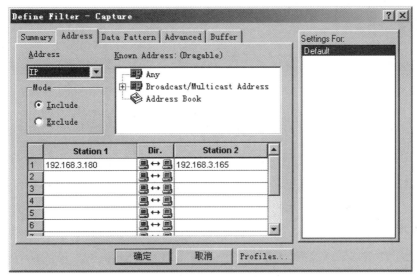

图 7 – 17　输入 IP 地址对设置

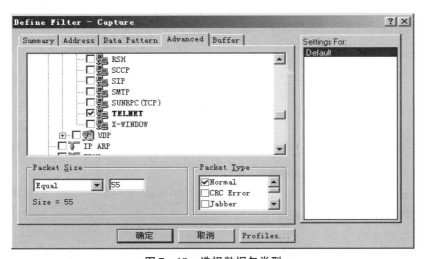

图 7 – 18　选择数据包类型

② 捕获数据包：按 F10 键，出现如图 7 – 19 所示的界面，开始捕获数据包。

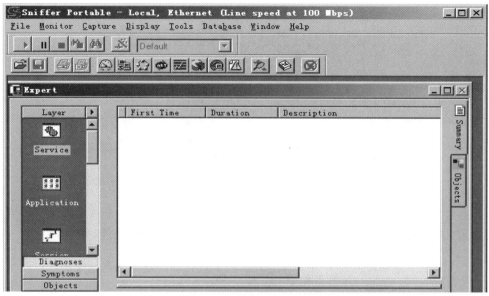

图 7 - 19　等待抓包窗口

③ 运行 telnet 命令：本例通过 telnet 远程登录到一台开有 telnet 服务的 Linux 主机上。

```
telnet 192.168.3.165
login:admin Password:admin
```

④ 查看结果：望远镜图标变红时，表示已捕捉到数据，单击该图标，出现如图 7 - 20 所示的界面，选择 "Decode" 选项即可看到捕捉到的所有包，可以清楚地看到用户名为 "admin"，密码为 "admin"。

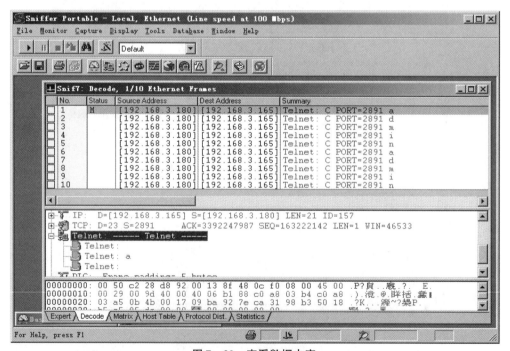

图 7 - 20　查看数据内容

网络上的数据传送是把数据分成若干个数据包来传送，根据协议的不同，数据包的大小也不相同，如图 7−21 所示，可以看出，当客户端 telnet 到服务端时，一次只传送一个字节的数据，由于协议的头长度是一定的，所以 telnet 的数据包大小 = DLC（14 字节）+ IP（20 字节）+ TCP（20 字节）+ 数据（1 字节）= 55 字节，这样将 Packet Size 设为 55 正好能抓到用户名和密码，否则将抓到许多不相关的数据包。

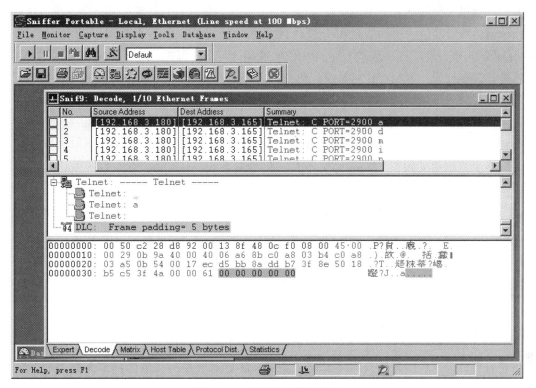

图 7−21 数据包的详细分析

教学方法与任务结果

学生分组进行任务实施，可以 3~5 人一组，小组讨论，确定方案后进行讲解，教师给予指导，全体学生参与评价。方案实施完成后，对 Sniffer 软件的使用和功能进行测试，对实验结果进行分析理解，通过局域网查看工具可以看到局域网中其他计算机的 IP、MAC 等信息资料；通过 Sniffer 可以抓到想要的数据包，可以通过 telent 用户名、密码进行测试。

模块 7.2 Wireshark 抓包与分析

7.2.1 工作任务

假如你是某公司的一位网络管理员，公司要求你能够学会较多的网络管理软件，学会 Wireshark 抓包软件的使用，同时，在了解了本公司网络结构和设置配置的前提下，充分利用所学网络知识及网络工具，当网络出现故障时，能在最短时间内找到网络故障原因，并能顺利拿出解决方案排除故障，保证网络畅通。

Wireshark 是世界上最流行的网络分析工具，这个强大的工具可以捕捉网络中的数据，并为用户提供关于网络和上层协议的各种信息。网络封包分析软件移植到网络上，并将电线替换成网络线。在过去，网络封包分析软件是非常昂贵的，或是专门属于盈利用的软件。Ethereal 的出现改变了这一现象。在 GNUGPL 通用许可证的保障范围下，使用者可以免费取得软件与其源代码，并拥有针对其源代码修改及定制化的权利。Ethereal 是目前全世界最广泛的网络封包分析软件之一。

网络管理员使用 Wireshark 来检测网络问题，网络安全工程师使用 Wireshark 来检查资讯安全相关问题，开发者使用 Wireshark 来为新的通信协定除错，普通使用者使用 Wireshark 来学习网络协定的相关知识。Wireshark 不是入侵检测系统（Intrusion Detection System，IDS）。对于网络上的异常流量行为，Wireshark 不会产生警示或是任何提示。然而，仔细分析 Wireshark 撷取的封包，能够帮助使用者对网络行为有更清楚的了解。Wireshark 不会对网络封包产生内容的修改，它只会反映出目前流通的封包资讯。Wireshark 本身也不会送出封包至网络。

1. 认识 Wireshark

下载 Wireshark，安装后的登录界面如图 7 - 22 所示。它是一个网络封包分析软件，网络封包分析软件的功能是撷取网络封包，并尽可能显示出最为详细的网络封包资料。Wireshark 使用 WinPCAP 作为接口，直接与网卡进行数据报文交换。Wireshark 是捕获机器上的某一块网卡的网络包，当你的机器上有多块网卡的时候，需要选择一个网卡。单击"Caputre"→"Interfaces"，出现如图 7 - 23 所示的对话框，选择正确的网卡。然后单击"Start"按钮，开始抓包。Wireshark 会捕捉系统发送和接收的每一个报文。如果抓取的接口是无线并且选取的选项是混合模式，那么也会看到网络上其他报文。如图 7 - 24 所示，上端面板每一行对应一个网络报文，默认显示报文接收时间（相对开始抓取的时间点），源和目标 IP 地址使用协议与报文相关信息。单击某一行，可以在下面两个窗口看到更多信息。"+"图标显示报文里面每一层的详细信息。底端窗口同时以十六进制和 ASCII 码的方式列出报文内容。

程序上方的 8 个菜单项用于对 Wireshark 进行配置，具体功能如下：

- File（文件）：打开或保存捕获的信息。
- Edit（编辑）：查找或标记封包，进行全局配置。
- View（查看）：设置 Wireshark 的视图。
- Go（转到）：跳转到捕获的数据。

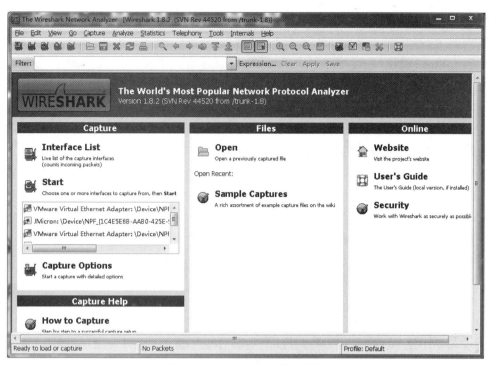

图 7 – 22　Wireshark 登录界面

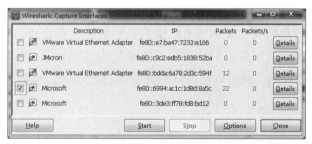

图 7 – 23　网卡选择

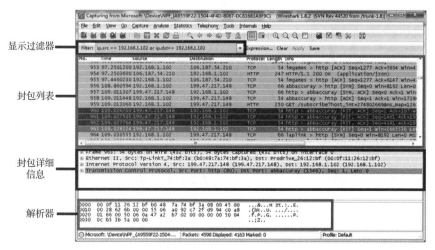

图 7 – 24　抓取的报文

- Capture（捕获）：设置过滤器并开始捕获。
- Analyze（分析）：设置分析选项。
- Statistics（统计）：查看 Wireshark 的统计信息。
- Help（帮助）：查看本地或者在线支持。

（1）过滤器：使用过滤器是非常重要的，初学者使用 Wireshark 时，将会得到大量的冗余信息，在几千甚至几万条记录中，以至于很难找到自己需要的部分。过滤器会帮助我们在大量的数据中迅速找到需要的信息。过滤器有两种：一种是显示过滤器，就是主界面上那个，用来在捕获的记录中找到所需要的记录；另一种就是捕获过滤器，用来过滤捕获的封包，以免捕获太多的记录。在"Capture"→"Capture Filters"中设置。要想保存过滤，需在 Filter 栏上填好 Filter 的表达式后，单击"Save"按钮，取个名字，比如"Filter 102"，如图 7 - 25 所示，Filter 栏上就多了一个"Filter 102"的按钮。

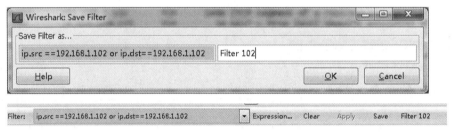

图 7 - 25 保存过滤

（2）封包列表：封包列表中显示所有已经捕获的封包，在这里可以看到发送方或接收方的 MAC/IP 地址、TCP/UDP 端口号、协议或封包的内容，如图 7 - 26 所示。不同的协议使用了不同的颜色加以显示，也可以修改这些显示颜色的规则，单击"View"→"Coloring Rules"即可。

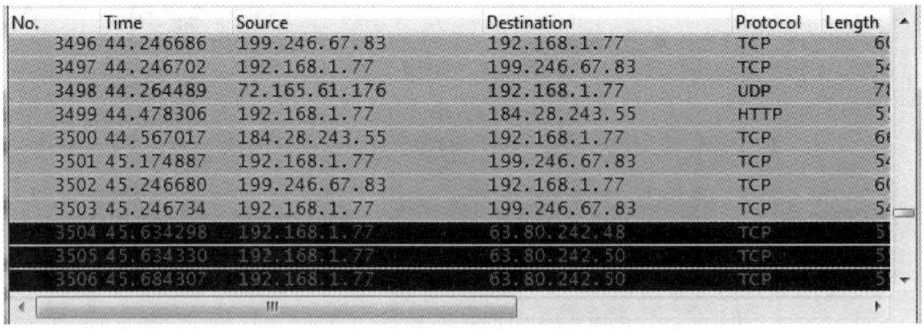

图 7 - 26 封包列表

（3）封包详细信息：这里显示的是在封包列表中被选中项目的详细信息，如图 7 - 27所示，这些信息按照不同的 OSI 参考模型进行了分组，如图 7 - 28 所示。还可以将每个项目展开进行查看，如图 7 - 29 所示，可以看到 Wireshark 捕获到的 TCP 包中的每个字段。

（4）解析器：在 Wireshark 中，解析器又叫十六进制数据查看面板，这里显示的内容与封包详细信息中显示的相同，只是以十六进制的形式进行显示，如图 7 - 30 所示。

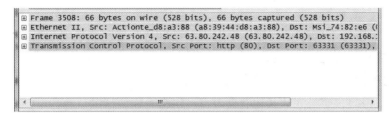

图 7-27 封包详细信息

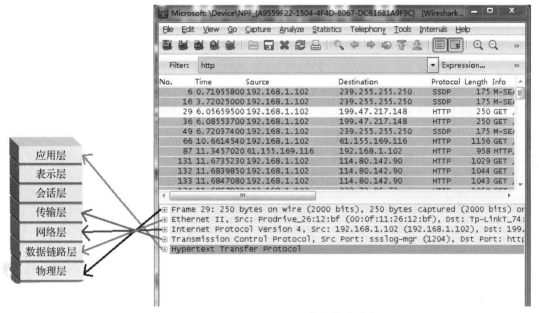

图 7-28 Wireshark 与 OSI 参考模型对应

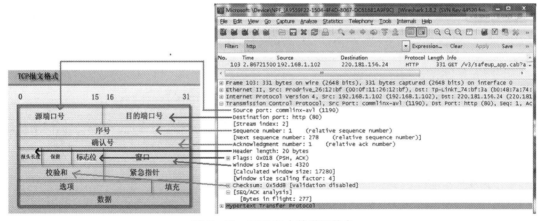

图 7-29 TCP 包中的详细信息

```
0000  00 16 17 74 82 e6 a8 39  44 d8 a3 88 08 00 45 00   ...t...9 D.....E.
0010  00 34 56 46 40 00 35 06  fc 07 3f 50 f2 30 c0 a8   .4VF@.5. ..?P.0..
0020  01 4d 00 50 f7 63 9f 42  b7 62 74 0c fc 28 80 10   .M.P.c.B .bt..(..
0030  16 59 d0 f5 00 00 01 01  05 0a 74 0c fc 27 74 0c   .Y...... ..t..'t.
0040  fc 28                                               .(
```

图 7-30 解析器

2. Wireshark 的工作流程

（1）确定 Wireshark 的位置：如果没有一个正确的位置，启动 Wireshark 后会花费很长的时间捕获一些与自己无关的数据。

（2）选择捕获接口：一般都是选择连接到 Internet 网络的接口，这样才可以捕获到与网络相关的数据。否则，捕获到的其他数据对自己也没有任何帮助。

（3）使用捕获过滤器：通过设置捕获过滤器，可以避免产生过大的捕获文件。这样用户在分析数据时，也不会受其他数据干扰，而且还可以为用户节约大量的时间。

（4）使用显示过滤器：捕获过滤器过滤后的数据往往还是很复杂，为了使过滤的数据包更细致，此时使用显示过滤器进行过滤。

（5）使用着色规则：显示过滤器过滤后的数据都是有用的数据包，如果想更加突出地显示某个会话，可以使用着色规则高亮显示。

（6）构建图表：如果用户想要更明显地看出一个网络中数据的变化情况，使用图表的形式可以很方便地展现数据分布情况。

（7）重组数据：Wireshark 的重组功能可以重组一个会话中不同数据包的信息，或者是重组一个完整的图片或文件。由于传输的文件往往较大，所以信息分布在多个数据包中。为了能够查看到整个图片或文件，这时就需要使用重组数据的方法来实现。

7.2.4 教学方法与任务结果

学生分组进行任务实施，可以 3~5 人一组，小组讨论，确定方案后进行讲解，教师给予指导，全体学生参与评价。方案实施完成后，对 Wireshark 软件的使用和功能进行测试，对实验结果进行分析理解，通过局域网查看工具可以看到局域网中其他计算机的 IP、MAC 等信息资料；通过 Wireshark 可以抓到想要的数据包。

模块 7.3　网络故障诊断与排除

7.3.1　工作任务

网络搭建和使用中，经常会出现一些故障。作为网络管理维护人员，需要根据网络故障现象使用 ping、tracert、show 等命令进行故障诊断和排除，以确保网络的正常运行。

7.3.2　工作载体

如图 7-31 所示，如果网络中的本地主机（172.16.110.10/24）与远端主机（172.16.160.0/24）之间无法正常通信，那么应该如何排查故障呢？

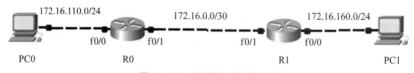

图 7-31　网络拓扑结构图

7.3.3　教学内容

网络故障诊断以网络原理、网络配置和网络运行的知识为基础。从故障现象出发，以网络诊断工具为手段获取诊断信息，确定网络故障点，查找问题的根源，排除故障，恢复网络正常运行。

1. 诊断和排除的一般步骤

（1）了解故障，归纳症状，找出故障点。排除网络故障的第一步就是要确定故障的具体现象，发现症结所在，并确定其对网络产生的影响。搜集与当前故障相关的准确信息，缩小故障原因排查范围。寻找故障点的思路为：尝试重新执行用户任务，再现故障状况，排除应用程序操作不当、权限设置问题、本地计算机故障等原因，然后将故障原因锁定在网络系统，再逐步明确到服务器、路由器、集线器或线缆等特定组件；最后再将各组件故障的原因定位到部件的软件故障或硬件故障上。

（2）确定原因，制订实施解决方案，测试效果。在网络故障排查过程中，应从最明显的迹象开始寻求最有可能导致故障的原因，制订详细的故障排除方案，并严格按照方案的相关措施进行故障排查，在故障排查的过程中做好故障排查记录。在故障得到解决后，还应测试网络的相关效果，确保在排除网络故障的同时不至于引发另一故障隐患。

（3）分析解决方案，编制解决方案文档。在故障排除过程中，应将网络当成一个不可分割的整体，避免将精力过分集中于某个用户、应用或局域网的故障，这一点非常重要。在某些情况下，在实施某项故障解决方案的同时，可能引发更加严重或波及更多用户的故障。

建立健全事件管理体系，将每次故障登记在册，并包含存在的问题及解决步骤等相关的完整记录。认真记录档案资料还可为以后的网络管理工作提供经验和资料。

2. 常用的网络故障诊断工具

常见的网络故障诊断工具有很多，下面简单介绍几个常用的命令。

（1）ping 命令：ping 命令通过向远程目的设备发送 ICMP 回应报文并且监听回应报文的返回，来校验与远程设备的连通性。带"－t""－l"命令参数的 ping 命令还可以检查网络连通的可靠性，如果大包的 ping 命令成功返回，就可以证实源点到目标之间所有物理层、数据链路层和网络层的运行功能基本正常。ping 网址还可以检查位于应用层的 DNS 是否工作正常。

（2）tracert 应用程序：tracert 命令提供了数据包从源到达目的地的网络路径的路由器列表，所显示的路径是源主机与目标主机间的路径中，路由器的近侧接口列表主要用于路由追踪。

（3）PathPing 命令：PathPing 命令主要用于提供在来源和目标之间的中间跃点处的网络滞后和网络丢失信息。PathPing 将多个回响请求消息发送到来源和目标之间的各个路由器，然后根据各个路由器返回的数据包大小计算路由器或链接的数据包的丢失程度，从而确定引起网络问题的路由器或子网。

（4）CHARIOT 软件：CHARIOT 是一种多功能网络业务测试软件，支持 FTP、HTTP、IPTV、Netmeeting、RealAudio 等 120 多个应用层网络功能测试，通过它可以测量点到点之间的传输速率，主要用于网络 Ping 命令测试，属应用层网络故障分析诊断工具。

（5）SNIFFER 类软件：SNIFFER 类软件可以捕捉 TCP/IP 协议模型各个层次上网络传输的数据包，通过对网络实时信息进行监控，对保存的历史数据报进行统计分析，从而定位网络故障发生的原因。SNIFFER 类工具有很多，较常用的有 OMNIPEEK 等。

（6）线缆测试仪：线缆测试仪是针对 TCP/IP 模型的物理层设计的，这是一种便携的、能快速排查线缆故障的诊断仪器，常用的测试电缆仪表有万用表、RJ45 或 RJ11 网络线缆测试仪等，测试光缆的有激光笔、光功率计等。

（7）网络测试仪：网络测试仪通过检查所有通过仪器的信息，发现相关的线索，从中得到故障诊断信息，这种设备是为 TCP/IP 下 3 层故障诊断设计的。

3. 常见故障的维护

（1）电缆连接故障或端口：线路故障一般包括线路的损坏及线路受到严重的电磁干扰等，该故障的发生概率非常高，大约占所有物理故障的 70%。对于线路损坏故障的检测方法，若线路短，可将网络线一端插入一台能够正常接入局域网主机的 RJ45 插座，另一端插入正常的 HUB 端口，然后从主机上 ping 线路另一端的主机或路由器，根据通断来判断；假如线路稍长，或者网线不方便调动，可用网线测试器测量网线的好坏；假如线路很长，是由电信部门提供，那就需要他们检查线路，确定线路情况。对于严重的电磁干扰，可以用屏蔽性较强的屏蔽线在该段网络上进行通信测试。若通信正常，则表明存在着电磁干扰，这时应将网络远离高压电线和电磁场较强的设备；若通信不正常，则应考虑其他原因。

端口故障通常包括插头松动等物理故障，一般影响与其相连的设备，可以通过检查信号指示灯的状态，判断故障的发生范围及原因，也可以使用其他端口检查连接是否正常。其中最为常见的是网卡故障，通常采取重新插卡或换卡的方法进行。

（2）交换机或路由器故障：交换机或路由器故障有软故障和硬故障。若为硬故障导致网络不通，最简易的方法是替换排除法，用通信正常的网线和主机来连接交换机（或路由器），如能正常通信，则交换机或路由器正常；否则，再转换交换机端口排查是端口故障还是交换机（或路由器）的故障；很多时候，交换机（或路由器）的指示灯也能提示其是否有故障，正常情况下，对应端口的灯应为绿灯。如始终不能正常通信，则可认定是交换机或路由器故障。

路由器软故障通常包括路由器端口参数设定有误、路由器路由配置错误、路由器 CPU 利用率过高和路由器内存余量太小等。路由器端口参数设定有误，会导致找不到远端地址，用 ping 命令或用 traceroute 命令查看远端地址哪个结点出现问题，对该结点参数进行检查和修复。路由器路由配置错误，会使路由循环或找不到远端地址，解决路由循环的方法就是重新配置路由器端口的静态路由或动态路由，把路由设置为正确配置，就能恢复线路了。路由器 CPU 利用率过高和路由器内存余量太小，会导致网络服务的质量变差，要解决这种故障，只有对路由器进行升级、扩大内存等，或者重新规划网络拓扑结构。

（3）软件系统故障：架构网络的目的就是提供各项网络应用服务。由于网络软件系统（包括网络操作系统、网络协议软件以及网上应用系统）自身存在各种缺陷，再加上各类病毒软件的危害，造成主机安全性故障。排除此类故障通常采用升级系统、安装补丁、安装杀

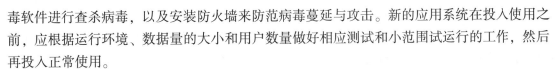

毒软件进行查杀病毒，以及安装防火墙来防范病毒蔓延与攻击。新的应用系统在投入使用之前，应根据运行环境、数据量的大小和用户数量做好相应测试和小范围试运行的工作，然后再投入正常使用。

主机的网络地址参数设置不当是常见的逻辑故障。包括主机配置的 IP 地址与其他主机冲突，或 IP 地址根本就不在网络范围内，这将导致该主机不能连通。发生类似的情况，可通过查看网络邻居属性中的连接属性窗口，检查 TCP/IP 选项参数是否符合要求，包括 IP 地址、子网掩码、网关和 DNS 参数，对错误的设置进行修复。

（4）主机安全性故障：主机安全性故障包括主机资源被盗和黑客入侵。对于主机资源，要注意不要轻易地共享本机硬盘；对于主机被黑客控制的故障，可以通过监视主机的流量、扫描主机端口和服务、安装防火墙和加补系统补丁来防止可能的漏洞。

总之，网络故障的发生是不可避免的，当网络故障发生后，如何快速地定位网络故障点，恢复网络的正常运行，是网络维护技术人员必修的课题。在面对网络故障时，我们不仅要具有相关的知识和丰富的经验，还应注意遵循网络故障诊断的一般方法。

7.3.4 任务实施

1. 使用 ping 命令测试网络连通性与故障排除

ping 是 Windows 操作系统中集成的一个 TCP/IP 协议探测工具，它只能在有 TCP/IP 协议的网络中使用。前面已经学习了 ping 命令的参数以及语法结构，本节主要学习在故障排除过程中 ping 命令的用法。

（1）使用 ping 命令测试环回地址。

验证在本地计算机上的 TCP/IP 配置是否正确，如果测试结果不通，则需重新安装 TCP/IP 协议，然后再进行测试。在"命令提示符"界面输入命令 ping 127.0.0.1，测试命令及结果如图 7-32 所示。

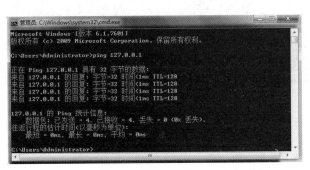

图 7-32 测试环回命令及测试成功结果

（2）用 ping 命令测试本地计算机的 IP 地址 172.16.110.10/24。

可以测试出本地计算机的网卡驱动是否正确，IP 地址设置是否正确，本地连接是否被关闭。如果能正常 ping 通，说明本地计算机网络设置没有问题；如果不能正常 ping 通，则要检查本地计算机的网卡驱动是否正确，IP 地址设置是否正确，本地连接是否被关闭。命令：C:\ > ping172.16.110.10。

（3）用 ping 测试默认网关。

用 ping 测试默认网关的 IP 地址，可以验证默认网关是否运行以及默认网关能否与本地网络上的计算机通信。如果能正常 ping 通，说明默认网关正常运行，本地网络的物理连接正常；如果不能正常 ping 通，则要检查默认网关是否正常运行，本地网络的物理连接是否正常，需要分别检查，直到能正常 ping 通默认网关。用 ping 测试默认网关时，在 ping 命令后面直接跟默认网关的 IP 地址，假如默认网关的 IP 地址是 172.16.110.1，则输入命令 C:\ > ping 172.16.110.1。

（4）用 ping 命令测试远程计算机的 IP 地址 172.16.160.10/24。

用 ping 命令测试远程计算机的 IP 地址可以验证本地网络中的计算机能否通过路由器与远程计算机正常通信。如果能正常 ping 通，说明默认网关（路由器）正常路由。如果出现如图 7-33 所示测试结果，则说明本地网关路由器路由信息不全，需要查看路由信息。

```
PC>ping 172.16.160.10

Pinging 172.16.160.10 with 32 bytes of data:

Reply from 172.16.110.1: Destination host unreachable.
Reply from 172.16.110.1: Destination host unreachable.
Request timed out.
Reply from 172.16.110.1: Destination host unreachable.

Ping statistics for 172.16.160.10:
    Packets: Sent = 4, Received = 0, Lost = 4 (100% los
```

图 7-33　测试失败结果 1

如果出现图 7-34 所示结果，则需要检查两端主机硬件、本地连接、IP 属性配置，还需查看对端路由器路由信息。

```
PC>ping 172.16.110.10

Pinging 172.16.110.10 with 32 bytes of data:

Request timed out.
Request timed out.
Request timed out.
Request timed out.

Ping statistics for 172.16.110.10:
    Packets: Sent = 4, Received = 0, Lost = 4 (100% los
```

图 7-34　测试失败结果 2

通过以上 4 个步骤的检测和修复，本地局域网内部和路由器存在的问题基本就可以确定了。

（5）带参数的 ping 命令的使用。

可以使用 ping 命令的 "-t" 参数，如 ping -t 172.16.160.10，该命令将一直执行下去，直至用户按下 Ctrl+C 组合键才能停止。根据命令执行的结果可以查看网络对数据包处理的能力（例如丢包率，响应时间等）及网络的稳定性。

可以通过 ping 命令的 "-r" 参数探测 IP 数据包经过的路径，了解网络结构，帮助排除网络故障，此参数可以设定探测经过路由的个数。例如：C:\> ping -r 2 39.98.64.56，可以测试并记录到目的主机路径上两个路由器的情况，测试结果如图 7-35 所示。

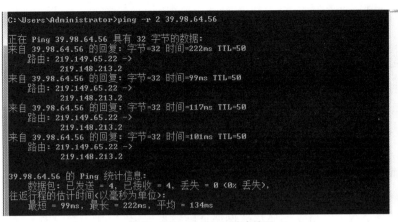

图 7-35　ping -r 测试结果

2. tracert 命令

tracert（跟踪路由）是路由跟踪实用程序，用于确定 IP 包访问目标所经过的路径，是解决网络路径错误非常有用的工具，通常用该命令跟踪路由，确定网络中某一个路由器结点是否出现故障，然后进一步解决该路由器结点故障。使用命令 tracert 172.16.160.10 可以跟踪本地主机到目的主机 172.16.160.10 的路由情况。图 7-36 所示的测试结果说明故障出现在 172.16.0.2 表示的路由器或下一跳设备上。

```
PC>tracert 172.16.160.10

Tracing route to 172.16.160.10 over a maximum of 30 hops:

  1    1 ms      0 ms      0 ms    172.16.110.1
  2    1 ms      0 ms      0 ms    172.16.0.2
  3    *         *         *       Request timed out.
  4    *         *         *       Request timed out.
  5    *         *         *       Request timed out.
```

图 7-36　tracert 的测试结果

7.3.5　教学方法与任务结果

学生分组进行任务实施，可以 3~5 人一组，小组讨论，确定方案后进行讲解，教师给予指导，全体学生参与评价。方案实施后检验网络故障是否已经排除。网络故障测试命令很多，在实际应用中一般需要先使用测试命令，初步确定故障点范围以及可能引发的原因，然后结合查看命令查看可能原因的相关内容，进一步去分析解决问题。

模块 7.4　项目拓展

7.4.1　理论拓展

选择题

1. Sniffer 属于第（　　）层次的攻击。

A. 一   B. 二

C. 三   D. 四

2. 下列是物理层故障的症状的是（   ）。

A. CPU 使用率高   B. 广播过多

C. STP 融合缓慢   D. 路由环路

3. 技术人员已被要求排查看起来像软件导致的简单网络故障，您建议使用（   ）故障排查方法。

A. 自上而下   B. 自下而上

C. 分治法   D. 从中间着手

4. 计算机登录后，网络立刻显示"网络适配器无法正常工作"，原因是（   ）。

A. 没有安装网卡   B. 没有安装网卡驱动程序

C. 网卡没有正确安装   D. 网卡应该插入一个特定的扩展插槽内

5. 在浏览器中的地址栏中输入 IP 地址可以访问网站，而输入域名不能访问网站，这种可能是（   ）。

A. 子网掩码设置有误   B. IP 地址设置有误

C. 网关设置有误   D. DNS 设置有误

7.4.2 实践拓展

1. 某公司的各个客户端报告数据中心内运行的所有企业应用程序性能均不良，而 Internet 接入以及企业 WAN 中运行的应用程序均工作正常。网络管理员使用协议分析器观察到数据中心内应用程序服务器 LAN 中持续存在随机无意义的流量广播。管理员应该如何开始故障排除过程？

2. 如图 7 - 37 所示，内部 LAN 中的用户无法连接到 WWW 服务器，网络管理员 ping 该服务器并确认 NAT 工作正常。管理员接下来应该如何进行故障排除？

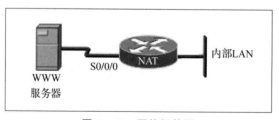

图 7 - 37 网络拓扑图

参 考 文 献

［1］杨云．局域网组建、管理与维护（第4版）［M］．北京：机械工业出版社，2021．

［2］杨昊龙，杨云，沈宇春．局域网组建、管理与维护（第3版）［M］．北京：机械工业出版社，2020．

［3］苗凤君，夏冰．局域网技术与组网工程（第2版）［M］．北京：清华大学出版社，2018．

［4］刘永华．局域网组建、管理与维护（第3版）［M］．北京：清华大学出版社，2018．

［5］吴献文．局域网组建与维护（第3版）［M］．北京：高等教育出版社，2018．

［6］周鸿旋．计算机网络技术项目化教程（第3版）［M］．大连：大连理工大学出版社，2018．

［7］张国清．网络设备配置与调试项目实训（第4版）［M］．北京：电子工业出版社，2019．

［8］恩和门德．局域网组网与综合布线案例教程［M］．北京：机械工业出版社，2018．